Grundwasserabsenkung bei Fundierungsarbeiten

Grundwasserabsenkung bei Fundierungsarbeiten

Von

Dr.-Ing. **Wilhelm Kyrieleis**

Mit 81 Textfiguren und Tabellen
sowie 3 Tafeln

Springer-Verlag Berlin Heidelberg GmbH
1913

Additional material to this book can be downloaded from http://extras.springer.com.

ISBN 978-3-662-23592-8 ISBN 978-3-662-25671-8 (eBook)
DOI 10.1007/978-3-662-25671-8

Softcover reprint of the hardcover 1st edition 1913

Inhaltsverzeichnis.

Einleitung.

Die Methode der Grundwasserabsenkung, wie sie im engeren Sinne unter dieser Bezeichnung jetzt bei Verwendung von Rohrbrunnen verstanden wird, ist seit einer langen Reihe von Jahren angewendet worden. Zunächst nur in kleinem Umfange und bei kleinen, nicht sehr tief liegenden Bauwerken benutzt, hat sie, in den letzten 10 Jahren etwa, bei den Fundierungsarbeiten von Tiefbauten jeglicher Art eine immer weitere Verbreitung gefunden; bei immer größeren Bauausführungen und für größere Absenkungstiefen sind dann in immer größerem Maßstabe Wasserabsenkungsanlagen zur Ausführung gekommen, und den größeren Verhältnissen und den oft nicht unerheblichen Schwierigkeiten entsprechend ist der Ausbau der Wasserfassungs- und auch der Wasserförderungsanlage erfolgt. Die mit dieser Bauweise verbundenen Vorteile der verschiedensten Art haben zu der jetzigen Verbreitung ihrer Anwendung geführt. Doch trotz der jetzt häufigen Verwendung sind die Mitteilungen in der Literatur außerordentlich spärlich. Die wenigen vorhandenen Aufsätze und Mitteilungen in Zeitschriften stellen gewöhnlich nur allgemeine Beschreibungen dieser Methode dar, erläutern die Vorzüge oder geben einige wenige Beispiele ausgeführter Anlagen, mit zum Teil unvollständigen Angaben, oder auch nur kurze Mitteilungen.

Die allgemeinere Anwendung der Grundwasserabsenkung für Bauzwecke geschah anfänglich durch Brunnenbau-Techniker, da ja der Hauptteil der Anlage ihrem Fachgebiet angehört, und in Verbindung mit diesen durch Tiefbau-Unternehmer. Die Ausführung der Brunnen bot an und für sich nichts Neues; die besonderen Anordnungen für Grundwasserabsenkungszwecke und die Gesichtspunkte für die Ausbildung derartiger Anlagen waren persönliche Erfahrungen der einzelnen Ausführenden; sie wurden und werden aus geschäftlichem Interesse nicht an die Öffentlichkeit gebracht. Das Gleiche gilt offenbar von den durch wissenschaftlich vorgebildete Hydrologen zur Ausführung gekommenen Anlagen. Die bei Bauten der städtischen Verwaltungen erfolgten Grundwasserabsenkungen sind ebenfalls fast ausschließlich von Brunnenbauern und

Tiefbau-Unternehmern ausgeführt worden. Hierbei sind allerdings durch die bauleitenden städtischen Ingenieure zum Teil eigene Beobachtungen und Messungen gemacht worden, deren Veröffentlichung vielleicht von Wert wäre. In den letzten Jahren ist bei den Bauten der Königl. Bauverwaltungen eine große Anzahl von Grundwasserabsenkungsanlagen zur Ausführung gekommen, vornehmlich bei den in den allerletzten Jahren vorgenommenen und auch jetzt noch zum großen Teil im Bau begriffenen Schleusenneubauten, bei denen fast ausnahmslos große Anlagen, ja teilweise solche der allergrößten Dimensionen zur Durchführung gelangt sind. Sie sind meist auf Grund umfangreicher und ausgedehnter Beobachtungen und Voruntersuchungen von den betreffenden Bauverwaltungen nach selbst aufgestellten Projekten an Privatfirmen zur Ausführung vergeben worden, zum Teil auch, besonders in letzter Zeit, im Eigenbetriebe ausgeführt worden. Ein Interesse zur Geheimhaltung der gewonnenen Erfahrungen dürfte hier nicht vorliegen, zumal da bereits, allerdings nur über zwei der ausgeführten Anlagen aus den Jahren 1905—1907, einige ausführliche Mitteilungen in der Zeitschriften-Literatur erschienen sind, und es wäre wohl als durchaus dankenswert zu begrüßen, wenn durch weitere Veröffentlichungen die gewonnenen Erfahrungen und die angestellten Beobachtungen, die die Möglichkeit für rechnerische Ermittelungen und Prüfungen geben, und gleichzeitig die Daten und die Grundlagen für den Ausbau der Anlagen selbst als Beispiele für die mannigfaltige Art derselben derAllgemeinheit zugänglich gemacht würden.

Im folgenden soll der Versuch gemacht werden, eine Anzahl der für Grundwasserabsenkungsanlagen maßgebenden Gesichtspunkte zusammenzustellen. Es sollen nicht behandelt werden die Unterschiede im Bauvorgang selbst, die sich durch die Anwendung dieser Methode ergeben, insbesondere nicht die Vorteile in bautechnischer Hinsicht und die wirtschaftlichen Vorteile, die sich gegenüber der Verwendung anderer Gründungsverfahren ergeben. Auch sollen nicht zur Besprechung gelangen die Vorteile in Hinsicht auf die Sicherheit, die bei dieser Methode geboten werden, sowohl für die Bauausführung selbst, als auch für die Umgebung, und schließlich für den späteren Bestand des Bauwerkes infolge der besseren Ausführung der Betonierungsarbeiten. Auch die hygienischen Vorzüge sollen hier nur kurz erwähnt werden. Auch soll nicht über die Anwendungsmöglichkeit dieser Methode gesprochen werden, die als bekannt vorausgesetzt werden kann; über die besonderen, aus der Verschiedenartigkeit des Untergrundes entstehenden Verhältnisse wird in dem Teil, der über den Einfluß der Durchlässigkeit oder auch der Undurchlässigkeit des Bodens handelt, das Nötige gesagt werden.

In der folgenden Abhandlung sollen zunächst, nach einem historischen Rückblick und Angabe der über Grundwasserabsenkung vorhandenen Literatur, die theoretischen Grundlagen zusammengestellt werden; besonders werden die Gleichungen für die Spiegelflächen des abgesenkten Grundwasserspiegels unter Berücksichtigung aller beeinflussenden Faktoren aufgestellt werden, und dadurch die rechnerischen Grundlagen für die Projektierung von Grundwasserabsenkungsanlagen gegeben werden. Im zweiten Abschnitt wird die Möglichkeit der Vorausberechnung einer Anlage untersucht werden, und über die für die Aufstellung des Projektes nötigen Vorarbeiten und praktischen Voruntersuchungen Angaben gemacht und der Gang eines rationellen Vorgehens erläutert werden. An Hand von drei Beispielen aus der Praxis wird dann im dritten Teil die Anwendbarkeit der im theoretischen Teil aufgestellten Formeln, als auch die Möglichkeit der Vorausberechnung unter Anwendung der gegebenen Formeln gezeigt werden.

Es sind dann die maßgebenden Gesichtspunkte für die Ausgestaltung der Absenkungsanlagen selbst zusammengestellt, sowohl die für die Wasserfassungsanlage als auch die für die Wasserförderungsanlage; die Ausbildung der einzelnen Teile der Anlage ist eingehend behandelt, und zwar werden zunächst für einstufige Anlagen die mannigfaltigen Arten der allgemeinen Anordnung in Rücksicht auf den Verwendungszweck, auf die örtlichen Verhältnisse und im besonderen auf die Anwendung verschiedener Arten von Pumpen und Antriebsmaschinen einer Betrachtung unterzogen. Es werden dann die besonderen Ausführungen bei tieferen Absenkungen zur Darstellung gelangen, sowohl bei Staffelung von Kreiselanlagen, als auch bei der Verwendung von Tiefbrunnenpumpen. Die verschiedenen Arten der Ausbildung der Anlagen werden an praktischen Beispielen erörtert werden; vor allem werden die großen Absenkungsanlagen für die neuen Schleusenbauten, als die ausgedehntesten und in der Ausbildung der Maschinenanlage umfangreichsten herangezogen werden.

Historisches. Literatur.

Der dem Verfasser bekannt gewordene erste Hinweis auf die Methode der eigentlichen Grundwasserabsenkung bei Fundierungsarbeiten, das heißt also einer Senkung des Grundwasserspiegels unter Verwendung von Rohrbrunnen, befindet sich in der Schrift von B. Salbach: „Das Wasserwerk der Stadt Dresden.“ Halle a. S. 1874, 1. Teil, S. 8. Der generelle Unterschied der Grundwasserabsenkung im Gegensatz zu dem sonst üblichen Auspumpen des

Oberflächenwassers aus einer Baugrube ist hier deutlich charakterisiert; die betreffende Stelle soll daher wörtlich angeführt werden:

„Man ist leicht imstande, solche Stellen von lockerem Triebsand, welche bei Uferbauten bedeutende Schwierigkeiten bieten, dadurch zu befestigen, daß man vor dem Ufer Brunnen anlegt und durch starke Wasserförderung aus denselben die Quellen abschneidet, ehe sie an diese Schichten des Flußbettes etc. gelangen.

Wie häufig aber dieses Mittel vernachlässigt und falsch angewendet wird, sieht man bei Fundierungen, wo eine Baugrube durch Pumpen dadurch trocken gelegt werden soll, daß man Vertiefungen darin anbringt, aus welchen die Pumpen das Wasser absaugen. Durch dieses Mittel schafft man dem Zudrange des Wassers erst recht das Gefälle und es wird eine große Geschwindigkeit der Wasseradern hervorgebracht, welche in der Regel das in die Baugrube eingebrachte Beton-Material oder den Mörtel des Mauerwerks auswäscht.

Viel sicherer ist es, wenn man neben einer solchen Baugrube und zwar nach der Richtung hin, von welcher die Wasseradern herzuströmen, Brunnenschächte anlegt, in denen der Wasserspiegel tiefer abgesenkt wird, als die Sohle der Baugrube ist, so daß man durch dieses Mittel sowohl eine trockene als auch feste Baugrube sich schafft."

Die Methode muß immerhin schon früher bekannt gewesen sein, denn in einem Artikel der holländischen Zeitschrift De Ingenieur 1903, Nr. 18, S. 289 erwähnt F. C. J. van den Steen van Ommeren in einer Abhandlung: „Methode van fundeering door middel van verlaging van den Grondwaterspiegel" unter einigen Beispielen als erstes eine Grundwasserabsenkung, die beim Bau eines Theaters in Oldenburg um das Jahr 1870 herum mit 4 eisernen Brunnen zur Ausführung kam; sie bestand aus vier eisernen Brunnen, die durch eine Rohrleitung verbunden waren, und wurde von Hand betrieben.

Im Jahre 1886 wandte dann A. Thiem Grundwasserabsenkung an beim Niederbringen des Sammelbrunnens für das im Bau begriffene Leipziger Wasserwerk. Um den etwa 5 m äußeren Durchmesser haltenden Sammelbrunnen wurden sechs in einem Kreise von 9 m Durchmesser angeordnete Rohrbrunnen niedergebracht und mittels einer Kreiselpumpe betrieben, um eine Schotterschicht, die von dem Sammelbrunnen durchfahren werden mußte, im Trockenen ausheben zu können. Erwähnt wird diese Absenkung von Seyfferth, einem früheren Assistenten Thiems, im Zentralblatt der Bauverwaltung 1898, Nr. 17, S. 199.

Dasselbe Beispiel und auch die Verlegung von Heberleitungen für das Leipziger Wasserwerk mit Grundwasserabsenkung führt E. Prinz an, ebenfalls ein ehemaliger Assistent Thiems, in einem vor dem Berliner Bezirksverein Deutscher Ingenieure im Jahre 1906 gehaltenen und im Zentralblatt der Bauverwaltung 1906, Nr. 93, S. 594 zum Abdruck gekommenen Vortrage: „Die Trockenhaltung des Untergrundes mittels Grundwassersenkung."

E. Dietrich erwähnt dann im Zentralblatt der Bauverwaltung 1896, Nr. 2, S. 19 die Grundwasserabsenkung innerhalb eines Sammelbrunnens mit Hilfe eines im Sammelbrunnen selbst tiefer getriebenen Rohrbrunnens, durch den die Trockenhaltung der Sohle zur Erleichterung der Baggerarbeiten beim Niederbringen des Sammelbrunnens erreicht wurde, nach einer Mitteilung im Scientific American Supplement 1891, S. 13273. Bemerkenswert ist in der kurzen Mitteilung Dietrichs ein Hinweis auf die Gefährlichkeit dieses Verfahrens, die man damals noch als vorliegend erachtete.

Seyfferth erwähnt an der oben angegebenen Stelle ferner die Anwendung der Grundwasserabsenkung bei der im Jahre 1893 erfolgten Verlegung der Heberleitung des in Wannsee gelegenen Werkes der Charlottenburger Wasserwerke und bei dem im Jahre 1895/96 erfolgten Bau des in der Jungfernheide gelegenen Werkes für die Gründung verschiedener Bauwerke und die Verlegung von Rohrleitungen.

Auch teilt F. Kreuter im Zentralblatt der Bauverwaltung 1895, Nr. 52, S. 543, die Anwendung der Grundwasserabsenkung beim Bau des neuen städtischen Wasserwerkes in Budapest mit. Hier wurden aus einzelnen Ringstücken gemauerte Schachtbrunnen von 1 m äußerem Durchmesser verwendet.

Zunächst gelangte, wie ersichtlich, die Grundwasserabsenkung zur Ausführung bei der Anlage von Bauten für Wassergewinnungs- und -versorgungszwecke durch die Wasserversorgungsingenieure, denen die absenkende Wirkung eines im Betriebe befindlichen Brunnens bekannt war, und die sich ihrer bei den auszuführenden Arbeiten bedienten. Ebenso erfolgte frühzeitig die Anwendung bei der Verlegung von Kanalisationsröhren und -kanälen unter dem Grundwasserspiegel. Hier trat zuerst besonders der wirtschaftliche Vorteil des Verfahrens zutage und zeigte sich an den Ersparnissen gegenüber der Bauweise mit Spundwänden, deren Kosten gerade bei den langen Strecken der Kanalisation und der kurzen Bauzeit an jeder einzelnen Stelle einen verhältnismäßig großen Anteil der Gesamtkosten betrugen.

Über die im Jahre 1897 von der Stadt Charlottenburg ausgeführten Kanalisationsarbeiten mit Grundwasserabsenkung berichtet Stadtbaurat Bredtschneider in einem Aufsatz: „Absenkung des Grundwasserspiegels mittels Rohrbrunnen", im Zentralblatt der Bauverwaltung 1898, Nr. 7, S. 73 und macht eingehende Angaben über die Ausführung der Arbeiten und die zur Verwendung gekommenen Maschinen.

Ebenso gibt van den Steen van Ommeren an der oben erwähnten Stelle eine ausführliche Darstellung der bei den im Jahre 1898 im Haag erfolgten Kanalisationsarbeiten vorgenommenen Grundwasserabsenkungen.

Ferner findet sich in den Annales des travaux publics de Belgique 1903, S. 876 eine kurze Beschreibung des Niederbringens und der Konstruktion der Brunnen für Grundwasserabsenkungszwecke und ein Hinweis auf einige Bauausführungen mit Grundwasserabsenkung in Brüssel.

Als erste Anwendung der Grundwasserabsenkung bei größeren Bauwerken, die mit Wassergewinnung und Kanalisation nicht in Verbindung standen, erwähnt Kreuter an der oben angegebenen Stelle die Absenkung beim Bau der Pester Untergrundbahn.

Dann wurde Grundwasserabsenkung angewendet beim Bau der beiden großen Schleusen des Kaiser Wilhelm-Kanals in Brunsbüttelkoog und Holtenau, bei der erstgenannten mit geringerem Erfolge, bei der zweiten mit besserem unter Verwendung von drei großen gemauerten Schachtbrunnen. Ausführliche Mitteilungen darüber sind in dem nachfolgenden Werk gegeben:

J. Fülscher: „Der Bau des Kaiser Wilhelm-Kanals“, 1898, Abt. I. Außerdem finden sich kurze Mitteilungen darüber in:

Brennecke: „Ergänzungen zum Grundbau“, Handbuch der Baukunde III, 1. 2, und im „Handbuch der Ingenieur-Wissenschaften“ 1906, III. Teil, 3. Bd., S. 62.

Mitteilungen über die Anwendung der Grundwasserabsenkung beim Bau der älteren Strecken der Untergrundbahn in Berlin und einige Einzelheiten finden sich an folgenden Stellen:

Zentralbl. der Bauverwaltung 1901, Nr. 1, S. 5: „Vom Bau des Tunnels der elektrischen Stadtbahn am Potsdamer Platz in Berlin“; Deutsche Bauzeitung 1901, Nr. 86, S. 529: „Die elektrische Hoch- und Untergrundbahn in Berlin von Siemens & Halske“; Organ für die Fortschritte des Eisenbahnwesens 1902, Nr. 10, S. 191: „Die elektrische Stadtbahn in Berlin“, von Regierungsbauführer Giese und Regierungsbaumeister Blum; Z. Ver. deutsch. Ing. 1901, Nr. 7 f., S. 217: „Die elektrische Hoch- und Untergrundbahn in Berlin“, von Regierungsbaumeister Langbein.

Van den Steen van Ommeren erwähnt ferner in seinem mehrfach erwähnten Aufsatz die Ausführung der Kaimauern in Scheveningen im Jahre 1902 mit Hilfe von Grundwasserabsenkung.

Prinz gibt in seinem oben erwähnten Vortrag, der gleichfalls im Journal für Gasbeleuchtung und Wasserversorgung 1907, Nr. 2, S. 34 abgedruckt ist, allgemeine Gesichtspunkte für die Ausführung von Grundwasserabsenkungsanlagen und führt kurz die Ausführung eines Teiles der westlichen Strecke der Untergrundbahn in Charlottenburg an; außerdem erwähnt er zum ersten Male die Ausführung einer Grundwasserabsenkungsanlage in mehreren Staffeln an einem Beispiel, der Verlegung der Heberleitung für eine Wasserfassung; und zwar geschah die Absenkung mit Hilfe der Wassergewinnungsbrunnen selbst; sie wurde ausgeführt im Jahre 1892 von Thiem.

An einem einzelnen Beispiel wird die Grundwasserabsenkung von Bernhard beschrieben in einem Aufsatz: „Untertunnelung eines bewohnten Geschäftshauses für die Untergrundbahn in Berlin", Zentralbl. der Bauverwaltung 1906, Nr. 95, S. 607.

In einem Aufsatz: „Etwas über Schleusen und Schleusenbau" in der Deutschen Bauzeitung 1907, Nr. 24, S. 167 bespricht L. Brennecke die Vorzüge der Grundwasserabsenkung in ihrer besonderen Verwendung beim Bau großer Seeschleusen.

Ferner beschreibt Zimmermann in einem Aufsatz: „Die Anwendung von Grundwasserabsenkungen zu Neubauten und Wiederherstellungsarbeiten im Bezirk der Wasserbauinspektion Fürstenwalde", Zeitschrift für Bauwesen 1907, S. 411 die Wasserabsenkungsanlagen für die Schleusen in Kersdorf und Fürstenberg und gibt ausführlichere Daten an.

Kurze Angaben über die Grundwasserabsenkung beim Bau der Schöneberger Untergrundbahn finden sich in dem Sonderabdruck aus der Zeitschrift für Bauwesen (bzw. daselbst) von Friedrich Gerlach: „Die elektrische Untergrundbahn der Stadt Schöneberg." 1911.

Über die bei der sogenannten Spreekreuzung beim Bau der Berliner Untergrundbahn zur Ausführung gekommene Grundwasserabsenkungsanlage unter Anwendung von Mammutpumpen macht Theodor Steen Angaben im Zentralbl. der Bauverwaltung 1911, Nr. 85, S. 524: „Mammutpumpen-Anlage zur Untertunnelung der Spree". Kurze Angaben hierüber siehe auch in der Zeitschr. des österreich. Ing.- u. Arch.-Vereins 1912, Nr. 15, S. 228: „Der Wassereinbruch in die Bau- und Betriebsstrecken der Berliner elektrischen Untergrundbahnen".

Ein kurzer Abschnitt über Grundwasserabsenkungen befindet sich auch in dem Werk von Brennecke: „Der Grundbau", 1906, S. 164—172.

Weitere Angaben über Grundwasserabsenkungen in der Literatur — außer etwa kurzen Hinweisen bei Beschreibungen der Bauausführungen von Gebäuden darauf, daß Grundwasserabsenkung zur Anwendung kam — sind dem Verfasser nicht bekannt geworden.

I. Theoretische und rechnerische Grundlagen.

1. Nachweis der vorhandenen, theoretischen Grundlagen über Grundwasserbewegung und über die Entnahme von Grundwasser aus Brunnen, soweit sie für Absenkungszwecke in Betracht kommen.

Die Grundlagen für die Betrachtung der bei Grundwasserabsenkungen auftretenden Erscheinungen bilden die Gesetze der Filtration des Wassers bzw. die Gesetze der Bewegung des Wassers durch Sandschichten. Die Gesetze der künstlichen Filtration wurden zuerst von Darcy gefunden, und von Dupuit angewendet und bestätigt für die Bewegung des Grundwassers im Boden; er stellte Formeln für die gleichmäßige, mit Gefälle verlaufende Strömung des Grundwassers im Untergrunde und für die Bewegung des Grundwassers nach einem Fluß oder Kanal hin auf. Unter einer Anzahl von anderen Forschern, die sich mit den Gesetzen der Grundwasserbewegung beschäftigten, möge Thiem genannt werden, der Formeln für die Spiegelfläche des Grundwassers bei Wasserentnahme aus Schachtbrunnen und Sickerschlitzen entwickelte. Forchheimer stellte eine allgemeine Gleichung der Spiegelfläche des gesenkten und ungesenkten Wasserspiegels und besondere Gleichungen für eine Reihe von Sonderfällen auf.

Die Entwicklung einer großen Anzahl der Gleichungen und Formeln geschah in Hinsicht auf die Verwendung bei Fragen der Wassergewinnung. Hier handelt es sich in erster Linie um die Erlangung einer bestimmten Wassermenge aus dem Boden. Die dabei auftretende Senkung des Grundwasserspiegels ist als sekundäre Erscheinung zu betrachten, gibt jedoch wichtige Aufschlüsse über die im einzelnen vorliegenden Verhältnisse.

Bei der Grundwasserabsenkung jedoch ist Hauptzweck die absichtlich herbeigeführte Absenkung des Grundwasserspiegels zur Trockenlegung der Baugrube; die aus dem Boden entnommene Wassermenge ist hier die sekundäre Erscheinung.

Der Vorgang im Boden ist in beiden Fällen grundsätzlich derselbe. Die Formeln, soweit sie für die Darstellung der besonderen Verhältnisse bei Grundwasserabsenkungen in Frage kommen, sollen im folgenden zusammengestellt, von dem für Grundwasserabsenkungszwecke maßgebenden Standpunkte aus betrachtet und zur rechnerischen Anwendung für praktische Fälle weiter ausgestaltet werden.

Darcy, Grundgesetz; Lueger.

Bei seinen Untersuchungen über die Durchlässigkeit von Filterschichten hat Darcy[1]) experimentell gefunden, daß die von einem Filter von konstantem Querschnitte gelieferte Wassermenge proportional ist dem Produkt aus Filterfläche, Druckhöhe und einem dem verwendeten Filtermaterial eigentümlichen Koeffizienten und indirekt proportional der Dicke der Filterschicht.

Bezeichnet:

F die Filterfläche in m^2
h die Druckhöhe in m
l die Filterdicke in m
k den Koeffizienten,

so ist also die Wassermenge

$$Q = k \cdot F \cdot \frac{h}{l} \, m^3 \quad \ldots \ldots \ldots \quad (1)$$

Ebenso wie hier beim Filter zum Durchfließen einer bestimmten Wassermenge eine gewisse Druckhöhe zur Überwindung der Widerstände vorhanden sein muß, wird auch bei der Bewegung des Grundwassers durch Bodenschichten über einer wagerechten oder geneigten undurchlässigen Sohle eine gewisse Druckhöhe verbraucht. Dies zeigt sich bei einem in Bewegung befindlichen Grundwasserstrom in einer verschieden hohen Lage des Wasserspiegels an zwei in der Stromrichtung verschoben liegenden Punkten. Das Verhältnis dieses Höhenunterschiedes zur Entfernung der beiden Punkte nennt man das Gefälle des Grundwasserstromes auf der durchflossenen Strecke. Da dieses Verhältnis dem Quotienten $\frac{h}{l}$ der Gl. 1 entspricht, so würde die Geschwindigkeit des Wassers beim Durchfließen durch Bodenschichten

$$v = \frac{Q}{F} = k \cdot \frac{h}{l}, \quad \ldots \ldots \ldots \quad (2)$$

also direkt proportional dem Gefälle sein.

[1]) „Les fontaines publiques de la ville de Dijon", 1856, S. 590.

Der Koeffizient

$$k = \frac{Q}{F} \cdot \frac{l}{h}$$

bedeutet in dieser Gleichung diejenige Wassermenge, die durch die Flächeneinheit, 1 m^2, beim Gefälle 1 in der Zeiteinheit, 1 sk, hindurchfließt und hat daher die Dimension m^3. Der Koeffizient k, auch die Bodenkonstante genannt, bezeichnet daher die Durchlässigkeit des Materials und hat für ein und dasselbe Material einen bestimmten konstanten Wert.

Die Proportionalität zwischen Geschwindigkeit und Gefälle ist von einer Reihe von Forschern bei ihren Versuchen bestätigt worden.[1]) Andere haben jedoch ein schnelleres Zunehmen des Gefälles gegenüber der Geschwindigkeit beobachtet,[2]) also ein Abnehmen der Durchlässigkeit k bei größeren Geschwindigkeiten, was auf ein Wachsen der Widerstände schließen läßt; und zwar wurde diese Abweichung von der Proportionalität in um so höherem Maße beobachtet, aus je feinerem Material das Filter bestand. Immerhin hat sich das Darcysche Gesetz mit ziemlich großer Annäherung für nicht zu große Durchflußgeschwindigkeiten bestätigt. Auch haben die auf Grund dieses Gesetzes abgeleiteten Formeln für die Wasserentnahme aus Brunnen bei ihrer Verwendung in zahlreichen Fällen mit der Wirklichkeit gut übereinstimmende Resultate ergeben, wodurch die Anwendung des Darcyschen Gesetzes für die Praxis gerechtfertigt erscheint.

Zu dem gleichen Resultat der Proportionalität zwischen Geschwindigkeit und Gefälle kommt Lueger[3]) durch folgende Betrachtungen. Er denkt sich ein rechtwinkliges, parallelepipedisches Becken von der Breite b, der Höhe h und der Länge l mit Kugeln vom gleichen Durchmesser d angefüllt und berechnet den Zwischenraum zwischen den im Becken enthaltenen Kugeln, der sich als unabhängig vom Durchmesser der Kugeln ergibt zu

$$V = 0{,}27 \cdot b \cdot l \cdot h.$$

Die Oberfläche der sämtlichen den Raum $b \cdot l \cdot h$ erfüllenden Kugeln findet er dann zu

$$F = 4{,}44 \cdot \frac{b \cdot l \cdot h}{d}, \qquad (3)$$

---

[1]) Vgl. Forchheimer: „Wasserbewegung durch Boden“, Z. Ver. deutsch. Ing. 1901, S. 1736.

[2]) Ebenda.

[3]) „Theorie der Bewegung des Grundwassers in den Alluvionen der Flußgebiete“. Stuttgart 1883, S. 7.

deren Größe also dem Kugeldurchmesser umgekehrt proportional ist. Bei einer Neigung der Sohle des Beckens gegen die Horizontale und Ausfüllung der Zwischenräume mit Wasser, dessen Oberfläche gegen die Horizontale dieselbe Neigung und ein Gefälle pro Längeneinheit α hätte, würde das Wasser eine gleichmäßige Bewegung annehmen und beim Durchsinken der Zwischenräume eine Arbeit pro Längeneinheit

$$A = 0{,}27 \cdot \gamma \cdot b \cdot h \cdot \alpha$$

leisten; $\gamma =$ spez. Gewicht des Wassers. Unter Vernachlässigung der zu molekularen Arbeiten, Wärmeänderungen usw. verbrauchten Arbeitsmengen, wird diese Arbeit lediglich als nur zur Überwindung der Reibungswiderstände verwendet angesehen.

Die Arbeit der Reibung pro Längeneinheit ergibt sich zu $p \cdot R'$, wenn unter R' die Arbeit pro Flächeneinheit und unter p die benetzte Fläche pro Längeneinheit verstanden wird, und es ist also $p \cdot R' = 0{,}27 \cdot \gamma \cdot b \cdot h \cdot \alpha$. Die Arbeit der Reibung pro Flächeneinheit kann in der Hydraulik nur empirisch bestimmt werden; man setzt sie proportional einer Funktion der Geschwindigkeit und abhängig vom Rauhigkeitsgrade der benetzten Fläche. In dem für die Reibungswiderstandshöhe gebräuchlichen Ausdruck

$$\frac{R'}{\gamma} = a \cdot v + b \cdot v^2,$$

wird jedoch bei Grundwasserbewegungen, für die äußerst geringen Geschwindigkeiten infolge der großen Widerstände beim Durchfließen des Wassers durch die Zwischenräume zwischen den Sandkugeln, das zweite Glied vernachlässigt, und der Reibungswiderstand pro Flächeneinheit der ersten Potenz der mittleren Geschwindigkeit proportional gesetzt:

$$R' = \gamma \cdot c \cdot v;$$

die pro Längeneinheit benetzte Fläche p der Kugeln ist nach Gl. 3 zu $p = 4{,}44 \cdot \frac{b \cdot h}{d}$ berechnet, so daß man beim Einsetzen der Werte für R' und p die Gleichung erhält:

$$v = \frac{0{,}27 \cdot \gamma \cdot b \cdot h \cdot d}{4{,}44 \cdot b \cdot h \cdot c} \cdot \alpha = c' \cdot d \cdot \alpha, \quad \ldots \ldots \quad (4)$$

wenn

$$c' = \frac{0{,}27 \cdot \gamma}{4{,}44 \cdot c}$$

gesetzt wird.

Die gleichförmige Bewegung vollzieht sich also wie in einem Rohre; die Geschwindigkeit hängt nicht von der Größe des Raumes, den die Kugeln erfüllen, bezw. vom Gesamtquerschnitt des Grundwasserstromes, sondern nur von dem Gefälle und dem Durchmesser der Kugeln ab.

So gelangt also Lueger, unter Voraussetzung eines gleichartigen Materials des Grundwasserträgers, das dem in der Ableitung zugrunde gelegten idealen um so näher kommt, je gleichmäßiger es ist, zu dem gleichen Resultat, daß die Geschwindigkeit des Grundwassers

$$v = k \cdot \alpha \quad \ldots\ldots\ldots \quad (5)$$

zu setzen ist, unter k einen durch Erfahrung zu gewinnenden und, weil vom Durchmesser des Sandkornes abhängigen, für jedes verschiedene Material verschiedenen Koeffizienten verstanden.

Piefke; Versuche.

Bei den Vorarbeiten zur Anlegung neuer Wasserwerke für die Stadt Berlin am Müggelsee hat Piefke experimentelle Untersuchungen über die Durchlässigkeit der verschiedenen Bodenarten angestellt, die beim Bohren der Brunnen für die Anlage einer Reihe von Versuchs-Pumpstationen angetroffen wurden. In einem internen, gedruckt vorliegenden Bericht[1]) an die Stadtverordnetenversammlung sind die Ergebnisse dieser Untersuchungen und ihre Prüfung mit Hilfe der beim Betriebe der Pumpstationen beobachteten Absenkungen des Grundwasserspiegels mitgeteilt.

Die wichtigsten Daten sollen hier kurz angegeben werden, da weder eine Veröffentlichung des Berichtes stattgefunden hat, noch auch die Resultate in der Literatur mitgeteilt worden sind, und weil an einer späteren Stelle dieser Abhandlung darauf Bezug genommen werden soll.

Die bei den Bohrungen angetroffenen Sandsorten wurden zunächst auf Grund der vorherrschenden Korngröße nach fünf Abstufungen, und zwar als sehr fein, fein, scharf, grob und kiesig unterschieden; um in bezug auf die gröberen oder feineren Gemengteile, die bei der getroffenen Unterscheidung nicht mit zum Ausdruck gelangten, den Charakter der Sande vollständiger festzustellen, wurden zahlreiche mechanische Analysen, bestehend in der Trennung abgewogener Proben, nach verschiedenen Korngrößen ausgeführt, und die Durchschnittsqualitäten der angeführten fünf Sorten ermittelt.

Die Bestimmungen der Durchlässigkeit mußten ihrer Umständ-

---

[1]) „Bericht des Betriebs-Ingineurs Piefke über die Fortführung von Versuchen behufs Gewinnung eines reinen Brunnenwassers.“ Berlin 1886.

lichkeit wegen auf einige wenige Proben beschränkt bleiben; es wurden daher nur fünf verschiedene Sande, jedoch solche ausgewählt, welche annähernd den erwähnten Durchschnittsqualitäten entsprachen. Die Zusammensetzung dieser fünf eine Skala bildenden, zu den Versuchen benutzten Sorten war die in der Tabelle 1 angegebene.

Tabelle 1.

Zusammensetzung der untersuchten Sandsorten.

Nr. I Grand.

100 g enthielten:

3 g { Gesteinsstaub (unter $^1/_{10}$ mm),
sehr feinen Sand ($^1/_{10}$—$^1/_4$ mm),

12 „ feinen Sand ($^1/_4$—$^1/_2$ mm),

14 „ scharfen Sand $^1/_2$—$^3/_4$ mm),

41 „ groben Sand ($^3/_4$—2 mm),

30 „ Kies (über 2 mm bis erbsengroß excl. gröberer Geschiebe).

Nr. II Grober Sand.

100 g enthielten:

13 g { Gesteinsstaub (unter $^1/_{10}$ mm),
sehr feinen Sand ($^1/_{10}$—$^1/_4$ mm),

22 „ feinen Sand ($^1/_4$—$^1/_2$ mm),

32 „ scharfen Sand ($^1/_2$—$^3/_4$ mm),

33 „ groben Sand ($^3/_4$—2 mm),
(vereinzelte Kiesstückchen wurden ausgeschlossen).

Nr. III Scharfer Sand.

100 g enthielten:

3 g Gesteinsstaub (unter $^1/_{10}$ mm),

22 „ sehr feinen Sand ($^1/_{10}$—$^1/_4$ mm),

25 „ feinen Sand ($^1/_4$—$^1/_2$ mm),

27 „ scharfen Sand ($^1/_2$—$^3/_4$ mm),

23 „ groben Sand ($^3/_4$—2 mm).

Nr. IV Feiner Sand.

100 g enthielten:

6 g Gesteinsstaub (unter $^1/_{10}$ mm),

23 „ sehr feinen Sand ($^1/_{10}$—$^1/_4$ mm),

54 „ feinen Sand ($^1/_4$—$^1/_2$ mm),

11 „ scharfen Sand ($^1/_2$—$^3/_4$ mm),

6 „ groben Sand ($^3/_4$—2 mm).

Nr. V Sehr feiner Sand.

100 g enthielten:

16 g Gesteinsstaub (unter $^1/_{10}$ mm),
64 „ sehr feinen Sand ($^1/_{10}$—$^1/_4$ mm),
15 „ feinen Sand ($^1/_4$—$^1/_2$ mm),
3 „ scharfen Sand ($^1/_2$—$^3/_4$ mm),
2 „ groben Sand ($^3/_4$—2 mm).

Entsprechend den Ausführungen Luegers sind die Hohlräume zwischen den Sandkörnern bei einem bestimmten Gesamtvolumen unabhängig vom Durchmesser der kugelförmig angenommenen Sandkörner gleicher Größe. Feiner gleichmäßiger Sand kommt einem nach dieser Bedingung zusammengesetzten Sande am nächsten. Die einzelnen Körnchen sind durch Wälzung ziemlich gerundet, und große Verschiedenheiten der Durchmesser ausgeschlossen. Letzteres ist dagegen in sehr erheblichem Grade der Fall beim Grand; dazu kommt, daß die Kiesstückchen eine höchst unvollkommene Kugelgestalt haben, vielfach sogar ebenflächig begrenzt sind. Es läßt sich daher erwarten, daß die Hohlräume der verschiedenen Sandsorten in einem gewissen umgekehrten Verhältnis zur mittleren Korngröße stehen werden; in der Tat hat sich dies an den fünf untersuchten Sandsorten bestätigt gefunden, denn es betragen die Hohlräume:

Tabelle 2.

Ermittelte Hohlräume

von Nr.	I Grand	24,9 %	1
„ „	II grober Sand	31,4 „	1,26
„ „	III scharfer Sand	32,3 „	1,29
„ „	IV feiner Sand	33,6 „	1,34
„ „	V sehr feiner Sand	34,0 „	1,37

Das Trocknen der Sandsorten, das Einstauchen in den Filtrierapparat und das sorgfältige Füllen desselben mit von unten aus eingeführtem, äußerst langsamem und ruhigem Wasserstrom wird ausführlich beschrieben.

Die Resultate der dann vorgenommenen Bestimmung der Durchlässigkeit sind in Fig. 3 graphisch dargestellt, in Gestalt von fünf Druckkurven, neben welche die bezüglichen Nummern der Skala, für welche sie gelten, geschrieben sind. Die Figur wurde nach einer der im Besitze der Berliner Wasserwerke befindlichen, in den Bericht nicht mit aufgenommenen Originalzeichnungen angefertigt.

Die Ordinaten der Kurven geben den Druck an, welcher erforderlich ist, um das Wasser eine Wegstrecke von 1 m Länge vorwärts zu treiben bei einer als Abszisse aufgetragenen effektiven, stündlichen Geschwindigkeit. Sämtliche Kurven gehen als gerade Linien, dem Darcy'schen Gesetze entsprechend, vom Anfangspunkt des Koordinatensystems aus, biegen aber früher oder später von der Richtung der zuerst verfolgten Geraden ab; nur bis zu dem Punkt,

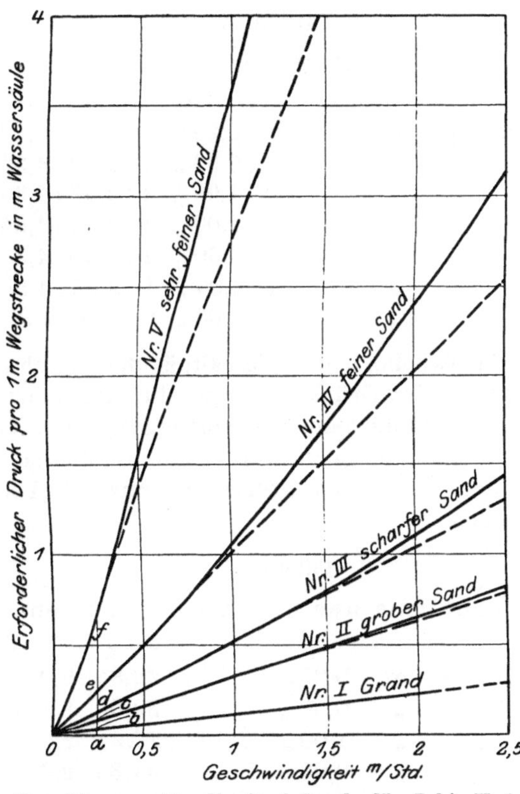

Fig. 3. Druckkurven für die fünf Sande Nr. I bis V der Skala.

wo dies stattfindet, ist streng genommen das Darcy'sche Gesetz gültig. Bei den feineren Sanden hört die Proportionalität zwischen Druck und Geschwindigkeit schon viel früher auf, als bei den gröberen, beim Sande Nr. V der Skala schon bei 0,25 m/st; bei Nr. I besteht sie noch bis zu mindestens zehnfach größerer Geschwindigkeit, bis 2,5 m/st. Bei den feinen Sanden tritt jedoch die Abweichung von der Proportionalität nicht nur früher ein, sondern sie ist auch größer als bei den gröberen Sanden; bei den feinkörnigen Sanden wachsen also die Widerstände für zunehmende Geschwindigkeit viel schneller und intensiver als bei den grobkörnigen.

Das gegenseitige Verhältnis der zur Erzeugung einer bestimmten Geschwindigkeit beanspruchten Drücke bei den verschiedenen Sandsorten, entsprechend dem Verhältnis der fünf Ordinaten ab, ac, ad, ae, af der Fig. 3, ändert sich mit wachsender Geschwindigkeit und ist in nachfolgender Tabelle 5 zur Darstellung gelangt, indem der für Nr. I nötige Druck gleich 1 gesetzt ist.

Tabelle 5.

Verhältnis der Drücke

	Nr. I	II	III	IV	V
bei einer stündl. Geschwindigkeit von 0,25 m	1	2,53	4,33	8,4	23,0
„ „ „ „ „ 0,50 „	1	2,53	4,33	8,4	26,5
„ „ „ „ „ 1,00 „	1	2,53	4,34	9,0	29,1
„ „ „ „ „ 2,00 „	1	2,54	4,34	10,2	31,3
„ „ „ „ „ 3,00 „	1	2,55	4,35	10,3	32,5
„ „ „ „ „ 4,00 „	1	2,55	4,36	10,7	34,3
„ „ „ „ „ 5,00 „	1	2,55	4,37	11,1	35,2

Ebenso ist in Tabelle 6 das Verhältnis der Geschwindigkeiten bei gleichen erzeugenden Drücken dargestellt, abgeleitet aus Fig. 3 und 4, in der die wahrscheinliche Fortsetzung der Kurven konstruiert ist, da es nicht möglich war, bei den feineren Sanden die absorbierten Drücke für noch größere Geschwindigkeiten experimentell festzustellen.

Tabelle 6.

Verhältnis der Geschwindigkeiten

	Nr. I	II	III	IV	V
bei einem Drucke von 0,25 m . . .	22,8	9,0	5,5	2,7	1
„ „ „ „ 0,50 „ . . .	22,0	8,9	5,5	2,7	1
„ „ „ „ 1,00 „ . . .	23,2	9,0	5,7	2,7	1
„ „ „ „ 2,00 „ . . .	24,3	9,6	6,0	2,7	1
„ „ „ „ 3,00 „ . . .	24,5	9,9	6,5	2,7	1
„ „ „ „ 4,00 „ . . .	25,0	10,5	7,0	2,7	1
„ „ „ „ 5,00 „ . . .	25,4	10,8	7,1	2,8	1
„ „ „ „ 6,00 „ . . .	25,7	11,0	7,3	2,8	1

Auf Grund vorstehender Verhältniszahlen lassen sich jedoch die Wassermengen, die bei einem gewissen Druck von verschiedenartig zusammengesetzten Sandschichten gleicher Dimensionen in derselben Zeit hindurchgelassen werden, noch nicht miteinander vergleichen; wegen der verschieden großen Hohlräume müssen die Wassermengen, die mit gleichen Geschwindigkeiten und in gleichen Zeiten sich hindurchbewegen, in demselben Verhältnis zueinander stehen wie die freien Querschnitte, also entsprechend den in Tabelle 2 gegebenen Verhältniszahlen. Mit Hilfe dieser Zahlen und der Tabelle 6 lassen sich die Wassermengen ohne weiteres berechnen.

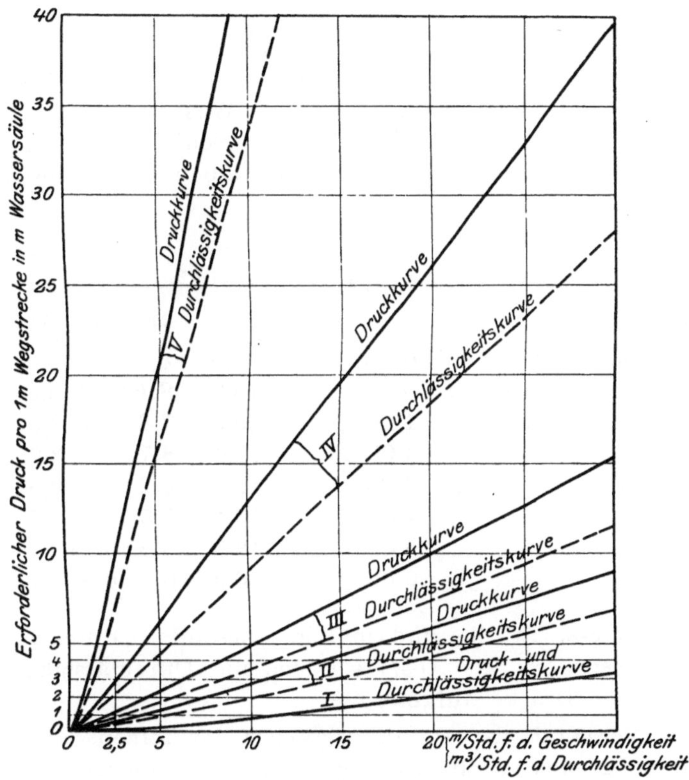

Fig. 4. **Druck- und Durchlässigkeitskurven für die fünf Sande Nr. I bis V der Skala.**

Wird z. B. die Geschwindigkeit, welche der Druck $h = 0{,}25$ m im sehr feinen Sande (Nr. V der Skala) erzeugt, gleich v gesetzt, so sind für die anderen Sande die entsprechenden Geschwindigkeiten

Nr. I	II	III	IV
$22{,}8\,v$,	$9\,v$,	$5{,}5\,v$,	$2{,}7\,v$.

Ist der freie Querschnitt für Grand (Nr. I der Skala) gleich q, so beträgt er für

Nr. II	III	IV	V
$1{,}26 \cdot q$,	$1{,}29 \cdot q$,	$1{,}34 \cdot q$,	$1{,}37 \cdot q$.

Die hindurchgehenden Wassermengen sind also

$$22{,}8 \cdot vq, \quad 9 \cdot 1{,}26 \cdot vq, \quad 5{,}5 \cdot 1{,}29 \cdot vq, \quad 2{,}7 \cdot 1{,}34 \cdot vq, \quad 1{,}37 \cdot vq$$

und verhalten sich daher zueinander wie

$$16{,}6 : 8{,}3 : 5{,}2 : 2{,}6 : 1.$$

Es ergibt sich die folgende Tabelle 7 für die Durchlässigkeiten, wenn unter dieser Bezeichnung diejenigen Wassermengen verstanden werden, die bei demselben Druck durch Schichten gleichen Querschnittes und gleicher Länge während derselben Zeit hindurchfließen.

Tabelle 7.

Verhältnis der Durchlässigkeiten

	Nr. I	II	III	IV	V
bei einem Drucke von 0,25 m . . .	16,6 :	8,3 :	5,2 :	2,6	: 1
„ „ „ „ 0,50 „ . . .	15,9 :	8,1 :	5,2 :	2,6	: 1
„ „ „ „ 1,00 „ . . .	15,8 :	7,8 :	5,4 :	2,5	: 1
„ „ „ „ 2,00 „ . . .	17,4 :	8,7 :	5,6 :	2,6	: 1
„ „ „ „ 3,00 „ . . .	18,0 :	9,2 :	6,1 :	2,6	: 1
„ „ „ „ 4,00 „ . . .	18,1 :	9,5 :	6,5 :	2,7	: 1
„ „ „ „ 5,00 „ . . .	18,5 :	10,8 :	6,7 :	2,75	: 1
„ „ „ „ 6,00 „ . . .	18,8 :	10,1 :	6,9 :	2.76	: 1

Nach dieser Tabelle sind in Fig. 4 besondere Durchlässigkeitskurven konstruiert; als Abszissen sind die Durchlässigkeiten, als Ordinaten die Drücke aufgetragen.

Das Verhältnis der Durchlässigkeiten der feinen Sande gegenüber den groben stellt sich günstiger als dasjenige der Geschwindigkeiten.

Dupuit, Formel für Grundwasserbewegung gegen einen Fluß oder Sammelkanal.

Auf Grund eines für die Bewegung des Grundwassers im Boden abgeleiteten, dem Darcyschen völlig identischen Gesetzes stellte bereits Dupuit[1]) die Gleichung der gekrümmten Wasseroberfläche für das nach einem offenen Sammelkanal hin durch gleichmäßigen Boden durchsickernde Grundwasser auf.

---

[1]) „Traité théorique et pratique de la conduite et de la distribution des eaux.“ 2e éd. Paris 1865.

Es bezeichne nach Fig. 8:

h_0 den Wasserstand im Kanal,

y und z die Koordinaten eines beliebigen Punktes des Grundwasserspiegels in einem senkrecht zum Ufer gelegten Vertikalschnitt, bezogen auf ein Koordinatensystem, dessen y-Achse horizontal durch die Sohle des Kanals, senkrecht zum Ufer, und dessen z-Achse durch das Ufer selbst gelegt ist,

l die Länge des Kanals,

q die dem Kanal von einer Seite her sekundlich zuströmende Wassermenge,

k die Durchlässigkeit der als durchaus gleichmäßig angenommenen Bodenart.

Die Geschwindigkeit, mit der das Grundwasser durch einen im Abstand y vom Kanal gelegenen Querschnitt $z \cdot l$ hindurchströmt, sei v_y.

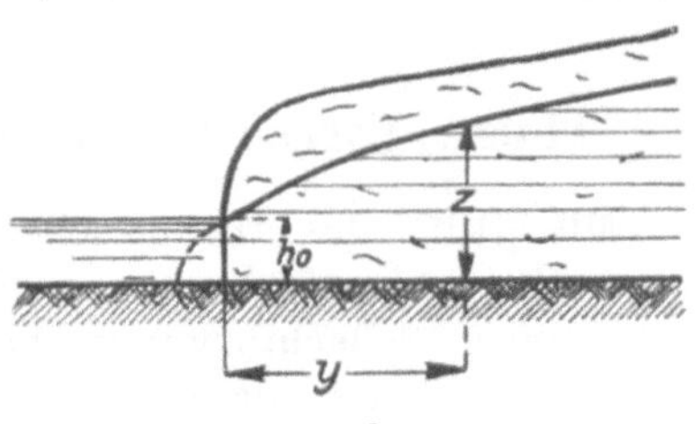

Fig. 8.

Ist dz die wirksame Druckhöhe, die hinreicht, um auf der zu durchfließenden Strecke dy die Reibungswiderstände zu überwinden, so ist entsprechend Gl. 5:

$$v_y = k \cdot \frac{dz}{dy}.$$

Das Spiegelgefälle $\frac{dz}{dy}$ entspricht der Tangente an die Querschnittskurve in dem durch die Koordinaten y und z bestimmten Punkt.

Die auf einer Seite zuströmende Wassermenge ist dann

$$q = z \cdot l \cdot k \cdot \frac{dz}{dy}.$$

Durch Integration der Differentialgleichung erhält man:

$$\int z \cdot dz = \frac{q}{l \cdot k} \cdot \int dy,$$

$$\frac{z^2}{2} = \frac{q}{l \cdot k} \cdot y + C \quad \ldots\ldots\ldots \quad (6)$$

Die Konstante C bestimmt sich, da für $y = 0$, $z = h_0$ ist, zu $\frac{h_0^2}{2}$; und es ist

$$z^2 - h_0^2 = \frac{2 \cdot q}{l \cdot k} \cdot y \quad \ldots\ldots\ldots \quad (7)$$

Ein senkrecht zum Kanal durch die Wasseroberfläche gelegter Schnitt hat demnach die Form einer Parabel. Die Ableitung der Formel erfolgt unter der Voraussetzung, daß die Kanalsohle gleichzeitig die Oberfläche der undurchlässigen Schicht bildet. Doch behält die Gleichung auch ihre Gültigkeit, wenn der Sammelkanal oder Fluß nicht bis auf die undurchlässige Schicht reicht. Die Bewegung ist dann so zu betrachten, als ob in einer durch die Sohle des Flusses gelegten Horizontalebene die undurchlässige Schicht beginnen würde. Lueger weist nach, daß sich unterhalb der Kanalsohle eine irgendwie nennenswerte aufsteigende Grundwasserbewegung nicht entwickeln kann. Auf seine Ausführungen wird später bei der Besprechung von Brunnen, die nicht bis zur undurchlässigen Sohle reichen, näher eingegangen werden.

Thiem, Formel für Entnahme aus Schachtbrunnen.

Mit Hilfe des Darcyschen Fundamentalgesetzes entwickelte ferner Thiem[1]) die Gleichung für die Bewegung des Grundwassers nach einem Schachtbrunnen hin bei Wasserentnahme aus einer wasserführenden Schicht von bestimmter Mächtigkeit.

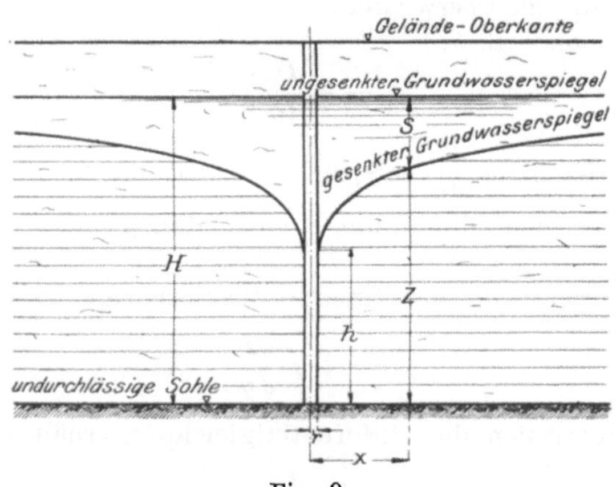

Fig. 9.

Es möge bezeichnen nach Fig. 9:

H die Mächtigkeit der wasserführenden Schicht, d. h. die Entfernung des ungesenkten Grundwasserspiegels von der undurchlässigen Schicht,

[1]) „Über die Ergiebigkeit artesischer Bohrlöcher, Schachtbrunnen und Filtergalerien," Journ. f. Gasbel. u. Wasservers. 1870, S. 456.

h die Höhe des gesenkten Grundwasserspiegels über der undurchlässigen Schicht im Brunnen selbst,

r den Radius des bis zur undurchlässigen Schicht reichenden Brunnens mit durchlässiger Seitenwandung,

x und z die Koordinaten eines beliebigen Punktes des Grundwasserspiegels, bezogen auf ein durch den Schnittpunkt der Brunnenachse mit der undurchlässigen Schicht gelegtes Koordinatensystem,

k die Durchlässigkeit des Bodens,

q die sekundlich dem Brunnen entnommene Wassermenge.

Bei horizontaler Lage des ungesenkten Grundwasserspiegels ist der Zufluß zum Brunnen von allen Seiten gleich groß; bezeichnet v_x die Geschwindigkeit, mit der das Wasser durch einen mit dem Brunnen konzentrischen Ringzylinder vom Radius x, der Dicke dx und der Höhe z dem Brunnen zufließt, so ist, wieder entsprechend dem Spiegelgefälle $\frac{dz}{dx}$,

$$v_x = k \cdot \frac{dz}{dx},$$

und die gesamte durch den Ringquerschnitt $2\pi \cdot x \cdot z$ hindurchfließende Wassermenge

$$q = 2\pi \cdot x \cdot z \cdot k \cdot \frac{dz}{dx}.$$

Man erhält die Differentialgleichung

$$dz = \frac{q}{2\pi \cdot k} \cdot \frac{dx}{x \cdot z}$$

und durch Integration

$$\int 2z \cdot dz = \frac{q}{\pi \cdot k} \cdot \int \frac{dx}{x}$$

$$z^2 = \frac{q}{\pi \cdot k} \cdot \ln x + C.$$

An der Mantelfläche des Brunnens, für $x = r$, ist z gleich der Wassertiefe h im Brunnen selbst, woraus sich die Konstante C ermittelt; es wird dann

$$z^2 - h^2 = \frac{q}{\pi \cdot k}(\ln x - \ln r) \quad \ldots \ldots \quad (8)$$

Dies ist die Gleichung einer Rotationsfläche, deren Achse mit der Brunnenachse zusammenfällt, sie stellt die Spiegelfläche des gesenkten Grundwassers dar. Die Form des Achsenschnittes der gesenkten Wasseroberfläche ist die einer logarithmischen Kurve.

Die Art der Zuströmung zum Brunnen wird als eine von allen Seiten gleichmäßige aus dem Unendlichen angenommen, so daß der Grundwasserspiegel von dem in der Mitte eines unendlich großen Grundwasserbeckens befindlich gedachten Brunnen aus allmählich ansteigt und sich im Unendlichen an den ungesenkten Grundwasserspiegel anlegt; im Unendlichen würde also $z = H$ werden.

Smrecker[1]) weist nach, daß für eine derartige Grundwasserbewegung die entwickelte Formel nicht zutrifft; denn die Kurve des Achsenschnittes legt sich nicht im Unendlichen an den ungesenkten Wasserspiegel an, auch nicht im Endlichen, sondern muß ihn infolge ihres Charakters in einer bestimmten Entfernung schneiden. Dies trifft in der Tat zu, denn in der Gleichung würde für $x = \infty$, auch $z = \infty$ werden, was sich allerdings wieder aus der Überlegung erklärt, daß zur Überwindung der Reibungswiderstände bei Bewegung des Wassers vom Unendlichen her bis zum Brunnen unendlich viel Arbeit zu leisten wäre. Smrecker schließt daraus, daß das der Entwicklung zugrunde gelegte Darcy-Dupuitsche Gesetz für die Bewegung des Wassers im Untergrunde nicht richtig sein kann. Er stellt als Gesetz für den Widerstand bei der Wasserbewegung im Boden die Beziehung auf

$$\frac{h}{l} = \xi \cdot \frac{v^2}{2g},$$

worin der Widerstandskoeffizient ξ nicht konstant, sondern eine Funktion der Geschwindigkeit v ist, und bestimmt diese Abhängigkeit aus den Absenkungskurven von zwei Versuchen des von Thiem für die Straßburger Wasserversorgung angelegten Probebrunnens.[2])

Die für den Brunnen angenommene Zuströmung aus dem Unendlichen kommt naturgemäß in der Wirklichkeit nicht vor; vielmehr wird in gewisser Entfernung die Speisung des Grundwasserbeckens durch Zuflüsse erfolgen, die der Annahme eines Zuflusses im Unendlichen nicht entsprechen; auch wird der Boden im weiteren Umkreise selten gleichmäßig bleiben. Außerdem erreicht das Maß der Absenkung $s = H - z$ schon in mehr oder weniger naher Entfernung vom Brunnen eine so kleine Größe, daß sie innerhalb der täglichen Schwankungen des Grundwasserspiegels bzw. innerhalb der Fehlergrenzen der Messungen liegt, so daß praktisch in dieser Entfernung schon der gesenkte den ungesenkten Grund-

[1]) „Das Grundwasser und seine Verwendung zu Wasserversorgungen," Z. Ver. deutsch. Ing. 1879, S. 347.

[2]) „Entwicklung eines Gesetzes für den Widerstand bei der Bewegung des Grundwassers," Z. Ver. deutsch. Ing. 1878, S. 117.

wasserspiegel wieder erreicht. Bezeichnet man diese Entfernung von der Brunnenachse mit R, so geht Gl. 8 über in:

$$H^2 - h^2 = \frac{q}{\pi \cdot k}(\ln R - \ln r) \quad \ldots \ldots \quad (9)$$

Den Brunnen könnte man sich hiernach auch in der Mitte einer kreisrunden Insel vom Radius R liegend denken; der Stand des umgebenden Wassers über der undurchlässigen Sohle ist H.

Forchheimer, allgemeine Gleichung für die Spiegelfläche des Grundwassers; besondere Gleichungen.

Forchheimer[1]) entwickelt eine allgemeine Gleichung für die Bewegung des Grundwassers, indem er die für die isothermischen Kurvenscharen[2]) durchgeführten Berechnungen und aufgestellten Sätze auf die Grundwasserbewegung überträgt; dies kann geschehen, wenn man die eine der Scharen als Höhenkurven, die andere als Strömungslinien des Grundwasserspiegels betrachtet, und annimmt, daß entsprechend dem Darcyschen Gesetze, die Geschwindigkeit proportional dem Gefällverhältnis an der Oberfläche der jeweiligen Grundwassereinstellung, aber von der Tiefe des Grundwassers an der betreffenden Stelle unabhängig sei, daß also die Druckverluste aller untereinander befindlichen Wasserfäden gleich dem des obersten seien. Für die Spiegelfläche des Grundwassers gilt dann die partielle Differentialgleichung, für deren Ableitung auf die angegebenen Stellen verwiesen wird:

$$\frac{d^2 z^2}{dx^2} + \frac{d^2 z^2}{dy^2} = 0 \quad . \; . \quad (10)$$

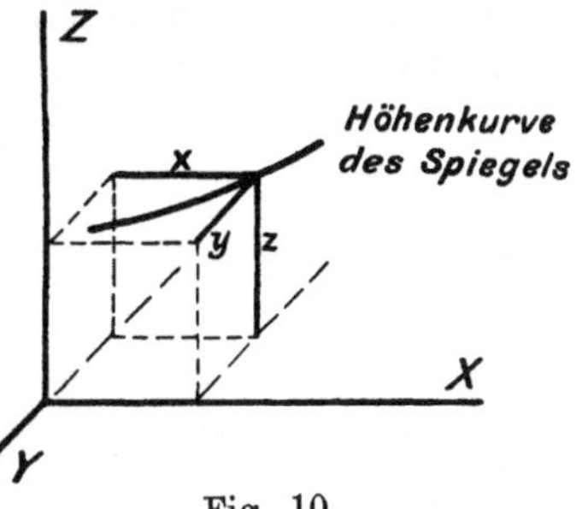

Fig. 10.

Hierin bedeutet z die Höhe eines Punktes des Wasserspiegels über der wagerecht angenommenen undurchlässigen Schicht, und x und y die Koordinaten des Punktes bezogen auf ein Achsenkreuz, dessen Ebene mit der Oberfläche der undurchlässigen Schicht zusammenfällt (s. Fig. 10).

[1]) „Über die Ergiebigkeit von Brunnenanlagen und Sickerschlitzen," Zeitschr. d. Arch.- und Ing.-Ver. zu Hannover 1886, S. 539 und „Grundwasserspiegel bei Brunnenanlagen," Zeitschr. d. österreich. Ing.- und Arch.-Ver. 1898, S. 629; vgl. ferner: Besprechung von Dr. F. Kötter im Jahrb. über die Fortschritte der Mathematik 1886, S. 916.

[2]) Holzmüller. Zeitschr. f. Mathematik und Physik 1897, S. 217 und Z. Ver. deutsch. Ing. 1897, S. 656.

Nach Gl. 10 stellt jede Funktion $f(xy)$, für die

$$\frac{d^2 f(xy)}{dx^2} + \frac{d^2 f(xy)}{dy^2} = 0 \quad \ldots\ldots \quad (11)$$

ist, eine Bewegung des Grundwassers über einer wagerechten undurchlässigen Schicht dar, wenn für den Grundwasserspiegel die Gleichung

$$z^2 = f(xy) \quad \ldots\ldots\ldots \quad (12)$$

gilt. Vorausgesetzt wird allerdings, daß das Spiegelgefälle überall klein ist.

Bei Vorhandensein mehrerer Spiegelflächen, z. B.

$$z^2 = f_1(xy); \quad z^2 = f_2(xy) \text{ usw.}, \quad \ldots\ldots \quad (13)$$

die sich gegenseitig beeinflussen, ineinander übergreifen, kann man die Gleichung der neuen Spiegelfläche bilden, nämlich

$$z^2 = f_1(xy) \pm f_2(xy) \pm \cdots \quad \ldots\ldots \quad (14)$$

Dies ist in der Tat die Gleichung der neuen Spiegelfläche, denn sie erfüllt die obige partielle Differentialgleichung.

Bei der bereits oben besprochenen Bewegung von Grundwasser gegen einen Fluß oder Sammelkanal hin lautet die allgemeine Gleichung des Spiegels

$$z^2 = \frac{2 \cdot q_0}{k} \cdot y + C, \quad \ldots\ldots \quad (15)$$

die ebenfalls die allgemeine Differentialgleichung 11 erfüllt, wie eine Differentiation zeigt. Die Differentiation ergibt:

$$z \cdot \frac{dz}{dy} = \frac{q_0}{k} \quad \ldots\ldots\ldots \quad (16)$$

Das Spiegelgefälle ist

$$\frac{dz}{dy} = \frac{q_0}{k \cdot z}, \quad \ldots\ldots\ldots \quad (17)$$

und da die Wassermenge, die unter jedem Oberflächenstreifen von der Breite 1 zum Flusse abläuft, gleich dem Produkt aus dem lotrechten Querschnitt $z \cdot 1$, dem Gefälle $\frac{dz}{dy}$ und dem Koeffizienten k sein muß, so folgt aus Gl. 17, daß diese Wassermenge gleich q_0 sein muß. Gl. 15 stimmt überein mit Gl. 6, denn es ist $q_0 = \frac{q}{l}$.

Die allgemeine Differentialgleichung 11 wird ferner durch die bereits ebenfalls oben angegebene Gleichung

$$z^2 - h^2 = \frac{q}{\pi \cdot k} (\ln x - \ln r) \quad \ldots\ldots \quad (8)$$

erfüllt, wie ebenfalls die Differentiation zeigt. Die Gleichung stellt die Spiegelfläche des Grundwassers dar bei von allen Seiten gleichmäßiger Wasserzuströmung zu einem in Betrieb befindlichen und bis zur undurchlässigen Sohle reichenden Brunnen. Die Höhenkurven der beim Betrieb eines Brunnens entstehenden Spiegelfläche stellen konzentrische Kreise um die Brunnenachse dar.

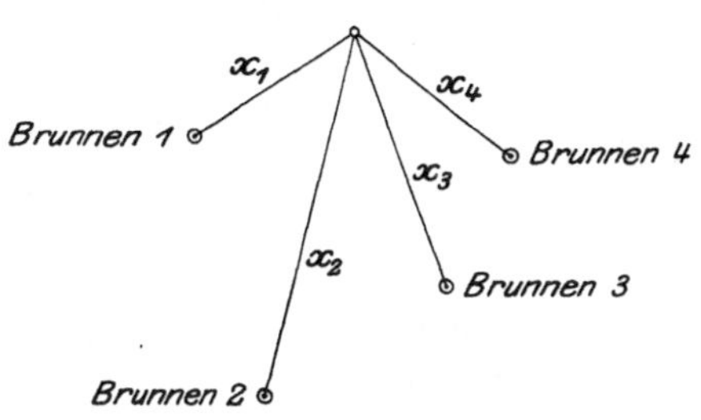

Fig. 11.

Sind mehrere sich gegenseitig beeinflussende Brunnen vorhanden, und bezeichnen für die wieder bis zur undurchlässigen Schicht reichenden Brunnen:

$h_1 h_2 h_3 \cdots h_n$	die Wasserstände in den Brunnen über der undurchlässigen Schicht,
$r_1 r_2 r_3 \cdots r_n$	die Brunnenradien,
$q_1 q_2 q_3 \cdots q_n$	die Wasserentnahmen,
z	die Höhe eines Punktes der Spiegelfläche über der undurchlässigen Schicht,
$x_1 x_2 x_3 \cdots x_n$	die Entfernungen dieses Punktes von den verschiedenen Brunnenachsen (s. Fig. 11),
h_0	eine Konstante,
n	die Anzahl der Brunnen,

so würden für die einzelnen Brunnen, wenn jeder von ihnen allein im Betrieb wäre, folgende Gleichungen gelten:

$$\left.\begin{aligned} z^2 - h_1{}^2 &= \frac{q_1}{\pi \cdot k}(\ln x_1 - \ln r_1) \\ z^2 - h_2{}^2 &= \frac{q_2}{\pi \cdot k}(\ln x_2 - \ln r_2) \\ &\cdots\cdots\cdots\cdots \\ z^2 - h_n{}^2 &= \frac{q_n}{\pi \cdot k}(\ln x_n - \ln r_n) \end{aligned}\right\} \quad \ldots\ldots \quad (18)$$

Sind alle gleichzeitig im Betrieb, so ergibt die Vereinigung ihrer Spiegelflächen, entsprechend Gl. 14, die Gleichung der nunmehr entstehenden Spiegelfläche:

$$z^2 - h_0{}^2 = \frac{q_1}{\pi \cdot k}(\ln x_1 - \ln r_1) + \frac{q_2}{\pi \cdot k}(\ln x_2 - \ln r_2) + \cdots$$
$$\cdots + \frac{q_n}{\pi \cdot k}(\ln x_n - \ln r_n) \quad . \quad . \quad (19)$$

Haben alle n-Brunnen den gleichen Durchmesser r und wird aus allen die gleiche Wassermenge q entnommen, so geht für

$$r_1 = r_2 = \cdots\cdots = r_n = r \quad . \quad . \quad . \quad . \quad . \quad (20)$$

und

$$q_1 = q_2 = \cdots\cdots = q_n = q \quad . \quad . \quad . \quad . \quad . \quad (21)$$

Gl. 19 über in:

$$z^2 - h_0{}^2 = \frac{n \cdot q}{\pi \cdot k}\left(\frac{1}{n} \ln x_1 \cdot x_2 \cdots\cdots x_n - \ln r\right) \quad . \quad . \quad (22)$$

Zur Bestimmung von h_0 diene folgende Erwägung. Man denke sich die Brunnenachsen zu einem einzigen Brunnen zusammenfallend und die Gesamtentnahme Q genau so groß wie die Summe aller Entnahmen der einzelnen Brunnen, also

$$Q = q_1 + q_2 + \cdots\cdots + q_n = n \cdot q; \quad . \quad . \quad . \quad . \quad (23)$$

dann lautete die Gleichung der entstehenden Spiegelfläche nach Gl. 8:

$$z^2 - h^2 = \frac{Q}{\pi \cdot k}(\ln x - \ln r) \quad . \quad . \quad . \quad . \quad . \quad . \quad (24)$$

Rücken nun die n-Achsen auseinander, ohne daß die Gesamtentnahme Q sich ändert, so wird zwar in der Nähe der Entnahmestelle eine Änderung des Wasserspiegels eintreten, im Unendlichen aber der Spiegel seine Lage beibehalten; es würde dann für

$$x_1 = x_2 = \cdots\cdots = x_n = x \quad . \quad . \quad . \quad . \quad . \quad . \quad (25)$$

Gl. 22 mit Gl. 24 übereinstimmen, also $h_0 = h$ werden. h_0 bedeutet also den Brunnenwasserstand, der sich einstellen würde, wenn die Gesamtentnahme aus einem einzigen Brunnen vom zugehörigen Radius r entnommen würde.

2. Absenkung durch einen Brunnen; Einfluß der einzelnen Faktoren.

Bevor weiter auf die Verhältnisse beim Betriebe mehrerer Brunnen eingegangen wird, soll zunächst in der Gleichung für die Absenkung eines einzelnen Brunnens

$$z^2 - h^2 = \frac{q}{\pi \cdot k}(\ln x - \ln r) \quad . \quad . \quad . \quad . \quad . \quad . \quad (8)$$

oder

$$H^2 - h^2 = \frac{q}{\pi \cdot k}(\ln R - \ln r) \quad . \quad . \quad . \quad . \quad . \quad . \quad (9)$$

der Einfluß der einzelnen Faktoren betrachtet werden, weil bei der späteren Aufstellung der weiteren Formeln für mehrere Brunnen hierauf Bezug genommen werden soll.

Die Größe der Absenkung

$$s = H - z = H \pm \sqrt{h^2 + \frac{q}{\pi \cdot k}(\ln x - \ln r)} \quad . \quad . \quad (26)$$

erreicht ihren Höchstwert am Brunnenumfang selbst, d. h. für $x = r$ und $z = h$; mit Hilfe von Gl. 9 ergibt sich die Absenkung im Brunnen

$$s_{br} = H - h = H \pm \sqrt{H^2 - \frac{q}{\pi \cdot k}(\ln R - \ln r)} \quad . \quad . \quad (27)$$

Für Wasserentnahme aus dem Brunnen, also bei einer Absenkung des Grundwasserspiegels, gilt das Minuszeichen vor der Wurzel, während das Pluszeichen für Wasserzuführung durch den Brunnen in den Boden gilt; hier ist also nur das Minuszeichen zu berücksichtigen.

Einfluß des Brunnendurchmessers.

Bei einer bestimmten Mächtigkeit der wasserführenden Schicht H von einer durch den Koeffizienten k gekennzeichneten Beschaffenheit und bei Entnahme einer bestimmten Wassermenge q wird bei kleiner werdendem r die Absenkung s_{br} am Brunnenumfang und auch im Brunnen selbst nach Gl. 27 zunehmen.

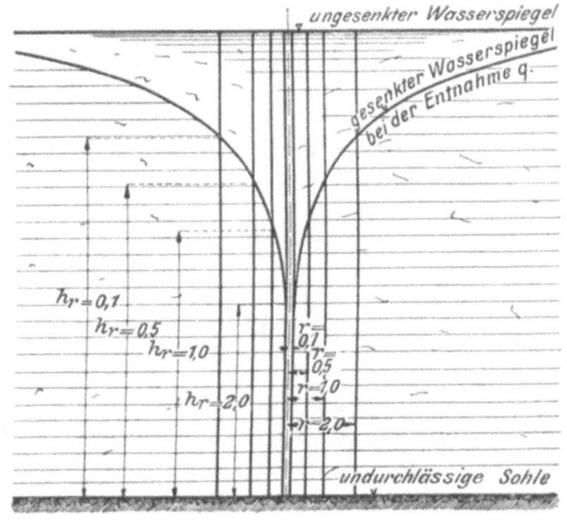

Fig. 12.

Für einen Punkt außerhalb aber wird die Größe der Absenkung nicht verändert, wie aus folgender Gleichung hervorgeht, die aus Gl. 26 durch Einsetzen des Wertes von h^2 aus Gl. 9 entstanden ist:

$$s = H - \sqrt{H^2 - \frac{q}{\pi \cdot k}(\ln R - \ln x)} \quad . \quad . \quad . \quad . \quad (28)$$

In dieser Gleichung kommt r nicht vor, und es wird daher bei einer konstanten Entnahme q durch Änderung des Brunnendurchmessers die Gestalt der Absenkungskurve nicht beeinflußt. Der Wasserstand im Brunnen selbst entspricht immer derjenigen Höhe, mit der die Absenkungskurve an den Brunnenumfang anschließt (s. Fig. 12).

Einfluß der Wasserentnahme.

Bei größer werdender Wasserentnahme q wird nach Gl. 27 und 26 bei sonst gleichen Verhältnissen sowohl die Absenkung s_{br} im Brunnen selbst als auch die Absenkung an allen anderen Stellen größer. Die Absenkung s_{br} in Funktion der Wassermenge q aufgetragen ergibt eine Parabel, deren Achse parallel mit der Achsenrichtung von q läuft, aber in Richtung dieser Achse und in Richtung der Achse für die Absenkung s_{br} verschoben ist (s. Fig. 13). Der theoretisch größtmögliche Wert der Absenkung s_{br} ist gleich H bei maximaler Wasserentnahme q_{max}; er kann natürlich praktisch nicht erreicht werden.

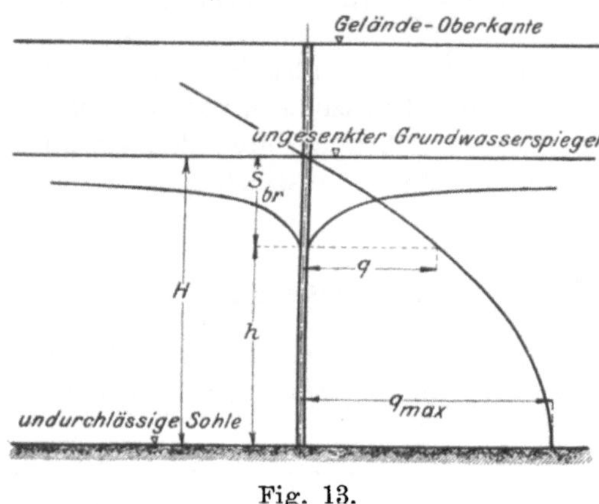

Fig. 13.

Ordnet man Gl. 27 um zu:

$$(H - s_{br})^2 = H^2 - \frac{q}{\pi \cdot k}(\ln R - \ln r)$$

und weiter zu:

$$s_{br}(2H - s_{br}) = \frac{q}{\pi \cdot k}(\ln R - \ln r), \quad \ldots \quad (29)$$

so kann man, wenn für eine Absenkungstiefe s_{br1} im Brunnen die entnommene Wassermenge q_1 bekannt ist, die Wassermenge q_2, die zur Erreichung einer Absenkung s_{br2} entnommen werden muß, bestimmen nach der folgenden Gleichung:

$$\frac{q_1}{q_2} = \frac{s_{br1} \cdot (2H - s_{br1})}{s_{br2} \cdot (2H - s_{br2})} \quad \ldots \ldots \quad (30)$$

In Fig. 14 und 15 kommen die Einflüsse von r und q zum Ausdruck. Für das

Beispiel wurde eine Mächtigkeit der wasserführenden Schicht $H = 20$ m angenommen, bei einer Durchlässigkeit $k = 0{,}002$ und

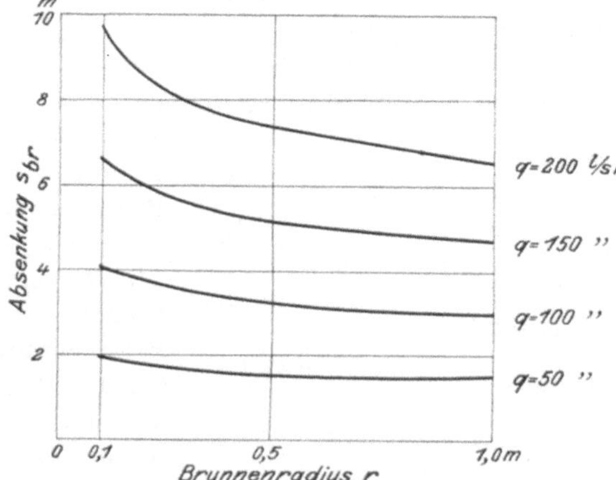

Fig. 14. Absenkung s_{br} in einem Brunnen in Abhängigkeit vom Radius r bei konstanter Wasserentnahme q.

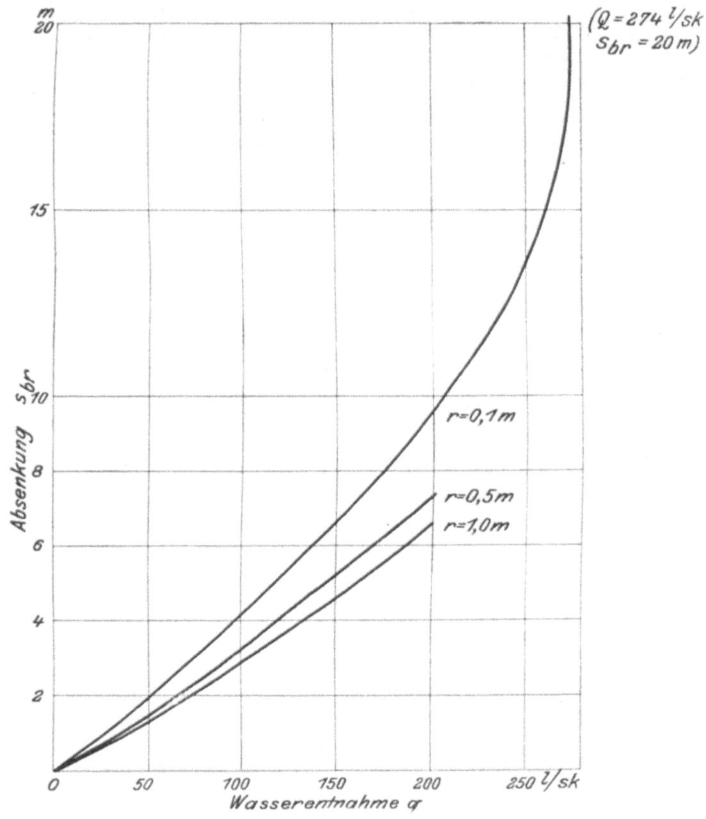

Fig. 15. Absenkung s_{br} in einem Brunnen von bestimmtem Radius r in Abhängigkeit von der Wasserentnahme q.

einer Reichweite der Absenkung $R = 1000$ m. Die Absenkung s_{br} im Brunnen selbst wurde in Fig. 14 für einen Radius $r = 0,1$ bis 1,0 m bei verschiedenen Wasserentnahmen $q = 50$ bis 200 l/sk aufgetragen; in Fig. 15 ist die Absenkung im Brunnen s_{br} als Funktion der entnommenen Wassermenge q eingetragen, und zwar für Brunnenradien von 0,1, 0,5 und 1,0 m. Die Absenkung für $r = 0,1$ m würde theoretisch ihren Höchstwert von 20 m bei einer Wasserentnahme von 274 l/sk erreichen. Im ersten Teil der Kurven ist die Absenkung angenähert proportional der entnommenen Wassermenge, eine Erscheinung, die in der Praxis häufig mit Annäherung beobachtet wurde, und bei überschläglichen Rechnungen Verwendung finden kann.

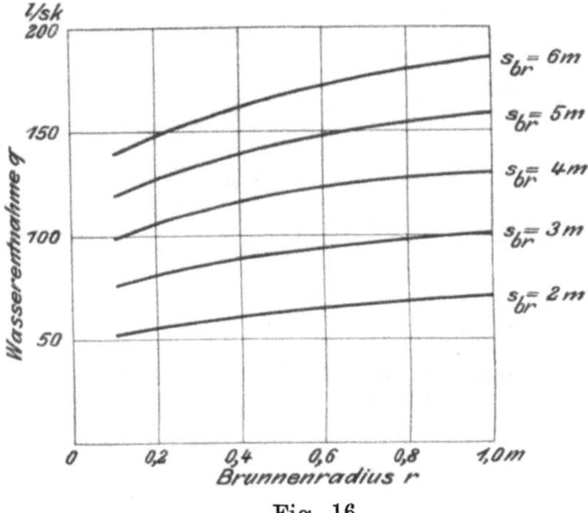

Fig. 16.
Wasserentnahme q in Abhängigkeit vom Brunnenradius r bei konstanter Absenkung s_{br} im Brunnen.

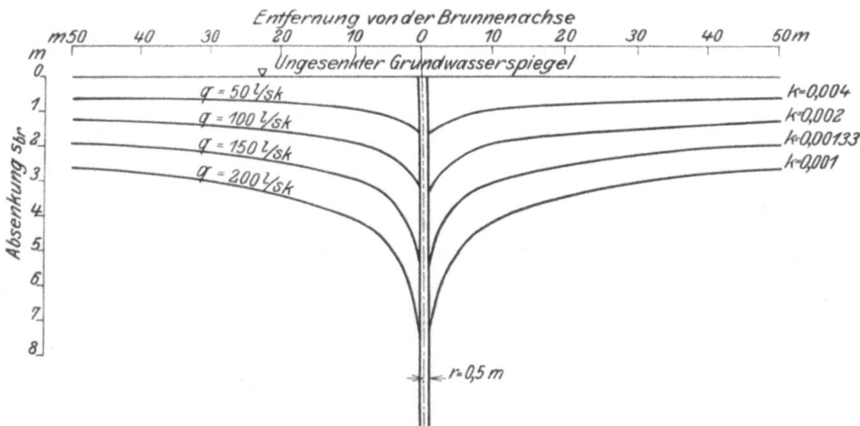

Fig. 17. Absenkungskurven eines Brunnens vom Radius $r = 0,5$ m
für eine Wasserentnahme von $q = 50$, 100, 150, 200 l/sk
$H = 20$ m; $k = 0,002$; $R = 1000$ m;

bei wechselnder Durchlässigkeit k.
$q = 100$ l/sk; $H = 20$ m; $R = 1000$ m.

In Fig. 16 ist ferner für eine bestimmte, beabsichtigte Absenkung s_{br} die Wassermenge in Funktion des Brunnenradius dargestellt. Außerdem ist in Fig. 17 der Verlauf der Absenkungskurven selbst für verschiedene Wasserentnahmen $q = 50, 100, 150, 200$ l/sk bei einem Brunnenradius $r = 0{,}5$ m aufgezeichnet.

Für sämtliche Rechnungen wurde $R = 1000$ m eingesetzt. Die Entfernung, bis zu der sich die Einwirkung des Brunnens geltend macht, wächst natürlich mit größer werdendem q. Praktisch aber hat es sich gezeigt, daß bei in nicht zu großen Grenzen wechselndem q die Reichweite sich nicht allzu sehr verändert. In der Rechnung kann daher für diese Beispiele R mit Annäherung konstant gesetzt werden, zumal da R gegenüber r immer eine sehr große Zahl darstellt, so daß der Ausdruck

$$\ln R - \ln r = \ln \frac{R}{r}$$

nur in sehr kleinen Grenzen sich ändern wird.

Was die Absenkung in der Umgebung des Brunnens anbetrifft, so wurde bereits oben darauf hingewiesen, daß nur die Wasserentnahme q dabei eine Rolle spielt, während der Durchmesser des Brunnens belanglos ist. Man könnte demnach theoretisch jede gewünschte Absenkung durch Vergrößerung der entnommenen Wassermenge erreichen, wenn man hierin nicht in Rücksicht auf die Geschwindigkeit des Wassers gebunden wäre. Die Geschwindigkeit des dem Brunnen zufließenden Wassers nimmt in der Richtung auf den Brunnen entsprechend dem größer werdenden Spiegelgefälle der Absenkungskurve andauernd zu und erreicht am Brunnenumfang selbst, als dem kleinsten der zu durchfließenden, konzentrischen Querschnitte, ihren Höchstwert. Daß die Wasserentnahme nicht über ein gewisses Maximum gesteigert werden kann, lehrt die Überlegung, daß bei einer bis auf die undurchlässige Schicht hinab getriebenen Senkung des Wasserspiegels im Brunnen, also für $s_{br} = H$, die Geschwindigkeit unendlich groß werden müßte, um durch den dann gleich Null gewordenen Eintrittsquerschnitt eine bestimmte Wassermenge hindurchzutreiben. Um die Geschwindigkeit beim Eintritt in den Brunnen nicht über das zulässige Maß wachsen zu lassen, würde man demnach zu einer Vergrößerung des Brunnendurchmessers schreiten können, denn die Geschwindigkeit ist bei gleicher Wassermenge proportional dem durchströmten Querschnitt, und ihr Höchstwert daher proportional der Filterfläche bzw. bei gleicher Filterlänge dem Brunnenumfang, der wieder proportional dem Brunnenradius ist. Daß durch diese Maßnahme nicht allzu viel erreicht werden kann, zeigt schon Fig. 16; auch spielt die Kostenfrage hierbei eine Rolle.

Besser wird der Zweck erreicht durch Anordnung mehrerer Brunnen, wovon später zu sprechen sein wird.

Einfluß der Durchlässigkeit des Untergrundes.

Aus den Gleichungen der Absenkungskurve ergibt sich, daß bei sonst gleichen Verhältnissen die Absenkung s_{br} im Brunnen sowohl als auch die Absenkung s an allen anderen Stellen bei größerem k kleiner ist.

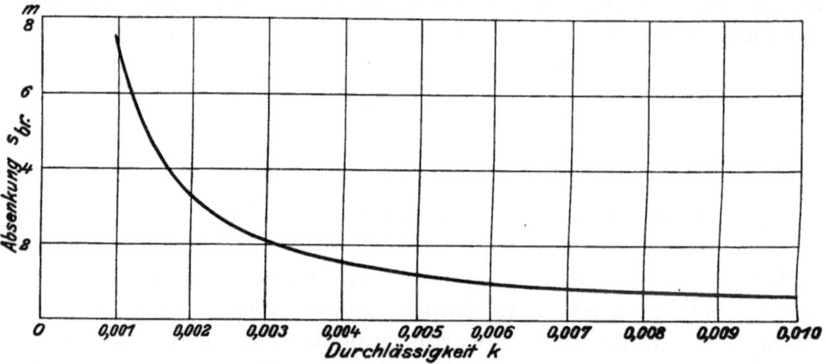

Fig. 18. Absenkung im Brunnen s_{br} in Abhängigkeit von der Durchlässigkeit k. $H = 20$ m; $q = 100$ l/sk; $R = 1000$ m; $r = 0{,}5$ m.

Für die in dem Beispiel gewählten Verhältnisse ist die Abhängigkeit der Absenkung s_{br} von der Durchlässigkeit k in Fig. 18 dargestellt; ebenso zeigt Fig. 17 die Absenkungskurven für konstante Wasserentnahme $q = 100$ l/sk, aber bei wechselndem k. Die Absenkung wird größer bei kleinerem k, also bei größerer Feinheit der Bodenart; je feiner die Korngröße des Sandes ist, gleichmäßige Beschaffenheit des Materials vorausgesetzt, um so größer wird bei sonst gleichen Verhältnissen die Absenkung sein, und um so steiler werden dicht am Brunnen die Kurven abfallen. Aber auch hier ist das Maß der erreichbaren Absenkung gegeben durch die größte Geschwindigkeit, die das Wasser beim Durchfließen der betreffenden Bodenart noch annehmen kann. Je feiner die Bodenart ist, um so größer werden die Widerstände, und um so kleiner die größtmögliche Geschwindigkeit des Wassers, bei der ein kontinuierliches Strömen noch eintreten kann.

Immerhin besteht eine gewisse Wechselwirkung zwischen q und k, indem nämlich bei kleinerem k, wo also infolge der größeren Widerstände nur eine kleinere Wassermenge dieselben Querschnitte durchfließen kann, auch nur ein kleineres q nötig ist, um dieselbe Absenkung zu erreichen; man wird also durch Anpassung von q an die betreffende Bodenart eine gewisse mittlere Absenkung stets erzielen können; nur bei extremen Verhältnissen, sei es bei sehr großem oder sehr kleinem k, d. h. bei grobem, sehr leicht durchlässigen oder bei sehr feinem und schwer durchlässigen Boden werden sich Schwierigkeiten ergeben. Hierauf wird später noch näher eingegangen werden.

Einfluß der Mächtigkeit der wasserführenden Schicht.

Die Gl. 26 und 27 sagen aus, daß je kleiner bei sonst gleichen Verhältnissen H ist, um so größer die Absenkung s und s_{br} ausfällt. Für das mehrfach benutzte Beispiel gibt Fig. 19 die Abhängigkeit zwischen s_{br} und H.

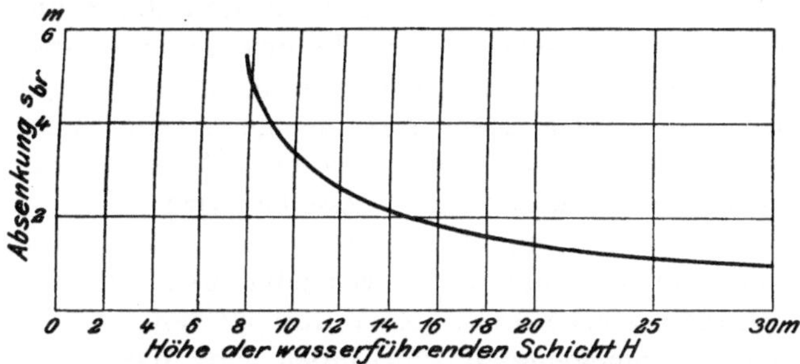

Fig. 19. Absenkung im Brunnen s_{br} in Abhängigkeit von der Höhe der wasserführenden Schicht H.
$q = 50$ l/sk; $k = 0{,}002$; $R = 1000$ m; $r = 1{,}0$ m.

Solange H nicht zu klein wird im Verhältnis zur Absenkung, ist die Veränderung von H nicht von sehr bedeutendem Einfluß auf die Größe der Absenkung. Im allgemeinen wird mit derselben Wassermenge eine um so größere Absenkung erzielt werden können, je kleiner die Höhe der wasserführenden Schicht H ist; daß aber bei zu kleinem H ebenfalls Schwierigkeiten in der Absenkung eintreten, wird später noch zu zeigen sein.

3. Nicht bis zur undurchlässigen Schicht reichende Brunnen; Beispiel.

Die bisher entwickelten Formeln sind sämtlich unter der Bedingung aufgestellt, daß die Brunnen bis zur undurchlässigen Schicht reichen und daß sie auf ihrer ganzen Länge durchlässig sind.

Es soll nunmehr besprochen werden, wie die Verhältnisse sich gestalten, wenn die Sohle des Brunnens nicht bis zur undurchlässigen Schicht reicht, und die Brunnen nur auf einem Teil ihrer Länge durchlässig sind.

Hierbei ist zunächst auf die Ausführungen Luegers[1]) zu verweisen. Er stellt fest, daß bei Entnahme aus einem Grundwasserbecken durch die hervorgerufene Störung des Gleichgewichts und die hierdurch eintretende, gegen das Entnahmeobjekt gerichtete Bewegung des Grundwassers streng genommen schließlich alle Wasserteilchen in das Entnahmeobjekt eintreten müßten, wenn man annimmt, daß ein unendlich kleiner Anlaß zu einer Bewegung im Grundwasser auch in Wirklichkeit eine Strömung zur Folge hat. Tatsächlich ist dies jedoch nicht der Fall, und darin stimmt die Wirklichkeit mit den Rechnungen nicht überein, weil bei Aufstellung der Fundamentalgleichungen nur die Reibungsarbeit des Wassers an den Sandkörnern, nicht aber die Adhäsion und die Zähflüssigkeit berücksichtigt wird. Bei sehr kleinen, die Bewegung veranlassenden Kräften, also in sehr großer Entfernung vom Entnahmeobjekt, wird kein Strömen des Wassers mehr wahrzunehmen sein, vielmehr nur eine nach dem Ausdruck Luegers „stationäre“ Bewegung um die Sandkörnchen herum stattfinden. Dasselbe wird auch unterhalb der Sohle der Entnahmeobjekte der Fall sein. Es wird daher zu unterscheiden sein zwischen einem ruhenden und einem bewegten Teile des Grundwasserbeckens. Zum Hervorrufen einer Strömung muß ein gewisses Spiegelgefälle vorhanden sein, das um so größer sein muß, je feiner die Korngröße des Untergrundes ist. Wenn also eine gewisse Kraft zur Überwindung der Zähflüssigkeit und Adhäsion nötig ist, so wird mit anderen Worten bei einer gewissen minimalen Geschwindigkeit, die vom Material des Grundwasserträgers abhängig ist, kein Zufluß zu dem Entnahmeobjekt mehr stattfinden können. Dies wird durch die Erfahrung bestätigt und wird später an einem praktischen Beispiel gezeigt werden können[2]).

Lueger zeigt dann, daß unterhalb derjenigen Strömungslinie, die bei einer Wasserentnahme aus dem Untergrunde nach der untersten Stelle des Entnahmeobjektes gerichtet ist, eine nennenswerte Bewegung der Wasserteilchen nicht eintreten kann, die sie zum Eintritt in das Entnahmeobjekt veranlassen würde. Er entwickelt Formeln, nach denen für jeden beliebigen Punkt der Verlauf der durch ihn hindurchgehenden Strömungslinie und die Geschwindigkeit des Wassers bestimmt werden kann, und zeigt ferner an einem

---

[1]) „Die Wasserversorgung der Städte.“ Der städtische Tiefbau, Bd. II. Darmstadt 1890.

[2]) Vgl. S. 133.

Beispiel, daß man keinen irgendwie belangreichen Fehler begeht, wenn man die Grundwasserbewegung bei einem nicht bis zur undurchlässigen Sohle reichenden Brunnen so behandelt, als ob die Bewegung über einer durch die Brunnensohle gelegt gedachten, undurchlässigen Schicht vor sich ginge. Allerdings weist er darauf hin, daß bei gleichzeitig starkem Gefälle der Absenkungskurve und kleiner Wassertiefe im Brunnen Verschiedenheiten sich ergeben zwischen den nach der genannten, vereinfachten Rechnungsweise gefundenen Resultaten und den durch die von ihm aufgestellten, genauen Formeln gewonnenen Resultaten.

Forchheimer[1]) hat Versuche über die Ergiebigkeit von nicht bis zur undurchlässigen Schicht reichenden Rohrbrunnen angestellt, und gelangte hierbei zu folgendem Resultat. Die Ergiebigkeit eines Brunnens mit vollständig durchlässiger Seitenwandung bei Entnahme aus einer Grundwasserschicht bestimmter Mächtigkeit wird um so kleiner, je geringer bei gleicher Absenkung des Wasserspiegels die Eintauchtiefe des Brunnens ist; und zwar ändert sich die Ergiebigkeit etwa entsprechend Fig. 20, in der t die Eintauchtiefe und q die Ergiebigkeit bedeutet, und im Grenzfalle, bei bis zur undurchlässigen Schicht herabreichendem Brunnen, die Eintauchtiefe T und die Ergiebigkeit Q wird.

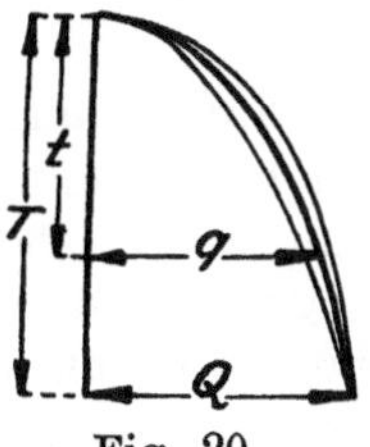

Fig. 20.

Die Kurve liegt zwischen einem vom Parabelscheitel ausgehenden Parabelbogen und einer Viertelellipse; für ihre Gleichung wurden als Abszissen die geometrischen Mittel der Parabel- und Ellipsenabszissen angenommen. Es gilt für die Parabel

$$\frac{q^2}{Q^2}=\frac{t}{T}$$

und für den Ellipsenquadranten

$$\frac{q^2}{Q^2}=\frac{t}{T}\cdot\sqrt{\frac{2T-t}{T}};$$

für die geometrischen Mittel ist dann

$$\frac{q}{Q}=\sqrt{\frac{t}{T}}\cdot\sqrt[4]{\frac{2T-t}{T}} \quad \ldots\ldots \quad (31)$$

Für das Maß der Absenkung bei einem nicht bis zur undurchlässigen Schicht reichenden, einem „seichten“ Brunnen, gegenüber

[1]) „Grundwasserspiegel bei Brunnenanlagen,“ Zeitschr. des österreich. Ing.- und Arch.-Vereines 1898, S. 629.

einem solchen bis zur undurchlässigen Schicht reichenden, tiefen Brunnen würde sich hiernach ergeben, daß bei der gleichen Wasserentnahme aus beiden Brunnen bei dem seichten Brunnen eine tiefere Absenkung eintreten müßte; entsprechend der kleineren Eintrittsfläche in den Brunnen ist eine größere Geschwindigkeit und daher ein größeres Spiegelgefälle nötig.

Forchheimer gibt für Brunnen mit durchlässiger Wandung, wenn h die Höhe des Wasserspiegels über der undurchlässigen Schicht beim tiefen Brunnen bezeichnet und T die Höhe des Wasserspiegels über der undurchlässigen Schicht beim seichten Brunnen, folgende Gleichung:

$$\frac{H^2 - T^2}{H^2 - h^2} = \sqrt{\frac{T}{t}} \cdot \sqrt[4]{\frac{T}{2T - t}} \quad \ldots \ldots \quad (32)$$

Man könnte hiernach bei der gleichen Wasserentnahme, je seichter man den Brunnen anlegt, eine um so größere Absenkung erzielen, wenn hier nicht wieder — da, je seichter der Brunnen wird, um so größer die Eintrittsgeschwindigkeit in den Brunnen werden muß — durch die bei der betreffenden Bodenart gegebene größtmögliche Geschwindigkeit die Grenze gegeben würde.

Nach Forchheimer liefert ein Brunnen von einer bestimmten Eintauchtiefe t dieselbe Wassermenge auch, wenn er bis zur undurchlässigen Schicht reicht, aber nur auf einer Strecke t seiner Wandung, nicht auf seiner ganzen Länge, durchlässig ist; er nimmt an, daß es nicht wesentlich sein kann, ob der durchlässige Teil der Wandung an die obere Grenzfläche des Grundwassers oder an die untere, nämlich die undurchlässige Schicht, angrenzt. Auch für den Fall, daß der durchlässige Wandungsteil sich an einer beliebigen Stelle zwischen den beiden Grundwasserflächen befindet, dürften die Formeln Gültigkeit haben; diese Annahme wird durch die Beobachtung unterstützt, daß bei Versuchen mit Brunnen von dichter Wandung und offener Sohle die Spiegelsenkung ziemlich unabhängig war von der Höhenlage der Brunnensohle, wenn diese wenigstens um den anderthalbfachen Durchmesser über der undurchlässigen Schicht sich befand.

Beispiel. Es sollen nun die Absenkungsverhältnisse, wie sie bei solchen in der Praxis meist vorkommenden Brunnen mit nur teilweis durchlässiger Wandung — eiserne Rohrbrunnen mit angesetztem Filter — eintreten, an einem Beispiel betrachtet werden.

Aus einer wasserführenden Schicht von der Höhe $H = 18$ m bei einer Durchlässigkeit des Untergrundes $k = 0{,}002$ soll aus einem bis zur undurchlässigen Schicht reichenden Brunnen vom Radius $r = 0{,}1$ m eine Wassermenge von 20 l/sk entnommen werden. Bei einer Reichweite der Absenkung von $R = 500$ m würde sich eine Absenkung im Brunnen selbst

$$s_{br} = 18 - \sqrt{324 - \frac{0{,}020}{\pi \cdot 0{,}002}(\ln 500 - \ln 0{,}1)} = 0{,}79 \text{ m}$$

ergeben.

Wäre der Brunnen nur 12 m tief, dann würde nach Gl. 32 gelten, wenn $h = 18{,}00 - 0{,}79 = 17{,}21$ m und $t = 11{,}21$ m gesetzt wird:

$$\frac{324 - T^2}{324 - 296{,}9} = \sqrt{\frac{T}{11{,}21}} \cdot \sqrt[4]{\frac{T}{2T - 11{,}21}}.$$

Setzt man in der rechten Seite der umgeordneten Gleichung

$$324 - T^2 = \frac{27{,}1}{3{,}35} \cdot \sqrt[4]{\frac{T^3}{2T - 11{,}21}}$$

zunächst $T = 17{,}21$ ein, so ergibt sich aus der linken Seite $T = 17{,}14$ m und, bei Einsetzung dieses Wertes in die rechte Seite, wieder $T = 17{,}14$ m, also $s_{br} = 0{,}86$ m.

Bei dem seichten, nur 12 m tiefen Brunnen ist also die Absenkung eine größere. Berechnet man nun die Absenkung für den seichten Brunnen so, als ob die Oberfläche der undurchlässigen Schicht durch die Brunnensohle ginge, so daß also $H = 12$ m zu setzen ist, so würde man als Maß der Absenkung im Brunnen erhalten

$$s_{br} = 12 - \sqrt{144 - \frac{0{,}020}{\pi \cdot 0{,}002}(\ln 500 - \ln 0{,}1)} = 1{,}18 \text{ m}.$$

Wie ersichtlich, weicht dieses Resultat erheblich von dem mit Hilfe der Forchheimerschen Formel gefundenen ab.

Oesten und Thiem erachten es ebenfalls für zulässig, bei nicht bis zur undurchlässigen Schicht reichendem Brunnen die Höhe H von der Brunnensohle aus zu rechnen.

Dieser Anschauung widersprechen die Resultate der Forchheimerschen Versuche auch dann nicht mehr, wenn man noch folgendes bedenkt. In der Praxis haben die auch bei Grundwasserabsenkungen verwendeten Brunnen fast immer nur eine beschränkte durchlässige Wandungshöhe, nämlich die Filterhöhe; in dem Beispiel wurden jedoch bis jetzt die Brunnen auf ihrer ganzen Länge als durchlässig vorausgesetzt, und man erhielt bei Annahme der undurchlässigen Schicht in Höhe der Brunnensohle rechnerisch ein zu günstiges Maß für die Größe der Absenkung gegenüber der genaueren Rechnung nach der Forchheimerschen Formel für seichte Brunnen.

Nimmt man daher zur weiteren Fortführung des Beispiels eine Filterlänge von 5 m an, so daß also $t = 5$ m zu setzen ist, so erhält man mit der der Wirklichkeit entsprechenden Höhe $H = 18$ m gerechnet:

$$\frac{324 - T^2}{324 - 296{,}9} = \sqrt{\frac{T}{5}} \cdot \sqrt[4]{\frac{T}{2T - 5}}.$$

Dann wird, wenn zunächst $T = 17{,}21$ m rechts eingesetzt wird, aus der linken Seite $T = 16{,}74$, und wenn dieser Wert wieder rechts eingesetzt wird, $T = 16{,}75$, also $s_{b_r} = 1{,}25$ m. Dies stimmt mit dem bei Annahme der undurchlässigen Schicht in Höhe der Brunnensohle und einer auf der ganzen Länge durchlässigen Brunnenwandung gefundenen Resultat besser überein, so daß tatsächlich in der Praxis genau genug mit dieser Annahme gerechnet werden kann.

Hierfür spricht auch noch folgende Überlegung. Während durch die Tiefe des Brunnens zwar in nächster Nähe desselben Veränderungen der Absenkungskurve eintreten müssen, so ist doch der weitere Verlauf der Kurve nur von der entnommenen Wassermenge abhängig, was ja auch mit den früheren Betrachtungen über den Einfluß des Brunnendurchmessers übereinstimmt. Bei Anordnung einer größeren Anzahl von Brunnen für Absenkungszwecke wird daher auch in der Gesamtabsenkung keine Änderung veranlaßt werden, sondern nur die nächste Umgebung jedes einzelnen Brunnens beeinflußt werden.

Nur in extremen Fällen, bei sehr weit getriebener Absenkung, was den Verhältnissen bei sehr wenig tief reichenden Brunnen entsprechen würde, werden sich stets größere Differenzen beider Rechnungsweisen ergeben. Es würde in der vereinfachten Annahme ja dann ein sehr kleiner Wert für H zugrunde gelegt werden; auch die Formeln für bis zur undurchlässigen Sohle reichende Brunnen sind aber nicht mehr gültig, wenn die Absenkung im Verhältnis zur Höhe H sehr groß wird, da sie nur unter Annahme kleiner Spiegelgefälle aufgestellt wurden.

In einem Aufsatz über die Ergiebigkeit unvollkommener Brunnen entwickelt auch Rother[1]) auf analytischem Wege eine Gleichung für die Ergiebigkeit eines nicht bis zur undurchlässigen Sohle reichenden Brunnens und rechnet für einen bestimmten Fall die Ergiebigkeit eines Brunnens aus bei verschieden großer Eintauchtiefe t. Die von ihm errechneten Ergiebigkeiten, wenn die Ergiebigkeit des

---

[1]) „Ergiebigkeit unvollkommener Brunnen", Journ. f. Gasbel. u. Wasservers. 1904, S. 959.

vollkommenen, also bis zur undurchlässigen Sohle reichenden Brunnens gleich 1 gesetzt wird, sind in Fig. 21 in Funktion des Verhältnisses $\frac{T}{t}$ aufgetragen. Zum Vergleich sind die entsprechenden

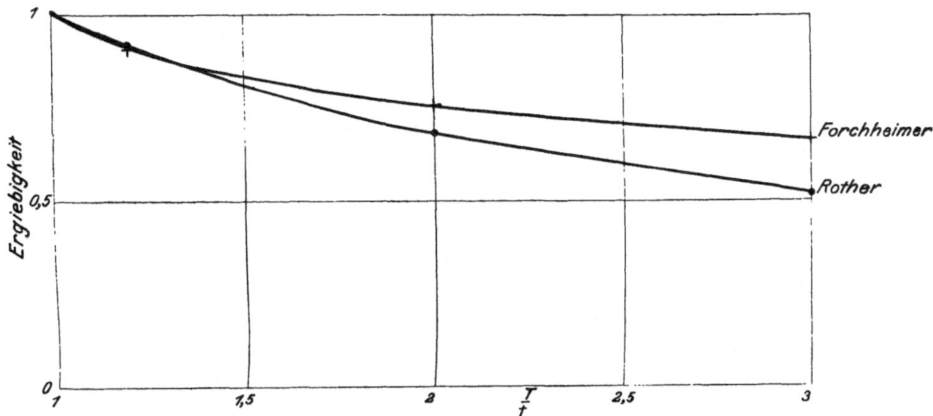

Fig. 21. Ergiebigkeit nicht bis zur undurchlässigen Schicht reichender Brunnen in Abhängigkeit von der Eintauchtiefe t.
T = Eintauchtiefe des bis zur undurchlässigen Sohle reichenden Brunnens.

Werte des Forchheimerschen Versuches an einem Brunnen mit durchlässiger Wandung und geschlossener Sohle daneben gesetzt. Die von Rother angegebenen Werte liegen anfänglich etwas höher als die Forchheimerschen, dann aber tiefer; die Abweichung nimmt mit größer werdendem $\frac{T}{t}$ zu.

4. Absenkung durch mehrere Brunnen.

Aufstellung der Gleichungen.

Es war bereits oben erwähnt, daß unter Übertragung der Eigenschaften isothermischer Kurvenscharen auf die Gestalt des Grundwasserspiegels Forchheimer eine Gleichung für den Grundwasserspiegel beim Betrieb mehrerer sich beeinflussender Brunnen aufstellte.[1])

Die Gleichung lautet mit den früher festgelegten Bezeichnungen, bei Vorhandensein von n-Brunnen gleicher Ergiebigkeit, nach Gl. 22:

$$z^2 - h^2 = \frac{Q}{\pi \cdot k}\left(\frac{1}{n} \ln x_1 \cdot x_2 \cdots x_n - \ln r\right). \quad . \quad . \quad . \quad (33)$$

[1]) Vgl. S. 23 bzw. 24.

Hierin bedeutet Q die Gesamtentnahme aus allen Brunnen zusammen und h diejenige Höhe des Wasserspiegels über der undurchlässigen Schicht, die sich in einem Brunnen vom Radius r einstellen würde, wenn die Wassermenge Q aus diesem Brunnen allein entnommen würde. Es sei noch erwähnt, daß die Höhenlinien, die bei einem einzelnen Brunnen konzentrische Kreise um die Brunnenachse darstellten, hier bei $n = 2$, also bei Vorhandensein von 2 Brunnen, Lemniskaten, bei $n > 2$ Linien höherer Ordnung darstellen, die in unendlich weitem Abstande von den Brunnen in einen unendlich großen Kreis übergehen. Praktisch allerdings findet dieser Übergang zur Kreisgestalt schon in nicht allzu weiter Entfernung von einer Brunnengruppe statt.

Nach Gl. 33 ist es also möglich, wenn man die Absenkung kennt, die in einem einzigen Brunnen bei Entnahme der gesamten Wassermenge Q hervorgerufen wird, die Gestaltung der Absenkungsfläche der gesamten Brunnengruppe zu bestimmen. Setzt man in Gl. 33 nach der Erklärung von h den Wert für h^2 aus Gl. 9 ein:

$$h^2 = H^2 - \frac{Q}{\pi \cdot k}(\ln R - \ln r), \quad \ldots \ldots \quad (34)$$

so ergibt sich:

$$H^2 - z^2 = \frac{Q}{\pi \cdot k}\left(\ln R - \frac{1}{n}\ln x_1 \cdot x_2 \cdots x_n\right). \quad \ldots \quad (35)$$

Angenommen ist hierbei, daß R für den einen Brunnen und auch für die Anordnung der n-Brunnen die gleiche Größe hat, eine Annahme, die analog den Betrachtungen über die Reichweite der Absenkung bei Änderung des Radius eines einzelnen Brunnens erfolgen kann; und wie ferner bei einem Brunnen der Verlauf der Absenkungskurve unabhängig ist von der Größe des Brunnens, so gilt auch für die Anordnung mehrerer Brunnen, daß nicht erst im Unendlichen bzw. an der Reichgrenze R, sondern auch schon in gewisser Entfernung von der Anlage die Kurve so verläuft wie für einen einzigen Brunnen bei der gleichen Wasserentnahme. Die Größe dieser Entfernung ergibt sich aus den Gl. 8 und 33; beide werden identisch für $q = Q$ und $\ln x = \frac{1}{n}\ln x_1 \cdot x_2 \cdots x_n$. Dies entspricht praktisch einer Entfernung, in der angenähert

$$x = \sqrt[n]{x_1 \cdot x_2 \cdots x_n}$$

wird, bei der also die Abstände eines Punktes $x_1, x_2, \cdots, x_n$ von den Brunnen angenähert gleich sind und dafür der Abstand von der Mitte der Brunnenanordnung x gesetzt werden kann. In dieser

Entfernung von der Brunnenanlage findet dann auch der Übergang der Höhenkurven des Grundwasserspiegels zur Kreisgestalt statt, identisch den Höhenkurven eines einzelnen Brunnens bei gleicher Gesamtwasserentnahme.

Der Radius der einzelnen Brunnen ist nach Gl. 35 ebenfalls ohne Einfluß auf die Gestaltung der Absenkungskurve; nur der Wasserstand in den Brunnen selbst, also auch unmittelbar an der Wandung, wird durch den Brunnenradius im besonderen bedingt; dann erscheint der Radius auch in der Formel an Stelle des betreffenden x.

Mit Hilfe von Gl. 35 ist man in der Lage, bei Kenntnis oder Annahme der Reichgrenze R, die Höhe des Grundwasserspiegels an jedem beliebigen Punkte zu bestimmen.

Ist andererseits die Spiegelhöhe an einem beliebigen Punkt bekannt, z_1, so kann man nach Gl. 35 R ausrechnen, oder auch die Spiegelhöhe eines anderen beliebigen Punktes, z_2, aus der folgenden Gleichung:

$$z_1^2 - z_2^2 = \frac{Q}{\pi \cdot k}\left(\frac{1}{n} \cdot \ln x_1' \cdot x_2' \cdots x_n' - \frac{1}{n} \cdot \ln x_1'' \cdot x_2'' \cdots x_n''\right), \quad (36)$$

die durch Vereinigung der beiden Gleichungen

$$H^2 - z_1^2 = \frac{Q}{\pi \cdot k}\left(\ln R - \frac{1}{n} \ln x_1' \cdot x_2' \cdots x_n'\right)$$

$$H^2 - z_2^2 = \frac{Q}{\pi \cdot k}\left(\ln R - \frac{1}{n} \ln x_1'' \cdot x_2'' \cdots x_n''\right)$$

entstanden ist.

Ist die Durchlässigkeit k unbekannt, so kann sie aus der Spiegelfläche entweder nach Gl. 35 berechnet werden, wenn R und die Spiegelhöhe eines Punktes bekannt, oder aus Gl. 36, wenn die Spiegelhöhen zweier Punkte bekannt sind.

Vorteile der Absenkung durch eine Anzahl von Brunnen gegenüber der Absenkung durch einen einzigen; Beispiel.

Wie bereits oben dargelegt wurde,[1]) ist bei einer bestimmten Grundwassermächtigkeit H und einer bestimmten Durchlässigkeit k des Bodens die Größe der Absenkung beim Betrieb eines einzelnen Brunnens nur von der Größe der Wasserentnahme q abhängig, und zwar gilt dies sowohl für die Absenkung im Brunnen selbst als auch an jedem anderen Punkte außerhalb des Brunnens;

[1]) Vgl. S. 31.

d. h. bei den an einer bestimmten Stelle, einer Baugrube, gegebenen Verhältnissen richtet sich die Gesamtabsenkung nur nach der dem Untergrunde entnommenen Wassermenge. Wollte man die zur Trockenlegung einer Baugrube aus dem Untergrunde zu entnehmende Wassermenge aus einem einzigen Brunnen pumpen, so müßte dieser groß genug bemessen werden, um die Wassermenge ohne Überschreitung der zulässigen Geschwindigkeit liefern zu können. Die Anlage eines weiten Brunnenschachtes würde nötig sein.

Daß dieser Weg unzweckmäßig wäre, geht aus folgender Darlegung hervor.

Die Gestalt der Absenkungskurven zeigt entsprechend ihrem logarithmischen Charakter vom Brunnen aus ein zunächst ziemlich schnelles und dann allmählich langsameres Ansteigen des Grundwasserspiegels. Wenn also ein bestimmtes Gebiet bis auf eine gewisse Tiefe trocken gelegt bzw. eine bestimmte Absenkung noch an der Grenze dieses Gebietes erreicht werden soll, so wird, da nach der Mitte, d. h. nach dem Brunnen zu die Absenkung mehr und mehr zunimmt, dort eine weit größere Absenkung erzielt werden, als nötig ist.

Anders gestalten sich die Verhältnisse bei Anordnung mehrerer Brunnen, was sich am besten an einem Beispiel zeigen läßt.

Beispiel. Es mögen ähnliche Verhältnisse wie in den früheren Beispielen gewählt werden, und zwar $H = 20$ m; $k = 0{,}002$; $R = 1000$ m; dann würde bei Entnahme einer Wassermenge $q = 100$ l/sk aus einem einzigen Brunnen vom Durchmesser $r = 1{,}0$ m nach Gl. 34 oder 27 eine Absenkung im Brunnen $s_{br} = 2{,}96$ m erreicht werden:

$$h^2 = 400 - \frac{0{,}100}{\pi \cdot 0{,}002}(\ln 1000 - \ln 1) = 290,$$

$$h = 17{,}04 \text{ m} \quad \text{und} \quad s_{br} = 2{,}96 \text{ m}.$$

Der ganze Verlauf der Absenkungskurve ist nach Gl. 26 in Fig. 22 eingetragen.

Ordnet man an Stelle des einen Brunnens nunmehr an den beiden Enden der auf einer Länge von etwa 90 m zu entwässernden Baustrecke 2 Brunnen an, und verteilt die Wassermenge von 100 l/sk gleichmäßig auf beide Brunnen, so daß jeder von ihnen 50 l/sk zu liefern hat, so braucht man den beiden Brunnen, um ungefähr die gleiche Endgeschwindigkeit beim Eintritt in den Brunnen zu erzielen, nur einen Radius von 0,5 m zu geben. In der Mitte zwischen den beiden Brunnen beträgt dann die Absenkung nach Gl. 33:

$$z^2 = h^2 + \frac{Q}{\pi \cdot k}\left(\frac{1}{n} \ln x_1 \cdot x_2 - \ln r\right)$$

$$z^2 = 290 + \frac{0{,}100}{\pi \cdot 0{,}002}\left(\frac{1}{2} \cdot \ln 45 \cdot 45\right) = 350{,}5$$

$$z = 18{,}72 \text{ m und } s = 1{,}28 \text{ m.}$$

Für die Brunnen selbst ist, da für den Brunnenumfang $x_1 = 0{,}5$ m und genau genug $x_2 = 90$ m gesetzt werden kann,

$$z^2 = 290 + \frac{0{,}100}{\pi \cdot 0{,}002}\left(\frac{1}{2} \ln 0{,}5 \cdot 90\right) = 320{,}3$$

$$z = 17{,}90 \text{ m und } s_{br} = 2{,}10 \text{ m.}$$

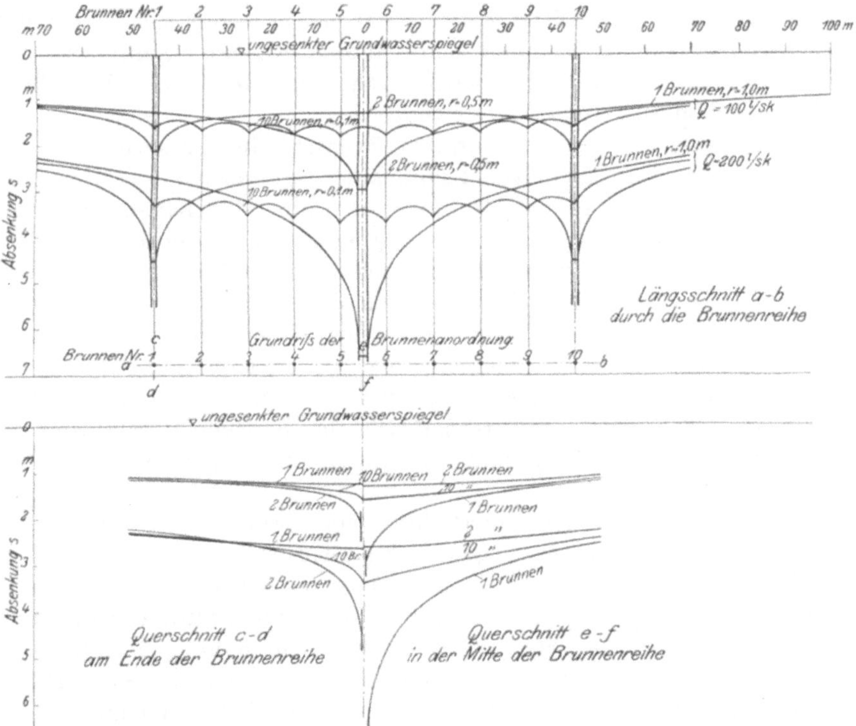

Fig. 22. Absenkungskurven bei Anordnung von 1, 2 und 10 Brunnen bei einer 90 m langen Baugrube, für $Q = 100$ l/sk und 200 l/sk.

Stellt man nun 10 Brunnen mit Abständen von je 10 m auf und entnimmt aus jedem Brunnen eine Wassermenge von 10 l/sk bei einem Brunnenradius von 0,1 m, so wird in der Mitte der Baustrecke, wenn für sie in Gl. 33

$$x_1 \cdot x_2 \cdots x_n = (5 \cdot 15 \cdot 25 \cdot 35 \cdot 45)^2 = 8{,}70 \cdot 10^{12}$$

gesetzt wird, eine Absenkung $s = 1{,}62$ m erzielt. Entsprechend ist auch nach Gl. 33 für jede andere Stelle der Baustrecke und auch für die Brunnen selbst die Absenkung zu berechnen.

Der Verlauf der Absenkungskurve bei Anlegung der beiden Brunnen und auch bei Anlegung der 10 Brunnen ist ebenfalls in Fig. 22 eingezeichnet. Man ersieht aus der Figur, daß die Anlegung der beiden Brunnen gegenüber einem einzigen Brunnen keine großen Vorteile aufweist. In beiden Fällen ist der Grundwasserstand auf der ganzen Länge der Baustrecke um ungefähr 1,25 bis 1,30 m abgesenkt, bei den beiden Brunnen allerdings noch um eine gewisse Strecke über die Baustrecke hinaus. Bei Aufstellung der 10 Brunnen ist die ganze Baustrecke bis auf eine Tiefe von ungefähr 1,45 m (in der Mitte 1,65 m) wasserfrei. Man sieht, daß die Anordnung der 10 Brunnen den anderen Anordnungen, was die erreichte Absenkungstiefe anbetrifft, schon überlegen ist. Vor allem aber ergeben sich folgende Vorteile.

Während aus dem einen großen Brunnen die Wassermenge von 100 l/sk aus einer Tiefe von 2,96 m gefördert werden muß, braucht bei Anlegung der beiden Brunnen am Ende der Baustrecke das Wasser nur aus einer Tiefe von 2,10 m gehoben werden und bei Aufstellung von 10 Brunnen nur aus einer mittleren Tiefe von 1,70 m. Aus dem einen Brunnen von $r = 1{,}0$ m allein würde daher die gesamte Wassermenge aus einer $1^3/_4$mal so großen Tiefe zu heben sein, wie bei Anlegung von 10 Brunnen. Die Erreichung der Absenkung mit dem einen großen Brunnen ist also gegenüber der mit 10 Brunnen unwirtschaftlich im Betriebe. In welchem Maße die Arbeitsleistung zunimmt, ist an einer späteren Stelle besprochen.[1])

Würde man in der Unterteilung noch weiter gehen und etwa 20 Brunnen mit einem gegenseitigen Abstand von 5 m niederbringen, und aus jedem 5 l/sk entnehmen, so würde die Absenkung in der Mitte der Baustrecke zwischen den beiden mittleren Brunnen 1,65 m betragen, also nur einen Gewinn von 3 cm gegenüber der Anordnung von 10 Brunnen bedeuten. Die mittlere Förderhöhe würde praktisch auch gleich der bei den 10 Brunnen sein.

Die Unterteilung zu weit zu treiben, hat also in Rücksicht auf die erreichbare Absenkung keinen Zweck, während andererseits dadurch nur die Anlagekosten erhöht werden, und auch die Rohrleitungsverluste zunehmen. Man wird in der Unterteilung soweit zu gehen haben, daß die Differenz zwischen dem Wasserspiegel im Brunnen selbst und dem höchsten Punkt des Spiegels zwischen je

---

[1]) Vgl. S. 77.

2 Brunnen nicht zu groß wird, daß ferner jeder Brunnen den von der Gesamtwassermenge auf ihn entfallenden Teil noch liefern kann, und gebräuchliche mittlere Brunnendurchmesser zur Anwendung kommen.

Die Anordnung eines einzigen oder mehrerer großer Brunnen ist für Absenkungszwecke wohl nur in ganz vereinzelten Fällen ausgeführt worden, und dürfte wohl in letzter Zeit nicht mehr zur Anwendung gekommen sein.

Ebenso würde auch ein Konzentrieren einer größeren Anzahl kleinerer Brunnen auf einer Stelle, um durch besonders tiefe Absenkung an dieser Stelle ein größeres umliegendes Gebiet zu entwässern und um etwa gleichzeitig infolge kürzerer Rohrleitungen die Anlagekosten und auch die Bedienungskosten zu verringern, nach den vorstehenden Überlegungen unzweckmäßig sein und höchst unwirtschaftlich in Hinsicht auf die bedeutende Zunahme der Arbeitsleistung.

In Fig. 22 sind noch Schnitte durch den Grundwasserspiegel senkrecht zur Brunnenreihe dargestellt, und zwar sowohl in der Mitte als auch am Ende der Baustrecke.

Besondere Anordnungen.

a) Anordnung der Brunnen um eine kreisförmige Baugrube; besondere Gleichungen; Einfluß des Radius des Brunnenkreises, Beispiel.

Ordnet man um eine kreisförmig angenommene Baugrube eine Anzahl von n-Brunnen in einem Kreise vom Radius A an, so geht die allgemeine Gl. 33 für den Mittelpunkt des Kreises, da für diesen

$$x_1 = x_2 = x_3 = \cdots = x_n = A$$

ist, in

$$z^2 - h^2 = \frac{Q}{\pi \cdot k}(\ln A - \ln r) \quad \ldots \ldots \quad (37)$$

über.

Es war aber nach der Erklärung von h:

$$h^2 = H^2 - \frac{Q}{\pi \cdot k}(\ln R - \ln r); \quad \ldots \ldots \quad (34)$$

setzt man den Wert für h^2 in Gl. 37 ein, so erhält man:

$$H^2 - z^2 = \frac{Q}{\pi \cdot k}(\ln R - \ln A) \quad \ldots \ldots \quad (38)$$

Läßt man in dieser Gleichung A sich ändern, verkleinert oder vergrößert man also den Radius der Brunnenstellung, so würde mit $A = r$ Gl. 38 mit Gl. 34 identisch sein für $z = h$. Auch nach Gl. 37 würde für $A = r$, $z = h$ werden. Man hätte dann wieder dieselbe Absenkung wie bei einem einzigen Brunnen vom Radius r, oder anders ausgesprochen: Bei einer kreisförmigen Brunnenanordnung vom Radius A wird in der Mitte des Brunnenkreises immer dieselbe Absenkung h erzielt, die in einem einzigen großen Brunnen von demselben Radius A bei gleicher Gesamtwasserentnahme herrschen würde.

Für $A = R$ würde nach Gl. 38 $z = H$ werden, was ja auch selbstverständlich ist; denn wenn die Brunnen bis zu ihrer gemeinsamen Reichgrenze hinausgerückt werden, kann umgekehrt im Mittelpunkt des Kreises keine Absenkung mehr erzielt werden.

Aus Gl. 38 folgt ferner:

$$Q = (H^2 - z^2) \cdot \frac{\pi \cdot k}{\ln R - \ln A} \quad \ldots \ldots \quad (39)$$

Mit Hilfe dieser Gleichung kann man für eine bestimmte beabsichtigte Absenkung in der Mitte des Kreises $s = H - z$ die verschiedenen zu entnehmenden Wassermengen bei verschiedenen Radien A ausrechnen. Die Gleichung kann auch geschrieben werden:

$$Q = \frac{C}{\log R - \log A}, \quad \ldots \ldots \quad (40)$$

wenn

$$C = (H^2 - z^2) \frac{\pi \cdot k}{2{,}3}$$

gesetzt wird.

Für $A = R$ würde hier $Q = \infty$ werden. Dies stimmt mit der Definition von R, nach der die Grundgleichung 9 aufgestellt wurde, überein. Da streng genommen bei einem Grundwasserbecken mit horizontaler Spiegelfläche erst in unendlich großer Entfernung vom Brunnen der gesenkte Grundwasserspiegel den ungesenkten erreicht, so würde man bei n im Unendlichen kreisförmig um die Baugrube aufgestellten Brunnen erst bei unendlich großer Wasserentnahme eine Absenkung in der Mitte der Kreisstellung erzielen können; aber auch für die Annahme eines endlichen Wertes von R kann nach den für Gl. 38 angestellten Überlegungen in der Mitte der Baugrube bei Entnahme einer endlichen Wassermenge eine Senkung des Wasserspiegels nicht erreicht werden.

Beispiel. Für die in den früheren Beispielen angenommenen Verhältnisse $H = 20$ m; $k = 0{,}002$; $R = 1000$ m, sind für 10 kreisförmig angeordnete Brunnen in Fig. 23 die Wasserentnahmen nach Gl. 40 bei Änderung des Radius A des Brunnenkreises von 1 bis 50 m aufgetragen, und zwar für verschiedene Absenkungen s im

Kreismittelpunkt, bzw. in der Mitte der Baugrube, von 2 bis 5 m. Man sieht, daß der Verlauf der Kurven ein ähnlicher ist, wie der der Kurven in Fig. 16 für einen einzelnen Brunnen bei Änderung des Brunnenradius *r*.

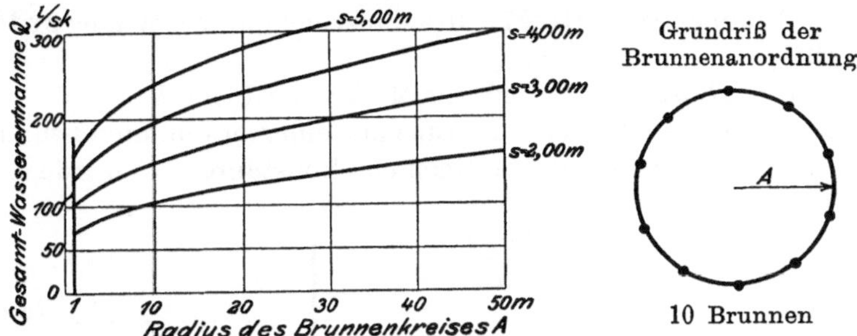

Fig. 23. Gesamt-Wasserentnahme Q in Abhängigkeit vom Radius des Brunnenkreises A bei konstanter Absenkung s in der Mitte des Brunnenkreises.

In Fig. 24 ist die Absenkung in der Mitte des Brunnenkreises bei konstanter Wasserentnahme $Q = 100$, 200, 300 l/sk in Abhängigkeit vom Radius A dargestellt; auch diese Kurven haben den

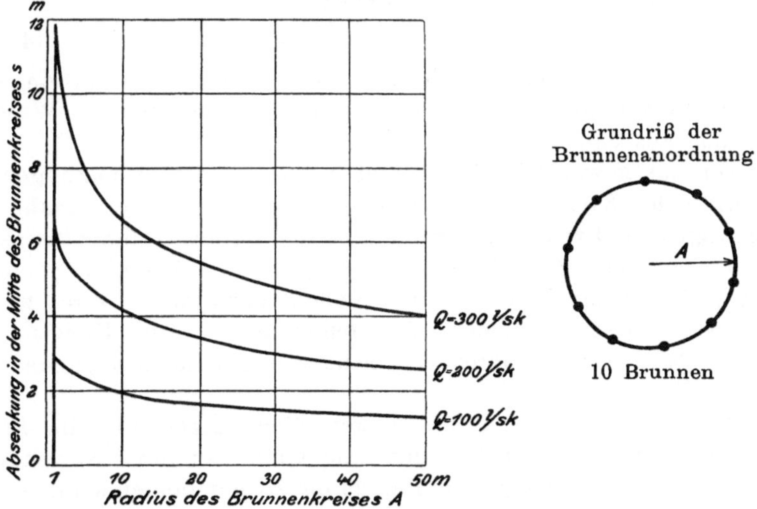

Fig. 24. Absenkung s in der Mitte des Brunnenkreises in Abhängigkeit vom Radius des Brunnenkreises A bei konstanter Wasserentnahme Q.

gleichen Charakter wie die entsprechenden für einen einzelnen Brunnen in Fig. 14.

Die Gleichung für die Absenkung in der Mitte der Kreisanordnung ist:

$$s = H - \sqrt{H^2 - \frac{Q}{\pi \cdot k}(\ln R - \ln A)}, \quad \ldots \quad (41)$$

und zwar wieder mit dem Minuszeichen vor der Wurzel, das bei Wasserentnahme aus dem Brunnen gilt, während, wie auch beim einzelnen Brunnen (vgl. Gl. 27), das Pluszeichen für Wasserzuführung gilt.

Für $A = R$ ist $s = 0$, und für $A = r$ wird $s = h$.

Bei einer kreisförmigen Baugrube mit einer bestimmten Brunnenanordnung, d. h. bei einem bestimmten, konstanten A, würde nach Gl. 39

$$Q = \frac{H^2 - z^2}{K}$$

sein, wenn

$$K = \frac{1}{\pi \cdot k}(\ln R - \ln A) \quad \ldots \quad (42)$$

gesetzt wird. Da ferner $z = H - s$ und $z^2 = H^2 - 2Hs + s^2$ ist, so geht Gl. 42 über in

$$s^2 - 2Hs = -Q \cdot K, \quad \ldots \quad (43)$$

und es wird schließlich die Absenkung

$$s = H - \sqrt{H^2 - Q \cdot K} \quad \ldots \quad (44)$$

Die Form der Kurve, die die Absenkung s in Funktion der Wassermenge Q darstellt, ist eine Parabel ähnlich der für Wasserentnahme aus einem einzelnen Brunnen.

Für das gewählte Beispiel sind in Fig. 25 die Absenkungen in der Mitte des Kreises in Abhängigkeit von der Wasserentnahme Q aufgetragen, und zwar für verschiedene Radien des Brunnenkreises A von 5 bis 50 m. Zum Vergleich ist auch die Absenkung eingetragen, die in einem einzelnen Brunnen vom Radius $r = 1$ m bei denselben Wasserentnahmen eintreten würde. Die Kurven der Fig. 23, 24 und 25 entsprechen einander und sind auseinander abzuleiten.

Bei Entwicklung der besonderen Gleichungen für die kreisförmige Anordnung der Brunnen und auch bei ihrer Anwendung auf das Beispiel, aus dem die Fig. 23 bis 25 entstanden sind, wurde bisher immer die Absenkung im Mittelpunkt des Brunnenkreises, also in der Mitte der Baugrube betrachtet. Für jeden anderen Punkt würde die in Gl. 37 herbeigeführte Vereinfachung der Formeln durch Einführung des Radius A des Brunnenkreises nicht zutreffen, vielmehr ist für alle anderen Punkte an Stelle von $\ln A$ in sämtlichen Gleichungen der jeweilige Wert $\frac{1}{n} \ln x_1 \cdot x_2 \cdots x_n$ zu setzen.

Um zu übersehen, wie auf der ganzen Kreisfläche sich der Grundwasserspiegel einstellt, mögen folgende Zahlen angegeben werden, die mit Hilfe von Gl. 35 berechnet sind.

Bei einem Radius des Brunnenkreises $A = 10$ m und einer Wasserentnahme $Q = 100$ l/sk wurde nach den Fig. 23 bis 25 in der Mitte des Kreises eine Absenkung von 1,94 m erreicht. In jedem der Brunnen selbst vom Radius $r = 0{,}1$ m würde die Absenkung 2,01 m betragen, auf dem Kreisumfang in der Mitte zwischen zwei Brunnen 1,89 m. Man sieht, daß auf der ganzen von den Brunnen umschlossenen Fläche der Grundwasserspiegel nahezu eben ist, nur zwischen den Brunnen und nach der Mitte zu befindet sich eine leichte Wölbung. Naturgemäß

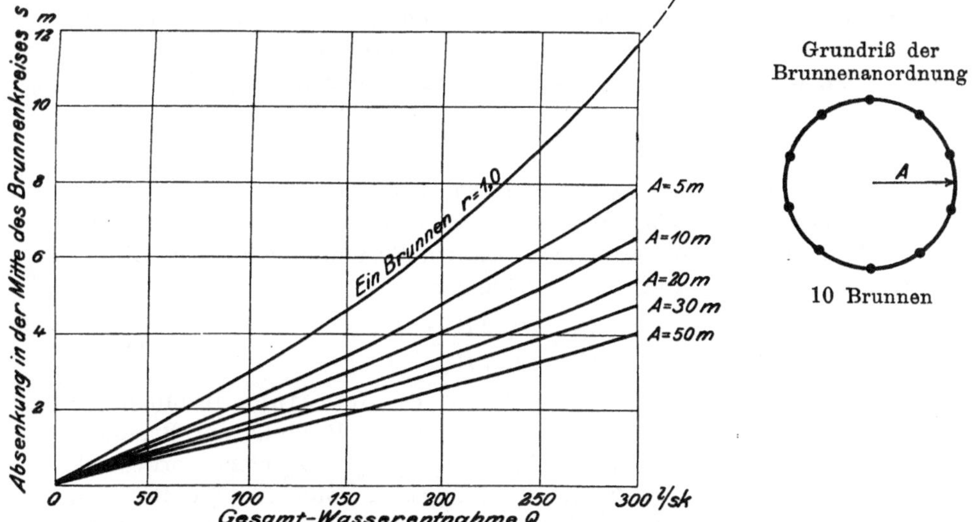

Fig. 25. Absenkung s in der Mitte des Brunnenkreises in Abhängigkeit von der Gesamt-Wasserentnahme Q bei einem bestimmten Radius des Brunnenkreises A.

wird diese Wölbung um so größer, je größer der Radius der Brunnenanordnung und je größer die Entfernung der Brunnen untereinander ist.

Es geht aus dem Beispiel ferner hervor, daß für ein und dieselbe Absenkung in der Mitte der Baugrube die zu entnehmende Wassermenge nur in geringem Maße bei einer Vergrößerung des Brunnenkreises, also bei einer Vergrößerung der Baugrube zunimmt; nicht etwa nimmt die Wassermenge, wie häufig angenommen wurde, proportional dem Umfang der Grube oder proportional der Grundfläche der Grube zu.

Man hat sich die Entnahme aus einer solchen Wasserfassungsanlage wie die Entnahme aus einem einzelnen Brunnen zu denken, bei dem die durchlässige Wandung nicht völlig rund geschlossen, sondern in einzelne kleine Brunnen aufgelöst ist, die aber nicht in so großer Zahl vorhanden sind, daß die Zwischenräume unendlich klein werden, wie dem Vergleich entsprechen würde.

Während aber innerhalb eines Brunnens die freie Spiegelfläche eine Ebene bildet, deren Höhe über der undurchlässigen Schicht angenähert gleich der Spiegelhöhe des Grundwassers an der Brunnenwandung ist, wird bei der kreisförmigen Brunnenanordnung die einem Wasserstande im Brunnen vom Radius $r = A$ entsprechende Spiegelhöhe nur im Mittelpunkt des Brunnenkreises erreicht, denn nur hier ist Gl. 38 identisch mit Gl. 9. An allen anderen Punkten innerhalb der Baugrube herrscht, mit Ausnahme des Standes in unmittelbarer Nähe der Brunnen, ein höherer Wasserstand.

Gl. 43 läßt sich auch folgendermaßen schreiben:

$$Q = \frac{s(2H - s)}{K}.$$

Man kann daher, wenn man die Absenkung s_1 kennt, die bei einer bestimmten Wasserentnahme Q_1 erreicht wird, ohne weiteres die Wasserentnahme bestimmen, die zur Erzielung einer Absenkung s_2 nötig ist, nach folgender Gleichung:

$$\frac{Q_1}{Q_2} = \frac{s_1(2H - s_1)}{s_2(2H - s_2)} \quad \text{. . . . . . . (45)}$$

Diese Gleichung ist ebenfalls mit der für einen Brunnen gefundenen Gl. 30 identisch. Sie gilt, da das Produkt der Brunnenentfernungen für irgendeinen Punkt $x_1 \cdot x_2 \cdot x_3 \cdots x_n$ nicht vorkommt, für jeden beliebigen Punkt der Baugrube, auch für die Brunnen selbst. Der Wasserstand, den man in einem Beobachtungsbrunnen an einer beliebigen Stelle der Baugrube oder in deren Nähe festgestellt hat, kann zum Vergleich herangezogen werden.

b) Reihenanordnung und rechteckige Anordnung der Brunnen.

Die allgemeinen Gleichungen für irgendeine beliebige Anordnung mehrerer Brunnen:

$$z^2 - h^2 = \frac{Q}{\pi \cdot k}\left(\frac{1}{n}\ln x_1 \cdot x_2 \cdots x_n - \ln r\right) \quad \text{. . . . . . . (33)}$$

$$H^2 - z^2 = \frac{Q}{\pi \cdot k}\left(\ln R - \frac{1}{n}\ln x_1 \cdot x_2 \cdots x_n\right) \quad \text{. . . . . . . (35)}$$

und $z_1^2 - z_2^2 = \frac{Q}{\pi \cdot k}\left(\frac{1}{n} \ln x_1' \cdot x_2' \cdots x_n' - \frac{1}{n} \ln x_1'' \cdot x_2'' \cdots x_n''\right)$, (36)

aus denen dann die besonderen Gleichungen für kreisförmige Anordnung abgeleitet wurden, sind in gleicher Weise anwendbar auch auf andere zu Grundwasserabsenkungszwecken vorkommende Brunnenanordnungen; sie gelten auch für Brunnenreihen und für Brunnen in rechteckiger Anordnung. Ebenso gilt bei solchen Anordnungen analog Gl. 39 für die Wassermenge:

$$Q = (H^2 - z^2) \cdot \frac{\pi \cdot k}{\ln R - \frac{1}{n} \ln x_1 \cdot x_2 \cdots x_n} \quad \ldots \ldots \quad (46)$$

und für die Absenkung an irgendeiner Stelle nach Gl. 41:

$$s = H - \sqrt{H^2 - \frac{Q}{\pi \cdot k}\left(\ln R - \frac{1}{n} \ln x_1 \cdot x_2 \cdots x_n\right)} \quad . \quad (47)$$

Für eine bestimmte Anlage, wenn also für irgendeinen Punkt der Ausdruck $\frac{1}{n} \ln x_1 \cdot x_2 \cdots x_n$ einen konstanten Wert hat, würden wieder die Gleichungen

$$Q = \frac{H^2 - z^2}{K}, \quad \text{mit } K = \frac{1}{\pi \cdot k}(\ln R - \ln x_1 \cdot x_2 \cdots x_n) \quad (42)$$

und

$$s = H - \sqrt{H^2 - Q \cdot K} \quad \ldots \ldots \ldots \ldots \quad (44)$$

gelten.

Ebenso ergibt sich für eine bestimmte Anlage das Verhältnis der Wasserentnahme zur Absenkung:

$$\frac{Q_1}{Q_2} = \frac{s_1(2H - s_1)}{s_2(2H - s_2)}, \quad \ldots \ldots \quad (45)$$

das mit Benutzung von Gl. 46 auch

$$\frac{Q_1}{Q_2} = \frac{H^2 - z_1^2}{H^2 - z_2^2} \quad \ldots \ldots \quad (48)$$

geschrieben werden kann.

Man kann hiernach wieder, wenn an einer beliebigen Stelle die Absenkung s_1 bei der Wasserentnahme Q_1 bekannt ist, für eine andere Wasserentnahme Q_2 die zugehörige Absenkung s_2 errechnen. Mit Annäherung wird, wie auch beim einzelnen Brunnen, die Absenkung s proportional der Wassermenge Q sein, da bei einigermaßen großer Mächtigkeit der wasserführenden Schicht H die beiden Klammern in Gl. 45 angenähert gleich sind.

In der bereits früher erwähnten Fig. 22 ist für eine doppelt so große Gesamtwasserentnahme, $Q = 200$ l/sk, aus den 10 Brunnen mit je 10 m Entfernung ebenfalls die Absenkungskurve aufgezeichnet. Auch ist wieder zum Vergleich der Verlauf der Absenkungskurve bei Entnahme derselben Wassermenge aus zwei bzw. einem einzigen Brunnen eingetragen.

Vergleich „ähnlicher" Baugruben.

Für die kreisförmige Anordnung wurde ferner für die Zunahme der Wassermenge bei wachsendem Radius des Brunnenkreises A, aber gleichbleibender Absenkung in der Mitte, Gl. 40 aufgestellt. Kreise verschiedenen Durchmessers sind ähnliche Figuren.

Betrachtet man nun zwei beliebige andere, ähnliche Grundrißformen einer Absenkungsanlage, bei denen also die Seitenlängen des einen Grundrisses ein Vielfaches des anderen sind, so ist ersichtlich, daß auch alle ähnlich gelegenen Strecken in dem einen Grundriß in demselben Verhältnis zu denen des anderen stehen.

Sind in einem Grundriß alle Strecken b-mal so groß, wie die des anderen, so geht in Gl. 35 das Produkt $x_1 \cdot x_2 \cdot \cdots x_n$ für den b-mal größeren ähnlichen Grundriß in $(x_1 \cdot x_2 \cdot \cdots x_n) \cdot b^n$ über, oder für einen b-mal kleineren Grundriß in $\frac{x_1 \cdot x_2 \cdot \cdots x_n}{b^n}$, und es verhalten sich bei gleich tiefer Absenkung die Wassermengen wie

$$\frac{Q_1}{Q_2} = \frac{\ln R - \frac{1}{n} \ln x_1 \cdot x_2 \cdot \cdots x_n \pm \ln b}{\ln R - \frac{1}{n} \ln x_1 \cdot x_2 \cdot \cdots x_n} \quad \ldots \quad (49)$$

oder

$$\left.\begin{aligned} \frac{Q_1}{Q_2} &= \frac{K \pm \ln b}{K}, \\ \text{wenn} \quad K &= \ln R - \frac{1}{n} \ln x_1 \cdot x_2 \cdot \cdots x_n \end{aligned}\right\} \quad \ldots \ldots \quad (50)$$

gesetzt wird.

In beiden Gleichungen gilt, wenn man die Wassermenge Q_2 einer Anlage mit der schon bekannten Q_1 einer anderen Anlage vergleichen will, das Minuszeichen, wenn die Anlage mit Q_2 die größere, das Pluszeichen, wenn die Anlage mit Q_2 die kleinere der beiden Anlagen ist. Die Gl. 49 und 50 gelten natürlich auch für die kreisförmige Anordnung der Brunnen.

Voraussetzung für die Aufstellung der beiden Gleichungen war, daß bei beiden Anlagen die gleiche Anzahl von n-Brunnen vorhanden ist. Wählt man aber, weil der Umfang b-mal größer ist, für die größere Anlage $b \cdot n$ Brunnen, so daß also derselbe Brunnenabstand wie bei der kleineren Anlage eingehalten wird, so ergeben sich folgende Beziehungen.

In Gl. 39 für kreisförmige Anordnung $Q = (H^2 - z^2) \cdot \frac{\pi \cdot k}{\ln R - \ln A}$ kommt die Brunnenanzahl nicht vor, sie ist also ohne Einfluß auf die Absenkung in der Mitte des Brunnenkreises. In der Tat wird, auch wenn nur ein Brunnen auf dem Kreise mit dem Radius A aufgestellt würde, d. h. ein Brunnen im Abstand A vom Mittelpunkt, hier noch immer dieselbe Absenkung erreicht werden; für $A = 10$ m, also für einen Punkt im Abstande von 10 m von der Brunnenachse, würde nach Fig. 22 bei $Q = 100$ l/sk dieselbe Senkung von 1,94 m erzielt, die auch bei Aufstellung von 10 Brunnen im Kreise nach den Fig. 24 und 25 in der Mitte erreicht wird.

Mit Annäherung wird daher auch bei einer anderen Baugrube für verschiedene Anzahl von Brunnen dieselbe Absenkung bei derselben Wasserentnahme erreicht werden.

Dies war ja auch schon in dem angeführten Beispiel für die Reihenanordnung der Brunnen der Fall; für 10 oder 20 Brunnen wurde fast dieselbe Absenkung erreicht; natürlich nicht für die Extreme, also bei Aufstellung eines oder zweier Brunnen.

Die Anwendung von Gl. 50 erscheint daher für den Vergleich der Wassermengen bei ähnlichen Baugruben gerechtfertigt. Auch folgende Überlegung führt dazu.

Nimmt man an, daß bei verschiedener Brunnenanzahl der beiden Baugruben die jedesmal zwischen zwei Brunnen der größeren Anlage eingeschalteten b-Brunnen für irgendeinen Punkt annähernd dieselbe Entfernung x haben, wie der danebenliegende Brunnen, so wird in diesem Falle das Produkt der Entfernungen gleich $(x_1 \cdot x_2 \cdots x_n)^b$; da nun die Anzahl der Brunnen auch vor dem ln zum Ausdruck kommt, durch $\frac{1}{b \cdot n} \cdot \ln (x_1 \cdot x_2 \cdots x_n)^b$, so hebt sich b heraus. Es erscheint daher gleichgültig, ob die Brunnenanzahl n oder $b \cdot n$ zum Vergleich der ähnlichen Baugruben herangezogen wird.

Die genaue Gleichung, für verschiedene Brunnenanzahl m und n bei den beiden Anlagen, würde lauten:

$$\frac{Q_1}{Q_2} = \frac{\ln R - \frac{1}{m} \ln x_1 \cdot x_2 \cdots x_m}{\ln R - \frac{1}{n} \ln x_1 \cdot x_2 \cdots x_n}; \quad \ldots \ldots \quad (51)$$

und zwar sind Q_1 und n zusammengehörig für eine Anlage, und Q_2 und m.

Werden die beiden Baugruben nicht bis zu derselben Tiefe abgesenkt, sondern die eine Grube um s_1, die zweite um s_2, so daß die Spiegelhöhe für einen ähnlich gelegenen Punkt in der einen Grube z_1, in der anderen Grube z_2 ist, so würde nach Gl. 35 folgende Gleichung gelten:

$$\frac{Q_1}{Q_2} = \frac{(H^2 - z_1^2) \cdot \left(\ln R - \frac{1}{m} \ln x_1 \cdot x_2 \cdots x_m\right)}{(H^2 - z_2^2) \cdot \left(\ln R - \frac{1}{n} \ln x_1 \cdot x_2 \cdots x_n\right)} \quad . \quad . \quad (52)$$

und angenähert

$$\frac{Q_1}{Q_2} = \frac{(H^2 - z_1^2)}{(H^2 - z_2^2)} \cdot \frac{K \pm \ln b}{K} \quad . \; . \; . \; . \; . \; . \; . \; . \; . \; . \quad (53)$$

Die für ähnliche Baugruben entwickelten Gleichungen gelten auch für Reihenanordnungen der Brunnen. Eine Reihe kann als eine rechteckige Baugrube mit der Breite Null angesehen werden; verschieden lange Reihen sind sich ähnlich.

Beispiel für Reihenanordnung.

Als Beispiel möge Fig. 26 gelten. Es ist darin zunächst, aus Fig. 22 entnommen, die eine Hälfte der Absenkungskurve für 10 in einer Reihe aufgestellte Brunnen mit gegenseitigem Abstande

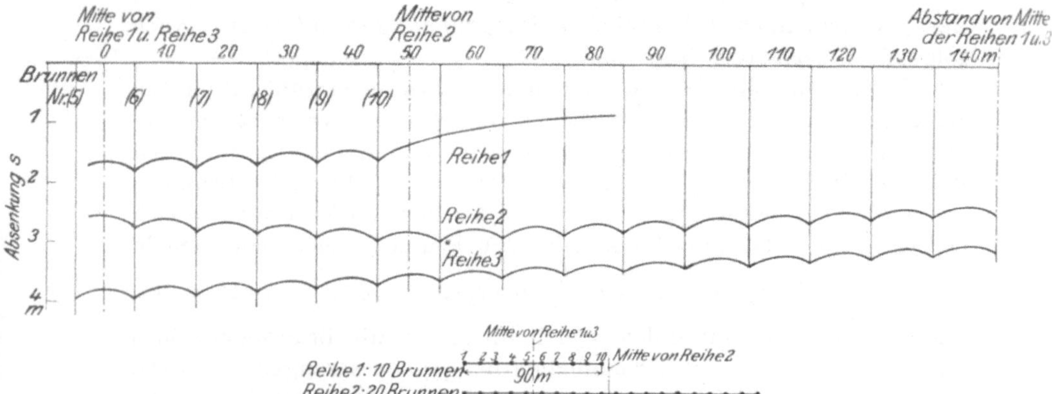

Fig. 26. Absenkungskurven für Reihenanordnungen:

Reihe 1: 10 Brunnen mit je 10 m Abstand; $Q = 100$ l/sk
„ 2: 20 „ „ „ 10 „ „ ; $Q = 200$ „
„ 3: 30 „ „ „ 10 „ „ ; $Q = 300$ „
$H = 20$ m; $K = 0{,}002$; $R = 1000$ m; $r = 0{,}1$ m.

von 10 m bei einer Gesamtentnahme von $Q = 100$ l/sk aufgetragen. Die 90 m lange Reihe ist nun auf einer Seite um weitere 10 in Abständen von je 10 m angeordnete Brunnen verlängert gedacht; aus der 190 m langen Reihe der 20 Brunnen sollen nun 200 l/sk entnommen werden. Die entstehende Absenkungskurve ist in der Figur eingezeichnet. Schließlich ist auch die Absenkungskurve für die auf der anderen Seite um 10 Brunnen verlängerte, nunmehr 290 m lange Reihe bei Entnahme von 300 l/sk dargestellt. Die Kurven sind aufgezeichnet mit Hilfe von Gl. 35.

Die in der Mitte der jedesmaligen Reihe erzielte Absenkung beträgt

bei Reihe 1: $s_1 = 1{,}62$ m,
bei Reihe 2: $s_2 = 2{,}80$ m,
bei Reihe 3: $s_3 = 3{,}79$ m.

Die drei Werte können mit Hilfe von Gl. 52 kontrolliert, und deren Gültigkeit dadurch bestätigt werden. Setzt man

$$Q_1 = 100 \text{ l/sk}; \quad R = 1000 \text{ m};$$
$$H = 20 \text{ m}; \quad z_1 = 18{,}38 \text{ m}; \quad z_2 = 17{,}20 \text{ m};$$
$$x_1 \cdot x_2 \cdots x_n = 8{,}70 \cdot 10^{12}, \text{ wie oben}^{1)};$$
$$x_1 \cdot x_2 \cdots x_m = (5 \cdot 15 \cdot 25 \cdots 95)^2 = 4{,}07 \cdot 10^{31};$$

so ist unter Einsetzung der Briggsschen Logarithmen:

$$\frac{Q_1}{Q_2} = \frac{(400 - 337{,}4) \cdot (3{,}0 - \frac{1}{20} \cdot 31{,}610)}{(400 - 295{,}8) \cdot (3{,}0 - \frac{1}{10} \cdot 12{,}940)} = \frac{1}{2},$$

also $Q_2 = 200$ l/sk.

Mit der Annäherungsformel Gl. 53 würde man erhalten, wenn

$$K = \ln R - \frac{1}{n} \ln x_1 \cdot x_2 \cdots x_n = 3{,}0 - 1{,}294 = 1{,}706, \quad \text{und}$$

$$b = \frac{190}{90} = 2{,}11 \text{ gesetzt wird:}$$

$$\frac{Q_1}{Q_2} = \frac{(400 - 337{,}4)}{(400 - 295{,}8)} \cdot \frac{1{,}706 - 0{,}324}{1{,}706} = \frac{1}{2{,}05},$$

also $Q_2 = 205$ l/sk.

Die Abweichung beträgt nur $2\frac{1}{2}$ %, und zwar errechnet man eine etwas zu große Wassermenge, so daß die Anwendbarkeit auch dieser Gleichung durchaus bestätigt wird.

Soll die Absenkung in der Mitte der Reihe der 20 Brunnen auch nur 1,62 m betragen, so würde nach Gl. 50

$$\frac{Q_1}{Q_2} = \frac{1{,}706 - 0{,}324}{1{,}706} = \frac{1}{1{,}235}; \quad Q_2 = 123{,}5 \text{ l/sk sein;}$$

nach der genauen Gl. 51 ergibt sich:

$$\frac{Q_1}{Q_2} = \frac{3{,}0 - 1{,}419}{3{,}0 - 1{,}294} = \frac{1}{1{,}203}; \quad \text{also } Q_2 = 120{,}3 \text{ l/sk}.$$

---

1) Vgl. S. 43.

Rechnet man die Wassermenge Q_3 für die 290 m lange Reihe unter Zugrundelegung der Wassermenge $Q_1 = 100$ l/sk der 90 m langen Reihe aus, so ist mit

$$s_3 = 3{,}79 \text{ m}; \quad z_3 = 16{,}21 \text{ m}; \quad b = \frac{290}{90} = 3{,}22;$$

$$x_1 \cdot x_2 \cdots x_m = (5 \cdot 15 \cdot 25 \cdots 145)^2 = 3{,}52 \cdot 10^{52}:$$

$$\frac{Q_1}{Q_3} = \frac{(400 - 337{,}4) \cdot (3{,}0 - \frac{1}{30} \cdot 52{,}547)}{(400 - 262{,}5) \cdot (3{,}0 - \frac{1}{10} \cdot 12{,}940)} = \frac{1}{3},$$

also genau $Q_3 = 300$ l/sk.

Mit der Näherungsformel Gl. 53 ist:

$$\frac{Q_1}{Q_3} = \frac{(400 - 337{,}4)}{(400 - 262{,}5)} \cdot \frac{1{,}706 - 0{,}508}{1{,}706} = \frac{1}{3{,}13},$$

also $Q_3 = 313$ l/sk.

Der nach der Annäherungsformel Gl. 53 gemachte Fehler nimmt also mit dem Größenunterschied der Anlage zu.

Beispiel für rechteckige Anordnung.

Als Beispiel für rechteckige Baugruben mögen die Fig. 27 bis 29 dienen. Ausgegangen ist von einer etwa 90×10 m großen Baugrube, an deren beiden Längsseiten in einem Abstand von je 10 m je 10 Brunnen angeordnet sind; der Abstand beider Reihen ist $E = 10$ m. Unter Annahme der gleichen Verhältnisse wie in den früheren Bei-

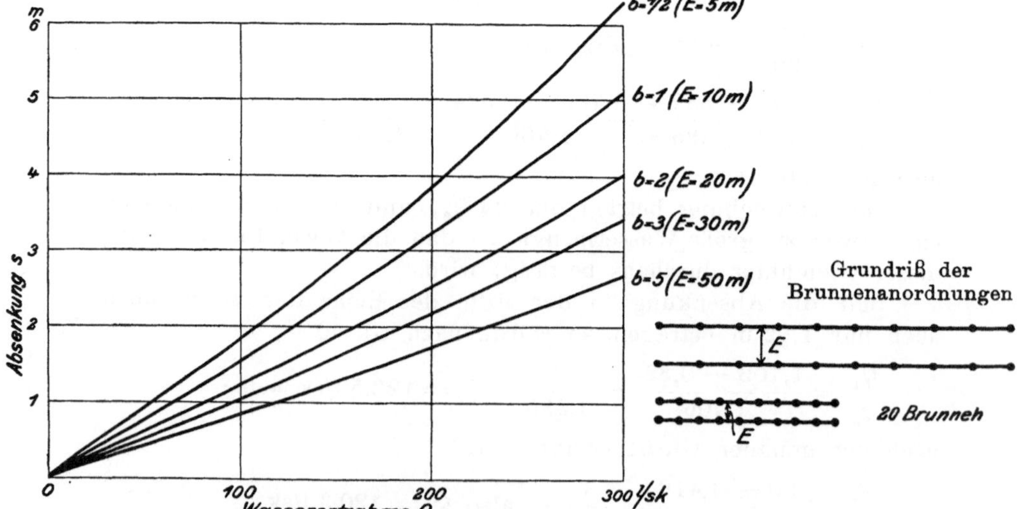

Fig. 27. Ähnliche Baugruben; Absenkung s bei rechteckiger Brunnenanordnung in Abhängigkeit von der Wasserentnahme Q bei verschiedener Größe der Anlage.

spielen: $H = 20$ m; $k = 0{,}002$; $R = 1000$ m, ist die Absenkung s in der Mitte der Brunnenanordnung nach Gl. 35 in Abhängigkeit von der Wasserentnahme Q in Fig. 27 aufgetragen. Dann wurden ähnliche Baugruben angenommen, und für $b = \frac{1}{2}$, 2, 3 und 5 nach Gl. 50 ebenfalls die Kurven der Absenkung s eingetragen.

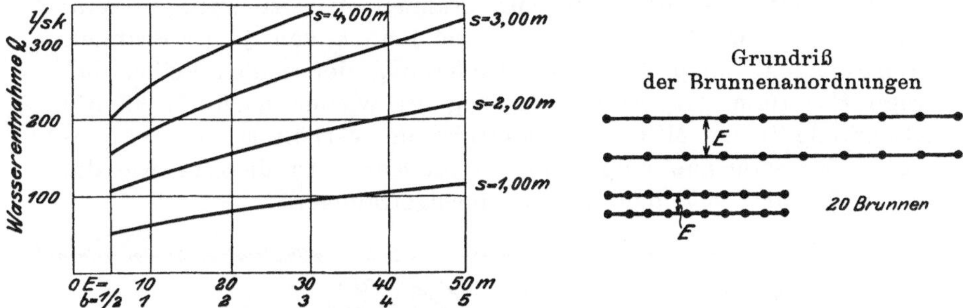

Fig. 28. Ähnliche Baugruben; Wasserentnahme Q in Abhängigkeit von der Größe der Anlage bei gleichbleibender Absenkung s.

Fig. 28 zeigt das Zunehmen der Wasserentnahme Q für dieselbe Absenkung in der Mitte bei wachsender Größe der ähnlichen Anlagen, und Fig. 29 die Absenkung s in der Mitte der Baugrube bei gleichbleibender Wasserentnahme Q in Abhängigkeit von der Größe der Baugrube.

Der Verlauf der Kurven ist der gleiche wie derjenige der für kreisförmige Anordnung der Brunnen aufgestellten in den Fig. 23 bis 25.

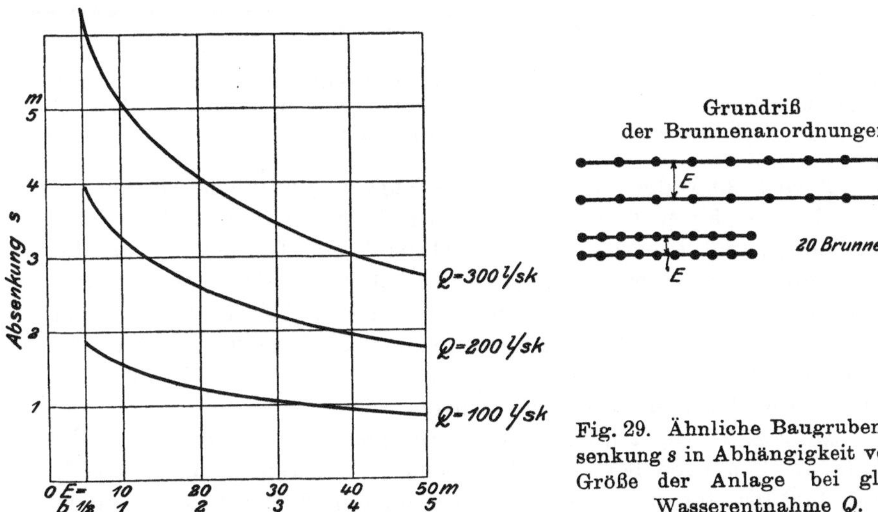

Fig. 29. Ähnliche Baugruben; Absenkung s in Abhängigkeit von der Größe der Anlage bei gleicher Wasserentnahme Q.

Vergleich von Baugruben gleicher Länge, aber verschiedener Breite; Beispiel.

Im folgenden soll dargestellt werden, wie die Absenkungsverhältnisse sich bei Baugruben von gleicher Länge, aber verschieden großer Breite gestalten. Für ein Beispiel möge die Baugrube wieder nur an den beiden Längsseiten mit Brunnen besetzt gedacht sein. Ausgegangen werde wieder von zwei Reihen von je 10 Brunnen in Abständen von je 10 m; die Entfernung der beiden Reihen betrage $E = 10$ m. Es ist dann in Fig. 30 wieder nach Gl. 35 die Absenkung in der Mitte der Baugrube im Verhältnis der entnommenen Wassermenge aufgetragen; diese Kurve ist dieselbe wie die in Fig. 27 für $b = 1$, bzw. $E = 10$ m eingetragene.

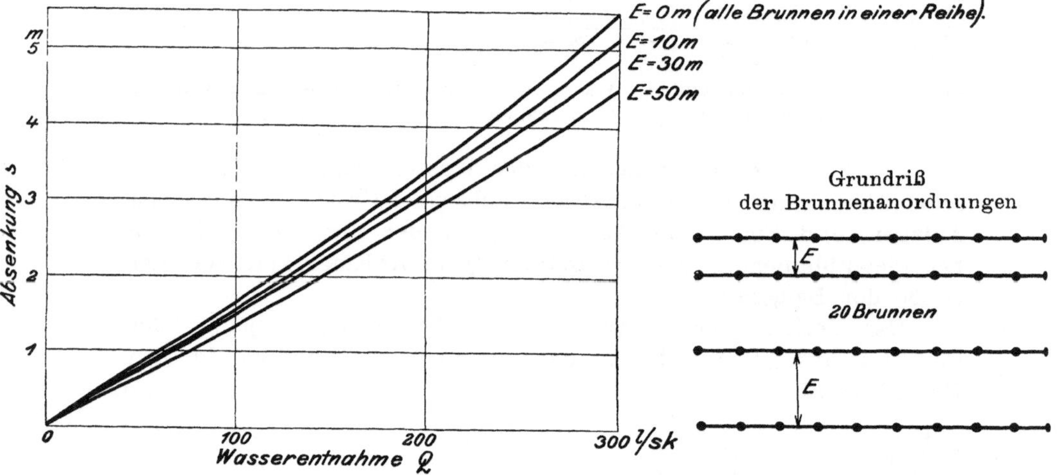

Fig. 30. Gleichlange Baugruben verschiedener Breite; Absenkung s in der Mitte der Brunnenanordnung in Abhängigkeit von der Wasserentnahme Q bei verschiedenem Abstand der Brunnenreihen E.

Ferner sind die entsprechenden Kurven für einen Abstand E von 30 und 50 m der beiden immer 90 m langen Reihen eingezeichnet und ebenso für einen Abstand $E = 0$, wenn also alle 20 Brunnen in einer einzigen Reihe ständen. Der Verlauf der Kurven ist der bekannte. In der Kurve für $E = 0$, findet sich bei $Q = 100$ l/sk als Maß der Absenkung $s = 1{,}65$ m; dies ist derselbe Wert, der bereits auf S. 44 für die Mitte der Reihe von 20 Brunnen mit je 5 m Abstand angegeben wurde.

In Fig. 31 ist, ähnlich wie in Fig. 28, die Absenkung in der Mitte der Baugrube bei einer bestimmten Wasserentnahme $Q = 100$, 200, 300 l/sk für verschiedene Entfernungen E der beiden Reihen voneinander aufgetragen, und endlich in Fig. 32 die zu entnehmende Wassermenge Q in Abhängigkeit von E bei einer bestimmten zu erreichenden Absenkung s in der Mitte der Baugrube von 2 bis 5 m.

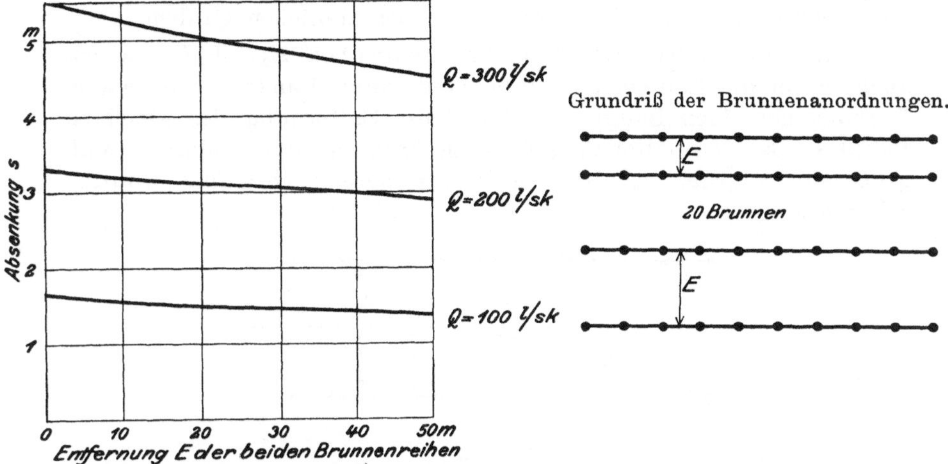

Fig. 31. Gleichlange Baugruben verschiedener Breite; Absenkung s in Abhängigkeit von der Breite der Baugrube bei gleicher Wasserentnahme Q.

Man sieht, daß für größer werdende Entfernung E der Reihen, also für Baugruben gleicher Länge mit wachsender Breite, die Absenkung in der Mitte der Baugrube nicht so schnell abnimmt wie

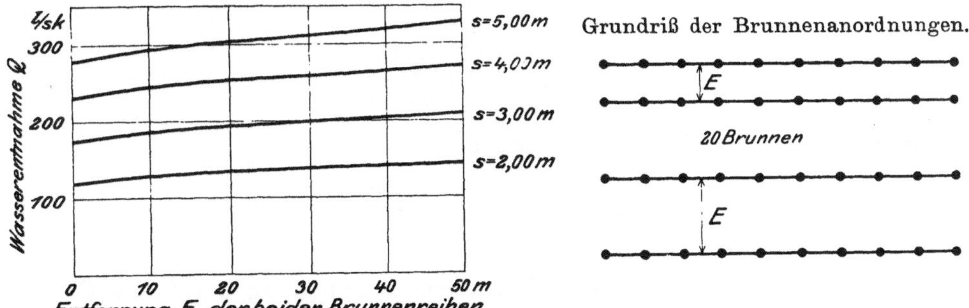

Fig. 32. Gleichlange Baugruben verschiedener Breite; Wasserentnahme Q in Abhängigkeit von der Breite der Baugrube bei gleichbleibender Absenkung s.

bei ähnlichen Baugruben, wo also auch die Länge in demselben Verhältnis wie die Breite zunimmt. Andererseits aber wächst für eine bestimmte Absenkung s in der Mitte der Baugrube die zu entnehmende Wassermenge nicht so schnell wie bei ähnlichen Gruben, was ja auch ohne weiteres erklärlich ist.

Für den Vergleich solcher Baugruben gelten natürlich auch die Gl. 51 und 52, während die Gl. 50 und 53 nur mit Annäherung gelten können, da die Produkte $x_1 \cdot x_2 \cdots x_n$, selbst wenn in beiden Baugruben die gleiche Brunnenanzahl angenommen wird, nicht in dem Verhältnis zueinander stehen, wie bei ähnlichen Gruben.

Gilt nämlich bei zwei ähnlichen Baugruben $E_2 = b \cdot E_1$, so ist auch, wenn die Entfernung eines bestimmten Punktes von einem Brunnen der einen Baugrube x_1' und die Entfernung des gleichen Punktes von dem ähnlich gelegenen Brunnen der anderen b mal größeren Baugrube x_1'' ist, wie früher bereits ausgeführt wurde, $x_1'' = b \cdot x_1'$.

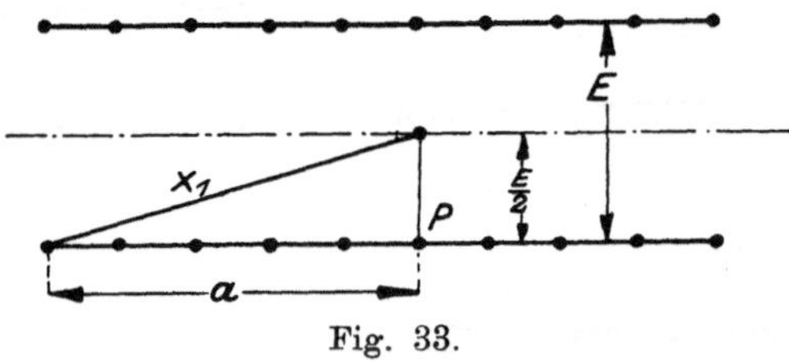

Fig. 33.

Bei gleich langen Baugruben aber würde bei verschiedener Breite nach Fig. 33 im einen Falle der Abstand des betreffenden Punktes

$$x_1' = \sqrt{a^2 + \left(\frac{E_1}{2}\right)^2}$$

sein, im anderen Falle

$$x_1'' = \sqrt{a^2 + \left(\frac{E_2}{2}\right)^2};$$

da ebenfalls $E_2 = b \cdot E_1$ ist, so wird

$$x_1'' = \sqrt{a^2 + \left(b \cdot \frac{E_1}{2}\right)^2}.$$

Nur für die Entfernung nach einem Brunnen an der Stelle P wäre $x_1' = \frac{E_1}{2}$ und $x_1'' = \frac{E_2}{2} = b \cdot x_1'$, wie bei ähnlichen Baugruben. Die verschiedenen Entfernungen nehmen nicht wie bei ähnlichen Gruben im Verhältnis b zu, sondern jedes einzelne x in einem anderen Verhältnis als die übrigen. Da aber die großen Entfernungen weniger zunehmen als die kleinen, so wird also das Produkt $x_1'' \cdot x_2'' \cdots x_n''$ für die b mal breitere Grube bedeutend kleiner sein, als das entsprechende bei ähnlichen Gruben.

So wäre z. B. für $a = 50$ m; $E_1 = 20$ m; $E_2 = 40$ m; also $b = 2$:

$$\frac{x_1''}{x_1'} = \sqrt{\frac{2500 + 400}{2500 + 100}} = 1{,}056;$$

x_1'' wäre also nur wenig größer als x_1'.

Um die Form der Absenkungsfläche auf dem ganzen von den Brunnen umstellten Gebiet zu erkennen, sind in Fig. 34 Längsschnitte durch eine rechteckige Brunnenanordnung gelegt. Angenommen sind, ganz entsprechend den früheren Beispielen, zwei Reihen von je 10 Brunnen mit Abständen von je 10 m in einer gegenseitigen Entfernung $E = 20$ m; $H = 20$ m; $k = 0{,}002$; $r = 0{,}1$ m. Dargestellt ist ein Schnitt der Spiegelfläche in der zu den Brunnenreihen parallelen Mittelachse, für $Q = 100$ und 200 l/sk, und ein Schnitt durch die eine Brunnenreihe selbst, bei $Q = 200$ l/sk.

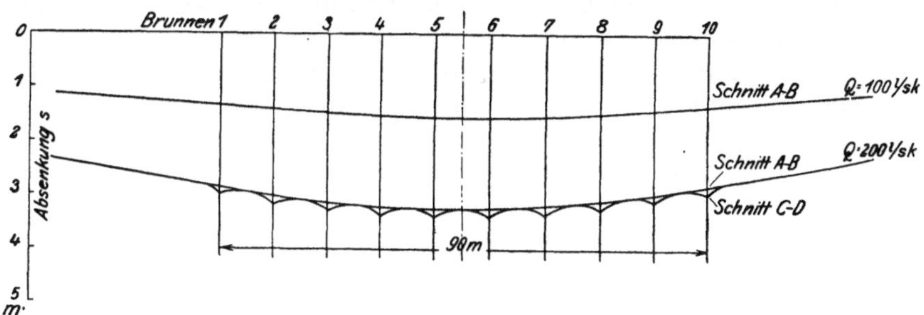

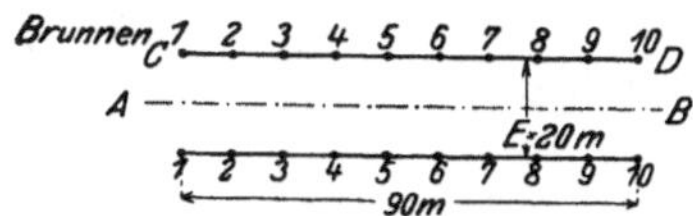

Fig. 34. Längsschnitte durch die Spiegelfläche bei rechteckiger Brunnenanordnung. $H = 20$ m; $k = 0{,}002$; $R = 1000$ m; $r = 0{,}1$ m; $Q = 100$ l/sk und 200 l/sk.

Es ergibt sich, ähnlich wie bei kreisförmiger Anordnung, ein fast gleich hoher Wasserstand in Querschnitten, die senkrecht zur Längsachse zwischen je 2 Brunnen gelegt werden; der Wasserstand in unmittelbarer Nähe der Brunnen und in ihnen selbst steht tiefer. Bemerkenswert ist das Ansteigen des Wasserspiegels in den Längsschnitten nach den Enden der Anlage hin; die Absenkung ist z. B. in dem Mittellängsschnitt für $Q = 200$ l/sk an den Enden um 0,40 m weniger tief als in der Mitte.

Für den Vergleich zweier Anlagen, seien es ähnliche oder andere Anlagen, war bisher immer angenommen, daß die Höhe der wasserführenden Schicht H und die Durchlässigkeit k bei beiden Anlagen dieselbe sei, wie es also für den Ausbau von zwei verschieden großen Anlagen an ein und derselben Stelle zutreffen würde. Ist dies nicht der Fall, so gilt ganz allgemein für die Vergleichung zweier Anlagen folgende Formel:

$$\frac{H_1^2 - z_1^2}{H_2^2 - z_2^2} = \frac{s_1(2H_1 - s_1)}{s_2(2H_2 - s_2)} = \frac{Q_1 \cdot k_2 \left(\ln R_1 - \frac{1}{n} \cdot \ln x_1 \cdot x_2 \cdots x_n\right)}{Q_2 \cdot k_1 \left(\ln R_2 - \frac{1}{m} \cdot \ln x_1 \cdot x_2 \cdots x_m\right)}, \quad (54)$$

aus der sich für gleiche Absenkungstiefen, oder für gleiche Brunnenzahl und -anordnung der beiden Anlagen Gleichungen ähnlich den Gl. 51 und 48 ableiten ließen.

Bestimmung der Durchlässigkeit.

Mit Hilfe der entwickelten Formeln kann auch die Durchlässigkeit k des Untergrundes bestimmt werden, wenn bei der betreffenden Anlage Messungen über die Grundwasserstände vorliegen. Ist bei einem einzelnen Brunnen für zwei verschiedene Wasserentnahmen, q_1 und q_2, der Wasserstand im Brunnen selbst, h_1 und h_2, beobachtet worden, so ergibt sich unter Anwendung von Gl. 9:

$$h_1^2 - h_2^2 = \frac{q_2 - q_1}{\pi \cdot k} (\ln R - \ln r),$$

und es wird

$$k = \frac{q_2 - q_1}{\pi} \cdot \frac{\ln R - \ln r}{h_1^2 - h_2^2} \quad . \; . \; . \; . \; . \quad (55)$$

Liegen andererseits für eine Absenkung Beobachtungen aus zwei verschiedenen Beobachtungsbrunnen im Abstand x_1 und x_2 von der Brunnenachse vor, so folgt nach Gl. 8:

$$z_1^2 - z_2^2 = \frac{q}{\pi \cdot k} (\ln x_1 - \ln x_2) \quad . \; . \; . \; . \quad (56)$$

und es ist

$$k = \frac{q}{\pi} \cdot \frac{\ln x_1 - \ln x_2}{z_1^2 - z_2^2} \quad . \; . \; . \; . \; . \; . \; . \; . \quad (57)$$

Ferner kann, wenn der Wasserstand nur in einem Beobachtungsbrunnen und im Brunnen selbst bekannt ist, k berechnet werden nach Gl. 8 aus

$$k = \frac{q}{\pi} \cdot \frac{\ln x - \ln r}{z^2 - h^2}; \quad . \; . \; . \; . \; . \; . \; . \; . \quad (58)$$

oder, wenn der Wasserstand nur in einem Beobachtungsbrunnen bekannt, und die Reichweite R bekannt oder angenommen ist, kann k bestimmt werden durch Vereinigung von Gl. 8 und Gl. 9 zu

$$k = \frac{q}{\pi} \cdot \frac{\ln R - \ln x}{H^2 - z^2} \quad . \; . \; . \; . \; . \; . \; . \quad (59)$$

Wenn nur der Wasserstand im Brunnen gemessen werden kann und R angenommen wird, ergibt sich k mit Hilfe von Gl. 9 zu

$$k = \frac{q}{\pi} \cdot \frac{\ln R - \ln r}{H^2 - h^2} \quad \text{. . . . . (60)}$$

In derselben Weise kann auch bei einer Anlage von mehreren Brunnen die Durchlässigkeit k ausgerechnet werden; wenn z. B. der Wasserstand an einer Stelle, etwa in der Mitte der Baugrube oder in irgendeinem Beobachtungsbrunnen bekannt ist, und die Reichgrenze R angenommen wird, so ergibt sich aus Gl. 35:

$$k = \frac{Q}{\pi} \cdot \frac{\ln R - \frac{1}{n} \ln x_1 \cdot x_2 \cdots x_n}{H^2 - z^2} \quad \text{. . . . (61)}$$

Bei Aufnahme des Wasserstandes in mehreren Beobachtungsbrunnen kann k ermittelt werden aus Gl. 36 zu:

$$k = \frac{Q}{\pi} \cdot \frac{\frac{1}{n} \ln x_1' \cdot x_2' \cdots x_n' - \frac{1}{n} \cdot \ln x_1'' \cdot x_2'' \cdots x_n''}{z_1^2 - z_2^2} \quad \text{. . (62)}$$

5. Absenkung in der Nähe offener Gewässer.

Ein Brunnen neben einem Fluß; Beispiel.

Für einen neben einem Flusse im Abstande e vom Ufer befindlichen Brunnen, der beim Betrieb sein Wasser aus dem Flusse bezieht, denkt sich Forchheimer[1]) die mathematische Darstellung wie folgt.

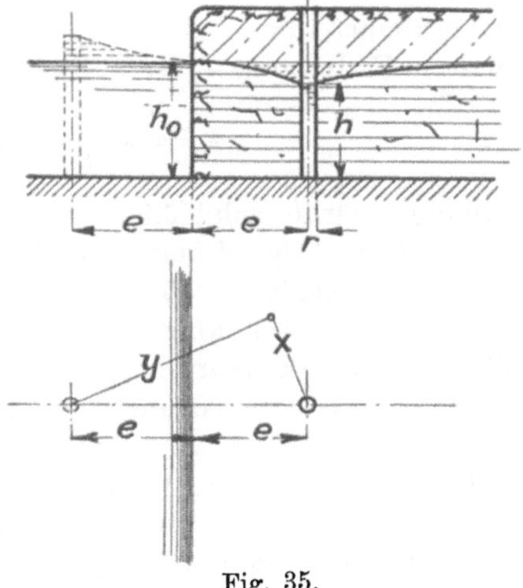

Fig. 35.

Denkt man sich den Fluß verschüttet und symmetrisch zum ehemaligen Flußrande einen mit dem ersten gleich großen Brunnen, der alles Wasser liefert, das in den ersten einsickert (Fig. 35), und bezeichnet wieder wie früher z die Spiegelhöhe eines Punktes, x den Abstand dieses Punktes von der Achse des Brunnens, y den

[1]) Zeitschr. des österreich. Ing.- u. Arch.-Ver. 1898, S. 631.

Abstand von der Achse des hinzugedachten Brunnens, so würde entsprechend Gl. 19 hier gelten:

$$z^2 - h_0^2 = \frac{q}{\pi \cdot k}(\ln x - \ln r) - \frac{q}{\pi \cdot k}(\ln y - \ln r), \quad . \quad (63)$$

also

$$h_0^2 - z^2 = \frac{q}{\pi \cdot k}(\ln y - \ln x) \quad . \; . \; . \; . \; . \; . \; . \; . \; . \; . \quad (64)$$

Die Entnahme aus dem hinzugedachten Brunnen ist mit $-q$ zu bezeichnen. Vorausgesetzt wird, daß die undurchlässige Sohle gleichzeitig die Flußsohle bildet. Die Konstante h_0 bedeutet hier die Höhe des Flußwasserspiegels über der undurchlässigen Schicht, denn für jeden Punkt des Flußrandes wird $x = y$, also $z = h_0$. An diesen Punkten wird also keine Absenkung erreicht; ebenso würde die Absenkung gleich Null bzw. $z = h_0$ werden, für $x = y = \infty$.

Bedeutet wieder h den Wasserstand im Brunnen selbst, so gilt, da für die Punkte des Brunnenumfanges $x = r$ und ungefähr $y = 2e$ ist, für den Wasserstand im Brunnen selbst die Gleichung:

$$h_0^2 - h^2 = \frac{q}{\pi \cdot k}(\ln 2e - \ln r) \quad . \; . \; . \; . \; . \quad (65)$$

Hierbei ist zu bemerken, daß bei wachsender Entfernung des Brunnens vom Flusse, also bei größer werdendem $2e$, der Wasserstand im Brunnen

$$h = \sqrt{h_0^2 - \frac{q}{\pi \cdot k}(\ln 2e - \ln r)} \quad . \; . \; . \; . \quad (66)$$

immer kleiner, die Absenkung daher immer größer wird; in einer gewissen Entfernung e_0 vom Flusse, die sich aus

$$h_0^2 = \frac{q}{\pi \cdot k}(\ln 2e_0 - \ln r) \quad . \; . \; . \; . \; . \; . \quad (67)$$

bestimmt, würde schließlich der Wasserstand im Brunnen gleich Null und die Absenkung $s_{br} = h_0$ werden. Aus Gl. 67 findet sich für e_0 eine ziemlich große endliche Zahl.

In Wirklichkeit aber wird schon in einer gewissen Entfernung vom Flusse eine Einwirkung desselben auf den Brunnen nicht mehr stattfinden, also der Brunnen sich so verhalten, als ob kein Fluß in der Nähe vorhanden wäre. Dies wird dadurch bestätigt, daß Gl. 65 übereinstimmen würde mit Gl. 9 für $2e = R$; denn h_0 bedeutet gleichzeitig die Höhe der wasserführenden Schicht H, wenn der Grundwasserstand gleich dem Flußwasserstande ist.

Legte man also in der Entferung $e = \frac{R}{2}$ vom Flusse einen Brunnen an (Fig. 39), so würde eine Einwirkung des Flusses auf den Brunnen nicht mehr stattfinden, sondern in dem Brunnen dieselbe Absenkung herrschen, die er ohne Vorhandensein eines in der Nähe befindlichen Flusses hätte.

Für $2e = r$, wenn also der Brunnen bis an den Flußrand heranrückte, würde in Gl. 65 $h = h_0$ werden, d. h. bei Wasserentnahme eine Absenkung im Brunnen nicht eintreten, was ja natürlich ist.

In Fig. 36 ist für ein Beispiel die Absenkung $s_{br} = h_0 - h$ in einem Brunnen eingetragen bei wachsendem Abstand vom Flusse, und zwar einmal für eine Wasserentnahme $q = 100$ l/sk, das andere Mal für $q = 200$ l/sk. Gewählt ist ferner $H = h_0 = 20$ m; $r = 1$ m. Für $e = 0$, also für einen Brunnen unmittelbar am Flußrande, ist die Absenkung $s_{br} = 0$. Die Kurve steigt zuerst schneller, dann langsamer an; die Absenkung würde für eine Entfernung $e = 500$ m die Größe von 2,96 m erreichen, dieselbe Absenkung, die der Brunnen bei gleicher Wasserentnahme nach Fig. 22 unbeeinflußt durch einen Fluß hat.

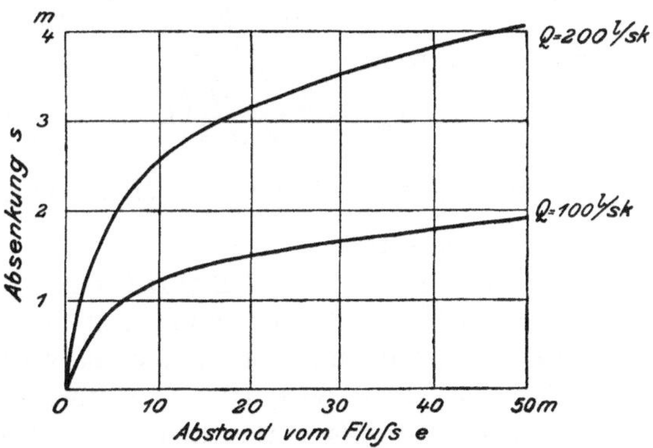

Fig. 36. Brunnen neben einem Fluß; Absenkung s_{br} in einem Brunnen bei wachsendem Abstand e vom Fluß. $H = 20$ m; $k = 0{,}002$; $r = 1{,}0$ m.

Mehrere Brunnen neben einem Fluß; Beispiel.

Für eine Anzahl von n-Brunnen in der Nähe eines Flusses lautet die Spiegelgleichung wie folgt:

$$h_0^2 - z^2 = \frac{q_1}{\pi \cdot k}(\ln y_1 - \ln x_1) + \frac{q_2}{\pi \cdot k}(\ln y_2 - \ln x_2) + \cdots$$

$$\cdots + \frac{q_n}{\pi \cdot k}(\ln y_n - \ln x_n) \quad . \quad . \quad . \quad . \quad . \quad . \quad (68)$$

Haben alle Brunnen die gleiche Ergiebigkeit q, ist also

$$q_1 = q_2 = \cdots = q_n = q,$$

so wird

$$h_0^2 - z^2 = \frac{q}{\pi \cdot k}(\ln y_1 \cdot y_2 \cdots y_n - \ln x_1 \cdot x_2 \cdots x_n) \quad . \quad (69)$$

Für einen weiter von der Anlage entfernt liegenden Punkt kann mit Annäherung $x_1 = x_2 = \cdots = x_n = x$ und $y_1 = y_2 = \cdots = y_n = y$ gesetzt, und unter x der Abstand von der Mitte der Brunnenanlage, unter y der Abstand von der Mitte der hinzugedachten Anlage verstanden werden; es gilt dann, da ferner $nq = Q$ ist:

$$h_0^2 - z^2 = \frac{Q}{\pi \cdot k}(\ln y - \ln x) \quad . \quad . \quad . \quad . \quad . \quad (70)$$

Wenn die Anlage selbst weiter vom Flusse entfernt liegt, kann für die nähere Umgebung der Anlage, da genau genug

$$y_1 = y_2 = \cdots = y_n = y = 2e$$

ist, gesetzt werden:

$$h_0^2 - z^2 = \frac{Q}{\pi \cdot k}\left(\ln 2e - \frac{1}{n} \ln x_1 \cdot x_2 \cdots x_n\right), \quad . \quad . \quad (71)$$

unter $e = \frac{y}{2}$ den Abstand des Mittelpunktes der Brunnenanlage vom Flußufer verstanden.

Wählt man für ein Beispiel $H = h_0 = 20$ m; $k = 0{,}002$ und ordnet nach Fig. 37 für eine 20 m breite Baugrube, die 20 m vom Flusse entfernt liegt, an jeder Längsseite 10 Brunnen mit gegenseitigem Abstand von 10 m an und entnimmt eine Gesamtwassermenge von 400 l/sk, also aus jedem Brunnen 20 l/sk, so kann die Spiegelfläche des Grundwassers nach Gl. 69 berechnet werden.

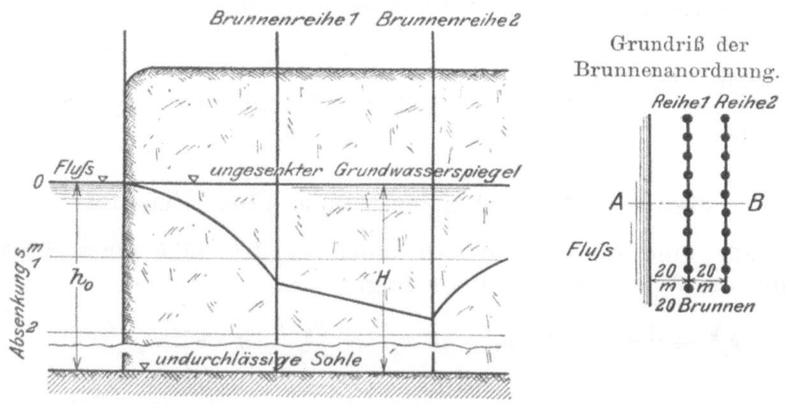

Querschnitt A-B durch die Spiegelfläche.

Fig. 37. Baugrube neben einem Fluß; 2 Reihen von je 10 Brunnen. $H = h_0 = 20$ m; $k = 0{,}002$; $Q = 400$ l/sk.

Für einen Querschnitt durch die Mitte der Baugrube senkrecht zum Flusse ergibt sich für die Mitte zwischen den beiden Reihen eine Absenkung $s = 1{,}61$ m, in der Mitte der dem Flusse zugekehrten

Reihe zwischen zwei Brunnen $s = 1{,}35$ m und in der Mitte der vom Flusse abgelegenen Reihe $s = 1{,}18$ m. Der Verlauf der Absenkungskurve ist in Fig. 37 eingetragen.

Um eine gleichmäßige Absenkung auf der ganzen Fläche der Baugrube zu erreichen, würde es hiernach nötig sein, auf der dem Flusse zugekehrten Seite eine größere Anzahl von Brunnen anzuordnen und hier eine größere Wassermenge zu entnehmen, als auf der anderen Seite. Die hierfür entstehende neue Spiegelfläche ist ebenfalls nach Gl. 69 zu berechnen.

Verlängert man die Baugrube auf 190 m, so daß an jeder Längsseite 20 Brunnen im gegenseitigen Abstand von 10 m anzuordnen sind, so würde mit derselben Gesamtwassermenge von 400 l/sk in der Mitte der Baugrube nur eine Absenkung $s = 0{,}99$ m erreicht werden, während für dieselbe Absenkung wie vorher von 1,61 m eine Gesamtwassermenge von 635 l/sk zu entnehmen wäre. Die Verhältnisse liegen hier also ungünstiger als bei einer Verlängerung der Baugrube in einem Gelände, wo kein Fluß in der Nähe sich befindet, was ja auch klar ist.

Die Aufstellung von Formeln, ähnlich den oben angegebenen, zum Vergleich „ähnlicher" Anlagen oder zum Vergleich gleich langer, aber verschieden breiter Anlagen würde hier verhältnismäßig umständlich sein, da das Produkt $y_1 \cdot y_2 \cdots y_n$ von der Entfernung der Anlage vom Flusse abhängig ist. Die Aufstellung soll hier unterbleiben; die Grundlagen für die Berechnung sind gegeben.

Ferner ist zu berücksichtigen, daß die Formeln hier aufgestellt sind für völlige Durchlässigkeit der Flußwandung. Bekanntlich ist eine große Anzahl von Seen und Flüssen durch Absetzen feinster Schlammteilchen auf ihrer Sohle derartig verschlickt, daß wohl ein Eintritt von Grundwasser in den Fluß möglich ist, dagegen ein Austritt von Flußwasser in den Untergrund außerordentlich erschwert wird.

Die Absenkungsverhältnisse gestalten sich dann — abgesehen von einer Sicherung der Baugrube gegen den Wasserdruck vom Flusse her, wenn der zwischen der Baugrube und dem Flusse stehenbleibende Boden als Schutzdamm nicht ausreicht — genau so, als ob ein Fluß nicht vorhanden wäre. Dies zeigt sich am deutlichsten durch Aufnahme eines Vertikalschnittes durch den Grundwasserspiegel senkrecht zum Flusse mit Hilfe von Beobachtungsbrunnen, wo dann ein Verlauf der Absenkungskurve unter dem Flusse hindurch zu beobachten ist. Ein Beispiel aus der Praxis hierfür wird später noch gegeben werden.[1])

[1]) Vgl. Fig. 53.

Ein Brunnen zwischen zwei Flüssen.

Befindet sich ein Brunnen zwischen zwei offenen Gewässern oder Flüssen (Fig. 38), deren Ufer parallel laufen, und beträgt die Entfernung des Brunnens von jedem Ufer e, so hat man sich für die mathematische Darstellung wieder beide Gewässer verschüttet und gegenüber dem Brunnen im Abstande $\sqrt{2}\cdot e$ von den ehemaligen Rändern der Gewässer je einen Brunnen von gleichem Radius zu denken, von denen jeder die Hälfte des Wassers liefert, das aus dem ersten Brunnen entnommen wird.

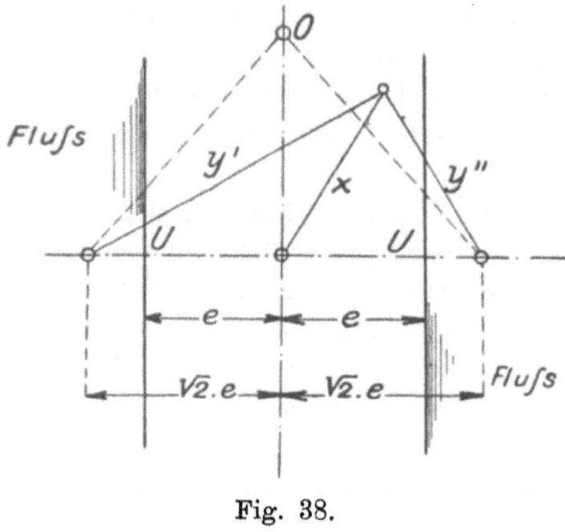

Fig. 38.

Es gilt dann allgemein, analog Gl. 63:

$$z^2 - h_0^2 = \frac{q}{\pi \cdot k}(\ln x - \ln r) - \frac{q_1}{\pi \cdot k}(\ln y' - \ln r) - \frac{q_2}{\pi \cdot k}(\ln y'' - \ln r) \quad (72)$$

Jeder hinzugedachte Brunnen liefert die Hälfte, also ist $q_1 = q_2 = \frac{q}{2}$ und daher:

$$h_0^2 - z^2 = \frac{q}{\pi \cdot k}\left(\frac{1}{2}\ln y' \cdot y'' - \ln x\right) \quad . \; . \; . \; . \quad (73)$$

Für die Punkte U an den Ufern ist $x = e$ und

$$y' \cdot y'' = (\sqrt{2}\cdot e + e)\cdot(\sqrt{2}\cdot e - e) = e^2\cdot(\sqrt{2}+1)\cdot(\sqrt{2}-1) = e^2$$

und $x = e$; und es wird nach Gl. 73 $z = h_0$.

Für andere Uferpunkte würde Gl. 73 streng genommen nur gelten, wenn die Ufer leicht gekrümmt wären.

Für den Brunnen selbst gilt, da $y' = y'' = \sqrt{2}\cdot e$ und $x = r$ gesetzt werden kann:

$$h_0^2 - h^2 = \frac{q}{\pi \cdot k}(\ln \sqrt{2}\cdot e - \ln r) \quad . \; . \; . \; . \; . \quad (74)$$

Diese Gleichung würde wieder identisch mit Gl. 9 sein für $R = \sqrt{2}\cdot e$. Der Brunnen zwischen den beiden Flüssen hat also bei derselben Wasserentnahme dieselbe Absenkung, die ein gleicher Brunnen ohne Nähe der Flüsse bei einer Reichweite der Absenkung $R = \sqrt{2}\cdot e$ haben würde (Fig. 40).

Dies wird noch klarer, wenn man sich auf vier Seiten des Brunnens offenes Wasser in Abständen e vom Brunnen denkt (Fig. 41). Die Gleichung der Spiegelfläche würde dann lauten:

$$h_0^2 - h^2 = \frac{q}{\pi \cdot k}(\ln \sqrt[4]{2} \cdot e - \ln r) \quad . \quad . \quad . \quad . \quad . \quad (75)$$

Fig. 39.

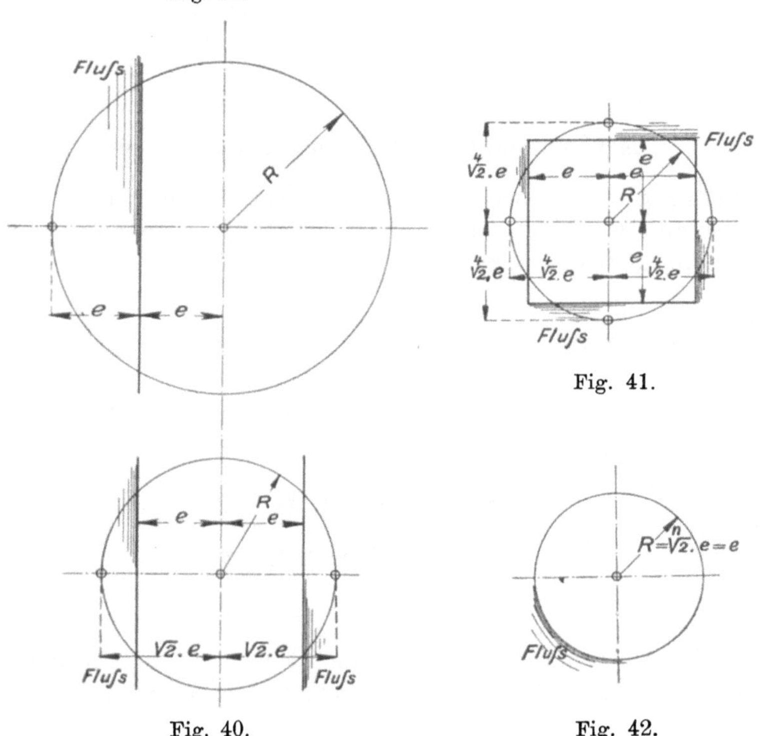

Fig. 41.

Fig. 40.

Fig. 42.

Im Grenzfalle, wenn auf n-Seiten offenes Wasser sich befinden (Fig. 42) und dafür die Gleichung:

$$h_0^2 - h^2 = \frac{q}{\pi \cdot k}(\ln \sqrt[n]{2} \cdot e - \ln r) \quad . \quad . \quad . \quad . \quad . \quad (76)$$

gelten würde, in der sich $\sqrt[n]{2}$ der Eins unbegrenzt nähert, würde schließlich die Absenkung gleich der eines Brunnens sein, der inmitten einer Insel liegen und die Reichgrenze $R = e$ haben würde. Dies entspricht der früher gegebenen Definition von R.

Bei dem zwischen zwei Flüssen liegenden Brunnen ist für einen Punkt 0 (s. Fig. 38) auf der durch den Brunnen gehenden Mittellinie parallel zu den beiden Flüssen $y' = y'' = y$, so daß Gl. 73 übergeht in:

$$h_0^2 - z^2 = \frac{q}{\pi \cdot k} (\ln y - \ln x) \quad . \; . \; . \; . \; . \quad (77)$$

Diese Gleichung stimmt mit Gl. 64 überein, jedoch ist der Wert für y ein anderer, kleinerer, infolge des kleineren Abstandes $\sqrt{2} \cdot e$ der hinzugedachten Brunnen, so daß der Wasserstand am Punkt 0 ein höherer ist, als bei Vorhandensein nur eines Flusses im Abstand e auf einer Seite des Brunnens.

Absenkungsanlage zwischen zwei Flüssen.

Befinden sich mehrere Brunnen zwischen zwei Flüssen im Betrieb, so gilt, wenn aus jedem die Wassermenge q entnommen wird, für die Spiegelfläche analog den Gl. 69 und 73:

$$h_0^2 - z^2 = \frac{q}{\pi \cdot k} \left(\frac{1}{2} \ln y_1' \cdot y_2' \cdots y_n' \cdot y_1'' \cdot y_2'' \cdots y_n'' - \ln x_1 \cdot x_2 \cdots x_n \right) \quad (78)$$

Ebenso ist wieder für einen von der Anlage weiter entfernt liegenden Punkt, für den

$$y_1' = y_2' = \cdots = y_n' = y',$$

ferner

$$y_1'' = y_2'' = \cdots = y_n'' = y''$$

und

$$x_1 = x_2 = \cdots = x_n = x$$

gesetzt werden kann, unter y', y'' und x wieder die Abstände des Punktes von den Mitten der Anordnungen verstanden und $nq = Q$ gesetzt:

$$h_0^2 - z^2 = \frac{Q}{\pi \cdot k} \left(\frac{1}{2} \ln y' \cdot y'' - \ln x \right), \quad . \; . \; . \; . \quad (79)$$

entsprechend Gl. 70.

Für Punkte in der Nähe der Anlage, wenn der Abstand der Anlage von den Flüssen groß genug ist, gilt analog Gl. 71:

$$h_0^2 - z^2 = \frac{Q}{\pi \cdot k} \left(\ln \sqrt{2} \cdot e - \frac{1}{n} \ln x_1 \cdot x_2 \cdots x_n \right) \quad . \; . \; . \quad (80)$$

und für Punkte auf der Mittellinie zwischen den beiden Flüssen in weiterer Entfernung von der Anlage analog Gl. 77:

$$h_0^2 - z^2 = \frac{Q}{\pi \cdot k} (\ln y - \ln x) \quad . \; . \; . \; . \; . \quad (81)$$

Diese Gleichung stimmt wiederum mit Gl. 70 überein, doch hat der Wert von y in beiden nicht dieselbe Größe, wie bei Gl. 77 erläutert wurde.

Diese Gleichungen für eine derartige zwischen zwei offenen Gewässern befindliche Brunnenanlage sind, trotzdem ein derartiges Vorkommnis wohl selten eintreten wird, hier entwickelt worden, weil bei einem der später erwähnten Beispiele aus der Praxis ähnliche Verhältnisse vorliegen.

6. Einfluß des Gefälles.

Bei der Aufstellung der Formeln wurde bisher angenommen, daß der Grundwasserspiegel vor der Entnahme aus den Brunnen eine horizontale Ebene bilde. Es soll nun im folgenden betrachtet werden, wie die Verhältnisse sich ändern, wenn das Grundwasser sich etwa über einer geneigten undurchlässigen Schicht in Bewegung befindet, d. h. ein gewisses Gefälle besitzt.

Thiem hat in seinen unten[1]) angegebenen Abhandlungen bereits nachgewiesen, daß bei einem einzelnen Brunnen sowohl die Ergiebigkeit als auch die im Brunnen selbst erreichte Absenkung durch das Gefälle nicht beeinflußt wird, sondern daß beide denselben Wert haben, als ob der Brunnen sich in einer ruhenden Grundwassermenge befände. Die mathematische Ableitung soll hier nicht wiederholt werden. Auch Lueger kommt auf einem anderen Wege zu demselben Resultat.[2])

Die Lage der gesamten Spiegelfläche allerdings ist bei Vorhandensein von Gefälle eine andere; jedoch ist es nicht schwer, sie zu zeichnen (Fig. 43), wenn man die für einen horizontalen ungesenkten Wasserspiegel errechneten Spiegelhöhen z nicht wie früher von einer durch den Fußpunkt des Brunnens gelegten Horizontalebene, sondern von einer zu dem geneigten, unbeeinflußten Grundwasserspiegel parallelen Ebene durch den Fußpunkt des Brunnens aus aufträgt, also von der geneigten undurchlässigen Schicht aus, wenn diese mit dem Grundwasserspiegel parallel läuft; dabei sind die Abstände x von der Brunnenachse auf dieser geneigten Ebene zu messen.

[1]) „Die Ergiebigkeit artesischer Bohrlöcher, Schachtbrunnen und Filtergalerien,“ Journ. f. Gasbel. u. Wasservers. 1870, S. 450. „Die Wasserversorgung von Leipzig,“ Leipzig 1880. „Die Wasserversorgung von Nürnberg,“ Leipzig 1880. „IV. Bericht über die Verhandlungen . . . für die Wasserversorgung der Stadt München,“ München 1880. Beilage III, S. 147.

[2]) „Wasserversorgung der Städte“, Darmstadt 1890, S. 452.

Demnach liegt die Absenkungskurve des Brunnens im fließenden Grundwasser der Stromrichtung entgegen höher, als die Kurve desselben Brunnens unter gleicher Wasserentnahme in stehendem Grundwasser derselben Mächtigkeit. Vom Brunnen aus stromababwärts liegt die Kurve tiefer; der hier vorhandene Wendepunkt bezeichnet die Einwirkungsgrenze stromabwärts. Nur in einem Schnitt durch die Brunnenachse senkrecht zur Stromrichtung sind die Absenkungskurven für beide Fälle die gleichen.

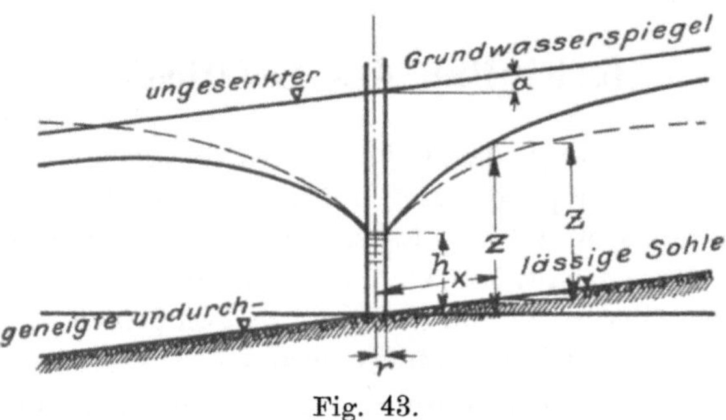

Fig. 43.

Was von einem einzelnen Brunnen gilt, gilt auch bei einer Anordnung mehrerer Brunnen um eine Baugrube für die Mitte der Brunnenanordnung. Hier wird bei der gleichen Wasserentnahme auch die entnommene Absenkung dieselbe sein, wie bei Nichtvorhandensein von Gefälle. Entsprechend der höheren oder tieferen Lage des Wasserspiegels beim einzelnen Brunnen wird aber auch hier die Absenkung an dem stromaufwärts gelegenen Teil der Anlage eine nicht so tiefe sein wie in der Mitte, beim stromabwärts gelegenen Teil aber eine tiefere als in der Mitte. Doch ist auch hier die Spiegelfläche leicht zu bestimmen, wenn man die für horizontalen Spiegel ermittelten Ordinaten von der geneigten Ebene aus aufträgt, die durch die Mitte der durch die Filterunterkanten gelegten Ebene hindurchgeht.

Um eine gleichmäßige Absenkung auf der ganzen Baugrubenfläche zu erzielen, muß auf der stromaufwärts gelegenen Seite der Baugrube eine größere Anzahl von Brunnen angeordnet werden als auf der stromabwärts gelegenen Seite, ähnlich wie bei einer Anlage neben einem Fluß auf der dem Fluß zugekehrten Seite.

Die früher entwickelten Formeln sind ohne weiteres anwendbar. Bei einem einzelnen Brunnen wird bei Vorhandensein von Gefälle dieselbe Absenkung im Brunnen selbst erreicht, als wenn das Gefälle nicht vorhanden wäre; analog muß nach den früher angestellten Betrachtungen auch bei einer Brunnenanlage dieselbe

Absenkung auf der ganzen Baugrube erzielt werden können für die gleiche Anzahl von Brunnen und die gleiche Gesamtwasserentnahme, wenn nur die Aufstellung und Verteilung der Brunnen entsprechend ausgeführt wird.

Ganz ähnlich liegen die Verhältnisse in der Nähe eines Flusses, wenn sich der Grundwasserstrom mit Gefälle in diesen ergießt. Die Gleichung für die hierbei sich einstellende Spiegelfläche ergibt sich aus den Gl. 7 und 15:

$$z^2 - h_0^2 = \frac{2 \cdot q_0}{k} \cdot y_0 \quad \ldots \ldots \ldots \quad (82)$$

Bei Wasserentnahme eines Brunnens im Abstand e vom Flusse würde die Gleichung der Spiegelfläche folgendermaßen lauten:

$$z^2 - h_0^2 = \frac{2 \cdot q_0}{k} \cdot y_0 - \frac{q}{\pi \cdot k} (\ln y - \ln x) \quad \ldots \quad (83)$$

Für den Brunnen selbst ist dann:

$$h^2 - h_0^2 = \frac{2 \cdot q_0}{k} \cdot e - \frac{q}{\pi \cdot k} (\ln 2e - \ln r) \quad \ldots \quad (84)$$

Bezeichnet H den Wasserstand im Brunnen vor Betriebsanfang, so ergibt sich nach Gl. 82:

$$H^2 - h_0^2 = \frac{2 \cdot q_0}{k} \cdot e \quad \ldots \ldots \quad (85)$$

und es gilt dann für den Brunnen, wenn Gl. 85 in Gl. 84 eingesetzt wird, ähnlich Gl. 65:

$$H^2 - h^2 = \frac{q}{\pi \cdot k} (\ln 2e - \ln r) \quad \ldots \ldots \quad (86)$$

Bei Vorhandensein mehrerer Brunnen lautet die Gleichung der Spiegelfläche allgemein:

$$z^2 - h_0^2 = \frac{2 \cdot q_0}{k} \cdot y_0 - \frac{q_1}{\pi \cdot k} (\ln y_1 - \ln x_1) - \frac{q_2}{\pi \cdot k} (\ln y_2 - \ln x_2) - \cdots$$
$$\cdots - \frac{q_n}{\pi \cdot k} (\ln y_n - \ln x_n) \quad \ldots \ldots \quad (87)$$

und bei gleich großer Entnahme q aus allen Brunnen:

$$z^2 - h_0^2 = \frac{2 \cdot q_0}{k} \cdot y_0 - \frac{q}{\pi \cdot k} (\ln y_1 \cdot y_2 \cdots y_n - \ln x_1 \cdot x_2 \cdots x_n) \,. \quad (88)$$

y_0 bedeutet immer den senkrechten Abstand des jeweiligen Punktes mit der Spiegelhöhe z vom Flußrande.

Die Darstellung der gesamten Verhältnisse ist nach dem Beispiel der soeben abgeleiteten Formeln mit Hilfe weiterer analog den früheren Gleichungen gebildeter Formeln leicht möglich.

Auch kann hier wieder die Auftragung der für horizontalen Wasserspiegel errechneten Koordinaten von einer geneigten Sohle aus stattfinden, wobei ein, allerdings nur kleiner, Fehler durch Vernachlässigung der Parabelform des unbeeinflußten Wasserspiegels eintreten aber ohne Belang sein würde, was an irgendeinem Beispiel ohne weiteres sich bestätigen läßt.

7. Artesische Brunnen.

Steht das Wasser in der durchlässigen Schicht unter einer darüber befindlichen undurchlässigen unter Druck, wirkt es artesisch, so ist bekanntlich die Absenkung eines Brunnens genau proportional der entnommenen Wassermenge.

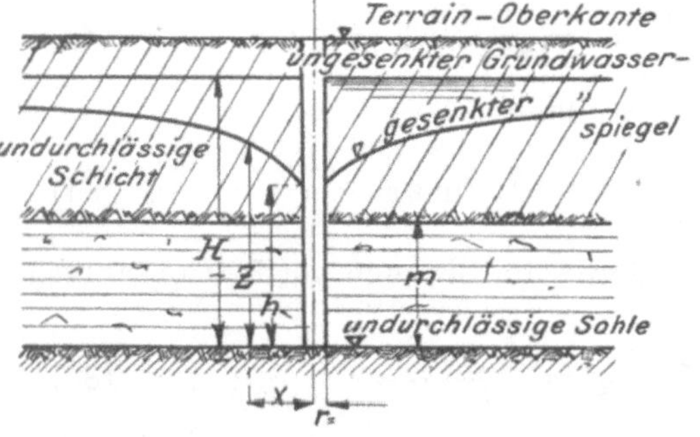

Fig. 44.

Werden die früheren Bezeichnungen beibehalten, jedoch nach Fig. 44 unter

H die Höhe des natürlichen Wasserspiegels über der undurchlässigen Sohle, und unter

m die Mächtigkeit der wasserführenden Schicht verstanden, so erfolgt die Entwicklung der Gleichung für die gesenkte Spiegelfläche bei Wasserentnahme aus einem bis zur undurchlässigen Sohle reichenden Brunnen mit auf der Höhe *m* durchlässiger Seitenwandung ähnlich wie früher bei Wasserentnahme aus einem Grundwasserbecken mit freiem Spiegel.

Die beim Zuströmen zum Brunnen zu durchfließenden konzentrischen, zylindrischen Querschnitte haben im Unterschied gegen früher hier stets dieselbe Höhe *m*. Die durch einen Querschnitt $2\pi \cdot x \cdot m$ hindurchfließende Wassermenge ist

$$q = 2\pi \cdot x \cdot m \cdot k \frac{dz}{dx},$$

und es ergibt sich durch Integration:

$$\int dz = \frac{q}{2\pi \cdot m \cdot k} \cdot \int \frac{dx}{x}$$

$$z = \frac{q}{2\pi \cdot m \cdot k} \cdot \ln x + C.$$

Für den Brunnenumfang ist $x = r$ und $z = h$, woraus sich C ermittelt; und es wird

$$z - h = \frac{q}{2\pi \cdot m \cdot k}(\ln x - \ln r) \quad . \quad . \quad . \quad . \quad . \quad (89)$$

Analog Gl. 9 ist ferner:

$$s_{br} = H - h = \frac{q}{2\pi \cdot m \cdot k}(\ln R - \ln r) \quad . \quad . \quad . \quad (90)$$

und ebenso:

$$s = H - z = \frac{q}{2\pi \cdot m \cdot k}(\ln R - \ln x) \quad . \quad . \quad . \quad (91)$$

Die Aufstellung einer Gleichung, die die Proportionalität zwischen Absenkung und Wassermenge ausdrückt, geschah zuerst von Dupuit. Voraussetzung für diese Proportionalität ist, daß einerseits die Geschwindigkeit beim Eintritt in den Brunnen die zulässige Grenze nicht überschreitet, und daß andererseits der Spiegel nicht so weit gesenkt wird, daß beim Fallen desselben ein Teil des wasserführenden Querschnitts wasserfrei wird. Dann würden wieder die Formeln für freie Spiegelfläche gelten.

Bei Vorhandensein mehrerer Brunnen gelten analog den Gl. 35 und 36 die folgenden Gleichungen:

$$z - h = \frac{Q}{2\pi \cdot m \cdot k}\left(\frac{1}{n}\ln x_1 \cdot x_2 \cdots x_n - \ln r\right) \quad . \quad . \quad . \quad . \quad . \quad . \quad . \quad (92)$$

$$H - z = \frac{Q}{2\pi \cdot m \cdot k}\left(\ln R - \frac{1}{n}\cdot \ln x_1 \cdot x_2 \cdots x_n\right) \quad . \quad . \quad . \quad . \quad . \quad . \quad (93)$$

$$z_1 - z_2 = \frac{Q}{2\pi \cdot m \cdot k}\left(\frac{1}{n}\ln x_1' \cdot x_2' \cdots x_n' - \frac{1}{n}\ln x_1'' \cdot x_2'' \cdots x_n''\right) \quad . \quad (94)$$

Sinngemäß sind für artesische Spiegel auch die übrigen Gleichungen für die Spiegelfläche bei Anordnung mehrerer Brunnen aufzustellen. Wie bei einem einzelnen Brunnen gilt auch für die gesamte Absenkungsanlage die Proportionalität zwischen Absenkungstiefe und Wassermenge.

8. Einfluß der Durchlässigkeit des Untergrundes und der Schichtenbildungen.

Anzahl und Durchmesser der Brunnen, besonders in Rücksicht auf die Verringerung der Förderhöhe.

Es wurde bereits im früheren gezeigt, daß zur Erreichung einer bestimmten Absenkung an einer bestimmten Stelle, zur Trockenlegung einer Baugrube, eine ganz bestimmte, von der Größe der zu erreichenden Absenkung abhängige Wassermenge aus dem Boden entnommen werden muß. Die Entnahme erfolgt durch eine Anzahl von Brunnen. Gesichtspunkte für die Anzahl der aufzustellenden Brunnen in Hinsicht auf die vorteilhafteste Erreichung der Gesamtabsenkung sind bereits gegeben worden; für eine möglichst gleichmäßige Absenkung auf der ganzen Fläche der Baugrube ist die Anordnung nicht einiger weniger, sondern einer größeren Anzahl von Brunnen zweckmäßig. Es war ferner darauf hingewiesen worden, daß hierbei auch die Kostenfrage eine Rolle spielt; bei Ausführung nur weniger Brunnen müssen diese, entsprechend den großen zu liefernden Wassermengen, in sehr großen Dimensionen hergestellt werden, und es werden dann wohl meist die Anlagekosten diejenigen für eine Anzahl von kleinen Brunnen überschreiten.

Nach den entwickelten Gleichungen ist es an und für sich bei der Verwendung einer größeren Anzahl von Brunnen für die Erreichung der Gesamtabsenkung gleichgültig, welchen Durchmesser sie haben. Man wird daher die Anzahl und die lichte Weite der Brunnen nach dem Gesichtspunkt bestimmen können, daß entsprechend dem auf den einzelnen Brunnen entfallenden Teil der Gesamtwassermenge Brunnen von normaler und gebräuchlicher Weite zur Anwendung kommen können. Da unter sonst gleichen Verhältnissen nach den aufgestellten Formeln die Wassermenge umgekehrt proportional der Durchlässigkeit ist, so würde in der Tat also eine gewisse mittlere Gesamtabsenkungstiefe bei einem mittleren Durchmesser der Brunnen und einer mittleren Anzahl immer erreicht werden können. Nach dieser Überlegung ist eine ganze Reihe von Anlagen zur Ausführung gekommen.

Es ist jedoch noch Folgendes zu beachten. Infolge der Abnahme der beim Zufluß zu einem Brunnen vom Wasser durchströmten konzentrischen Querschnitte, nimmt die Geschwindigkeit in Richtung auf den Brunnen zu; die zur Erzeugung der Geschwindigkeit nötige Druckhöhe nimmt gleichfalls zu und zeigt sich in dem größer werdenden Spiegelgefälle. In jedem Brunnen findet daher eine größere Absenkung statt als zwischen zwei Brunnen oder in der Mitte der Baugrube. Die Größe des Höhenunterschiedes richtet sich nach der zur Erzeugung der Endgeschwindigkeit des Wassers beim Eintritt in das Filter nötigen Druckhöhe; die Eintrittsgeschwindigkeit ist abhängig von der aus dem Brunnen zu entnehmenden Wassermenge, und diese bedingt daher die Größe des Höhenunterschiedes. Eine zu große Wasserentnahme aus dem einzelnen Brunnen ist also zu vermeiden.

Die zur Erzeugung der Geschwindigkeit nötige Druckhöhe ist ferner nach dem Darcyschen Gesetz bekanntlich abhängig von der

Durchlässigkeit des Untergrundes; der Spiegelunterschied im Brunnen und zwischen zwei Brunnen wird daher in zweiter Linie durch die Beschaffenheit des Untergrundes bedingt; er wird um so größer, je feiner die Bodenart ist. Die Forderung einer nicht zu großen Wasserentnahme erlangt daher erhöhte Bedeutung bei Vorhandensein feinen Sandes. Diese wird erfüllt durch Vergrößerung der Brunnenanzahl.

Sehr häufig wird zur Verminderung des Höhenunterschiedes bei Anlagen in feinem Sande auch eine Vergrößerung des Brunnendurchmessers angewendet; doch wird hierdurch verhältnismäßig nicht viel erreicht infolge des geringen Einflusses von r in den Formeln (vgl. Fig. 12); viel wirksamer ist der Einfluß von q.

Es war bereits in einem der früheren Beispiele erläutert und gezeigt worden[1]), welche Vorteile sich durch die Anordnung einer Anzahl von Brunnen gegenüber der Anordnung eines einzelnen großen Brunnens in Hinsicht auf die Verringerung der Förderhöhe ergeben. Durch die Verkleinerung des Höhenunterschiedes zwischen der Absenkung in den Brunnen und der Gesamtabsenkung wird weiterhin günstig auf die Verringerung der Förderhöhe der Pumpen hingewirkt. Die Bedeutung dieses Punktes soll die folgende kurze Überlegung noch weiter dartun.

Es möge angenommen werden, daß die Absenkung in den Brunnen proportional der entnommenen Wassermenge wächst, was ja mit Annäherung bei einer nicht zu kleinen Mächtigkeit der wasserführenden Schicht H zutrifft, so daß die Beziehung besteht

$$\frac{Q_1}{Q_2} = \frac{s_1}{s_2}.$$

Unter der weiteren Annahme, daß die Pumpen unmittelbar über der Höhe des ungesenkten Grundwasserspiegels aufgestellt werden, ist ungefähr die Saughöhe S gleich der Absenkung im Brunnen s, also

$$\frac{S_1}{S_2} = \frac{s_1}{s_2}.$$

Es möge ferner die Druckhöhe, oder genauer der Höhenunterschied zwischen dem ungesenkten Wasserspiegel und dem höchsten Punkt der Druckleitung, mit D bezeichnet werden. Dann ist für eine bestimmte Absenkung s_1 die gesamte, zur Förderung der Wassermenge Q_1 auf die Gesamtförderhöhe $D + S_1$ zu leistende Arbeit ohne Berücksichtigung der Widerstände, gleich

$$A_1 = \frac{Q_1 (D + S_1)}{75} PS.$$

---

[1]) Vgl. S. 42.

Für eine a-mal so große Absenkung in den Brunnen $s_2 = a \cdot s_1$ ist auch $S_2 = a \cdot S_1$ und $Q_2 = a \cdot Q_1$; und es ist die zur Hebung der Wassermenge Q_2 auf die Höhe $D + S_2$ zu leistende Arbeit:

$$A_2 = \frac{Q_2 \cdot (D + S_2)}{75} = \frac{a \cdot Q_1 \cdot (D + a \cdot S_1)}{75} = a \cdot \frac{Q_1 D}{75} + a^2 \cdot \frac{Q_1 S_1}{75} \, PS.$$

Es nimmt also der zur Hebung der Wassermenge aus der Brunnentiefe bis zur Höhe des ungesenkten Wasserspiegels nötige Teil der Gesamtarbeit im Quadrat der Absenkungstiefe zu, und hierin zeigt sich die besondere Wichtigkeit der zur Verringerung der Förderhöhe bezeichneten Maßnahmen. Ganz besonders bei Vorhandensein feinen Sandes ist wegen des verhältnismäßig größer werdenden Spiegelunterschiedes in den Brunnen und zwischen denselben eine Vergrößerung der Brunnenanzahl von Vorteil.

Tiefe der Brunnen; Filterstellung.

Für die Tiefe der Brunnen und die Stellung des Filters ist in erster Linie die Tiefe des Bauwerkes maßgebend. Im allgemeinen ist die Absenkung des Grundwasserspiegels um ein gewisses, nicht zu geringes Maß unter den tiefsten Teil des Bauwerkes, die Fundamentsohle, wünschenswert. In den Brunnen selbst und an der Brunnenwandung ist der Wasserstand ein tieferer je nach dem durch die Durchlässigkeit des Untergrundes bestimmten Spiegelgefälle; die Tiefe der Brunnen bzw. die Filterlänge ist dann so zu bemessen, daß bei dem dem Spiegelgefälle entsprechenden tiefsten Wasserstande am Brunnen noch eine genügend große Filterfläche zur Verfügung steht, also noch unter Wasser sich befindet, um die dem Brunnen zu entnehmende Wassermenge mit einer zulässigen Geschwindigkeit in diesen eintreten zu lassen. Hierdurch bestimmt sich gleichzeitig die Filterlänge. Die Brunnen müssen also tief genug gebohrt werden, die Filter dürfen nicht zu hoch stehen bzw. nicht zu kurz sein. Unangenehme Erfahrungen sind häufig bei Vernachlässigung dieses Grundsatzes gemacht worden.

Andererseits jedoch ist auch ein übermäßiges Tiefstellen der Filter unzweckmäßig; die Absenkung wird unter sonst gleichen Verhältnissen um so kleiner, je tiefer die Brunnen sind, d. h. je größer unter der früher gemachten Annahme, daß die durch die Fußpunkte der Brunnen, also die Filterunterkanten gelegte Ebene die undurchlässige Sohle bildet, die Mächtigkeit H der wasserführenden Schicht ist.

Bei den bisherigen Betrachtungen war angenommen, daß die Beschaffenheit des Untergrundes an der Stelle der Absenkungsanlage eine gleichmäßige sei von bestimmter Durchlässigkeit k. Derartige Verhältnisse finden sich jedoch in der Wirklichkeit außerordentlich selten; selbst auf einem kleineren Gebiet wechselt die Bodenbeschaffenheit oft sehr schnell. Meist sind Schichten verschiedener Durchlässigkeit übereinander gelagert. Bei den in der norddeutschen Tiefebene fast allgemein vorkommenden Ablagerungen fluviatilen Charakters finden sich über den die durchlässigen und wasserführenden Schichten nach unten abschließenden Mergel- usw. -Schichten gewöhnlich zunächst gröbere Kiesschichten und darüber Sandschichten mit nach oben hin abnehmender Korngröße.

Da mit größer werdender Tiefe ein Wachsen der Durchlässigkeit k stattfindet, so würde auch aus diesem Grunde ein übermäßiges Tiefstellen der Filter unzweckmäßig sein, da für die gleiche zu erreichende Absenkung dann eine größere Wassermenge aus den Brunnen entnommen werden muß. Maßgebend für die für eine bestimmte Absenkung zu entnehmende Gesamtwassermenge ist im allgemeinen die Durchlässigkeit der Bodenart, in der die Filter stehen.

Die im Boden vorhandene Wassermenge ist zwar im feinen Sande infolge der größeren Zwischenräume eine größere als im groben Sande oder Kies (es wird erinnert an die oben erwähnten Untersuchungen Piefkes), aber bei Entnahme einer gleichen Wassermenge sind zur Erzeugung derselben Endgeschwindigkeit beim Eintritt des Wassers in das Filter viel größere Druckhöhen und somit größere Absenkungen im feinen Sande nötig, als im groben Sande.

Um diesem entgegenzuwirken, müßte man bei Wassergewinnungsanlagen, bei denen es sich darum handelt, eine bestimmte Gesamtwassermenge aus dem Boden zu entnehmen, im feinen Sande zu sehr großen Abmessungen der Wasserfassungsanlage schreiten. Man sucht daher bei der Wassergewinnung, wenn irgend möglich, gröbere Schichten auf und ist infolgedessen häufig gezwungen, mit den Filtern in sehr große Tiefen zu gehen.

Weitere Mitteilung der Versuche Piefkes.

Es möge aus dem oben erwähnten Bericht Piefkes noch folgendes mitgeteilt werden. Der Untergrund bestand an den Stellen der Pumpstationen und in der ganzen Umgegend aus drei übereinanderliegenden Schichten verschiedener Durchlässigkeit; unter einer etwa 10 bis 11 m starken Decksandschicht, etwa der Nr. IV der Skala der untersuchten Sandarten entsprechend, folgte eine etwa 6 bis 7 m mächtige

Grandschicht und unter dieser in einer der Grandschicht etwa gleichen Mächtigkeit sehr feinkörnige Sande, etwa Nr. V der Skala entsprechend, und darunter eine undurchlässige Lettenschicht. Die Durchlässigkeiten der drei verschiedenen Sandarten stehen nach Tabelle 7 etwa in dem Verhältnis 100 : 16 : 6 zueinander, wenn die Zahl 100 für den Grand gilt. Piefke nimmt an, daß fast die gesamte Menge des im Boden mit geringem Gefälle zum Müggelsee hin abfließenden Grundwassers sich in der Grandschicht fortbewegt. Die Schwerkraft des Wassers ist bestrebt, allmählich eine Ausgleichung der Höhendifferenzen herbeizuführen, und es muß sich auch dieser Vorgang, wie jeder andere im Haushalt der Natur, unter Aufwendung des durch die Umstände ermöglichten Minimums an Arbeit vollziehen.

Ist die zu überwindende Höhendifferenz h, so muß die Arbeit $Q \cdot \gamma \cdot h$ geleistet werden, wenn γ das spezifische Gewicht des Wassers bedeutet. Auf Veranlassung des vorhandenen Druckes h fließt durch eine Sandschicht von bestimmtem Querschnitt im Grande die Wassermenge Q, in den beiden anderen Sandarten aber nur eine Wassermenge von $\frac{16}{100} Q$ bzw. $\frac{6}{100} Q$ ab. Soll jedoch durch die beiden letzteren Sandschichten dieselbe Wassermenge Q hindurchfließen wie durch die Grandschicht, so muß die Geschwindigkeit des Wassers um das 6- bzw. 16-fache gesteigert werden, d. h. es muß nach dem Darcyschen Gesetz das erzeugende Gefälle h um ebensoviel vermehrt werden. Die von den beiden Sandschichten im letzteren Falle verbrauchten Arbeiten betragen $Q \cdot \gamma \cdot 6h$ bzw. $Q \cdot \gamma \cdot 16h$. Damit aber bei Fortbewegung der Wassermenge Q in den beiden Sandarten nicht mehr Arbeit verloren geht als in der Grandschicht, so müßte nicht derselbe Querschnitt, sondern ein 6- bzw. 16-fach so großer Querschnitt zur Verfügung stehen. Es müßte entsprechend einer Mächtigkeit der Grandschicht von 6 bis 7 m eine Decksandschicht von 36 bis 42 m Mächtigkeit vorhanden sein und sogar eine entsprechende Schicht des feinen Untersandes von etwa 100 m.

Dies ist jedoch, wie angegeben wurde, hier nicht der Fall. Von der oberen, etwa 10 bis 11 m starken Decksandschicht ist, weil der Grundwasserspiegel sich etwa 2,50 m unter der Oberfläche befindet, dieser Teil für den wasserführenden Querschnitt noch abzuziehen,. so daß auch die Deckschicht ungefähr nur von der gleichen Mächtigkeit wie die Grandschicht zu setzen ist. Piefke schließt hieraus, daß die Befähigung, mit Leichtigkeit einen Grundwasserstrom zu erhalten, bei dem im Versuchsfelde herrschenden Schichtenbau ausschließlich dem Grand zukommt, und daß in der Grandschicht das eigentliche Abfließen des Grundwassers stattfindet, während aus den überdeckenden Schichten tropfenweise der Ersatz für die in horizontaler Richtung fortbewegten Wasserteilchen geliefert wird, das Wasser in dem Untersande jedoch fast als stagnierend anzusehen ist. Als Merkmal für die Richtigkeit dieser Anschauung werden die Verschiedenartigkeiten und Umwandlungen der chemischen Beimengungen näher angeführt.

Die Wirkung eines in den Untergrund eingesenkten und im Betrieb befindlichen Brunnens besteht in nichts weiterem, als in der Erzeugung eines größeren Gefälles des Grundwassers, und es gilt das vorher Gesagte daher ebenfalls. Die Gesamtmenge des dem Brunnen zuströmenden Wassers wird sich durch den Grand bewegen und erst kurz vor dem Ziele gezwungen werden, in den Decksand oder Untersand überzutreten, je nach der Filterstellung. Da aber hier infolge der größeren Widerstände der feinen Sande zur Erzeugung derselben Geschwindigkeiten bei gleicher Wasserentnahme bedeutend größere Druckdifferenzen nötig sind, so wird in der näheren Umgebung des Brunnens sich ein größeres Gefälle einstellen müssen und eine um so größere Absenkung im Brunnen selbst erfolgen. Die Absenkung in der näheren Umgebung des Brunnens richtet sich also nur nach der Durchlässigkeit der zuletzt durchströmten Schichten, also derjenigen, in denen das Filter steht. Bei den Versuchsstationen waren die Filter in die Grandschicht gesetzt; Piefke nimmt daher an, daß die Absenkungskurve sich entsprechend der Durchlässigkeit des Grandes einstellt.

Er berechnet, ausgehend von der aus der entnommenen Wassermenge und den Filterdimensionen leicht zu bestimmenden Eintrittsgeschwindigkeit des Wassers in den Brunnen für eine Reihe von konzentrisch um das Filter gelegten Ringzonen gleicher Dicke von 0,1 m die mittleren Durchflußgeschwindigkeiten und die entsprechenden auf der Weglänge von 0,1 m erzeugten Höhendifferenzen mit Hilfe der angegebenen Tabellen. Durch Summierung der einzelnen Werte bestimmt er dann die Gesamtdifferenz zwischen dem Wasserstand im Brunnen selbst und einem etwa 1 m von der Brunnenachse entfernt liegenden Beobachtungsbrunnen und findet bei Anwendung dieser Methode auf mehrere der im Betrieb befindlichen Brunnen Resultate, die mit den wirklich gemessenen sehr gut übereinstimmen.

Verschiedenartigkeit der Anlagen im feineren und gröberen Sande; Grund der Mißerfolge.

Während daher für Wassergewinnungszwecke gröbere Sandschichten zur leichteren Erlangung der zu gewinnenden Wassermengen und zur Verringerung der Betriebskosten infolge geringerer Absenkung außerordentlich günstig sind, wirken im Gegensatz dazu bei Grundwasserabsenkungsanlagen, entsprechend deren Zweck, eine möglichst große Absenkung zu erreichen, gerade feinere Bodenarten günstiger als gröbere. In den feineren Bodenarten ist die Absenkung leichter zu erreichen; es ist allerdings, wie im vorgehenden geschildert wurde, eine ausgedehntere Brunnenanlage nötig, dagegen können infolge der geringeren zu entnehmenden Gesamtwassermenge kleinere Rohrleitungen zur Verwendung kommen, und vor allen Dingen gestalten sich Absenkungen im feineren Sande deswegen besonders vorteilhaft, weil infolge der geringeren Wassermengen sowohl die Anlagekosten für die Pumpen und Antriebsmaschinen, als auch besonders die Betriebskosten kleiner sind.

Das bei Vorhandensein feinen Sandes an einer Baustelle häufig zur Ausführung kommende Tieferstellen der Filter, um durch Erreichen gröberer Sandschichten die zu fördernde Wassermenge besser entnehmen zu können, ist nach dem vorher ausgeführten als durchaus unzweckmäßig zu bezeichnen. Es geschieht bei der Ausführung der Grundwasserabsenkungsanlagen offenbar durch die Übertragung dieser Maßnahme von Wassergewinnungsanlagen her.

Die Mißerfolge und Schwierigkeiten, die häufig bei Vorhandensein feiner Bodenarten bei Grundwasserabsenkungsanlagen eingetreten sind, haben ihren Grund nur darin, daß die Anlage selbst den besonderen eigenartigen Verhältnissen nicht angepaßt war. Dies gilt von der Wasserfassungsanlage, wenn auch diese den Verhältnissen häufig entsprach, mehr noch aber von der Wasserförderungsanlage. Es wurden die zur Förderung von großen Wassermengen geeigneten Kreiselpumpen benutzt; sie pumpten das in der Rohrleitung und in den Brunnen befindliche Wasser sehr schnell aus. Der Wasserzufluß geschah im feinen Sande nur langsam; das in der Nähe der Brunnen befindliche Wasser konnte noch verhältnismäßig schnell nachströmen, doch war der Inhalt des sich um die Brunnen bildenden, sehr steilen Trichters ebenfalls bald erschöpft, oder die Saughöhe der Pumpen erreicht, und es fand Abreißen statt. Die Pumpen wurden dann mehr oder weniger stark gedrosselt, wodurch es gelang, die Entnahme dem allmählichen Zufluß anzupassen, oder es wurde durch Kunstgriffe — Zurücklaufenlassen von Wasser aus der Druckleitung in die Saugleitung, oder Saugenlassen der Pumpen aus offenem Wasser — ein ungestörter Betrieb der Pumpen ermöglicht, allerdings in durchaus unwirtschaftlicher Weise.

Ganz besonders haben sich diese Erscheinungen bemerkbar gemacht bei Probeversuchen mit nur wenigen Brunnen; sie waren im Verein mit der Beobachtung, daß zwar in den Brunnen selbst sehr tief abgesenkt war, aber schon in der näheren Umgebung der

Brunnen eine nennenswerte Absenkung nicht mehr wahrgenommen wurde, der Grund dafür, daß in solchen Fällen von der Anwendung der Grundwasserabsenkung Abstand genommen wurde.

Ein Beispiel für die Ausführung einer Grundwasserabsenkung in sehr feinem Untergrunde bietet der vor einigen Jahren erfolgte Neubau der Schleuse in Meppen.

Verhältnismäßig leichter gestaltete sich in dieser Hinsicht die Ausführung der Grundwasserabsenkungsanlagen bei Vorhandensein gröberen, kiesigen Sandes, also bei großer Durchlässigkeit. Für die zu entnehmenden großen Wassermengen mußten sowohl genügend weite Rohrleitungen verlegt werden, um die Wassermengen mit zulässigen Geschwindigkeiten hindurchzuleiten und die Reibungsverluste in zulässigen Grenzen zu halten, als auch gleichzeitig genügend große Pumpen oder eine genügend große Anzahl angeschlossen werden. Schwierigkeiten sind hier nur aufgetreten, wenn die ganze Anlage von Anfang an unter Annahme zu geringer Wassermengen zu klein dimensioniert war. Sehr bald jedoch wurde dann eingesehen, „daß es nur auf das Vorhandensein der nötigen Kraft ankomme“, und man schritt dann zum Anbau größerer Maschinen, um größere Wassermengen entnehmen zu können.

Bei Anlagen im feinen Untergrunde nützte, wenn es hier nicht möglich war, die nötige Absenkungstiefe zu erreichen, ein stärkeres Auspumpen nichts, denn sehr bald wurde die für die Pumpen zulässige Saughöhe erreicht, und diese liefen Gefahr, abzureißen.

In beiden Fällen griff man, wenn die Art der Ausbildung der Anlage einen weiteren Ausbau und eine Verstärkung nicht zuließ, häufig zu dem Mittel, den Wasserstand in der Baugrube durch Oberflächenpumpen weiter zu senken. Es wurden hierzu entweder besondere Pumpen aufgestellt, oder es wurden, und dies besonders bei Anlagen im feinen Sande, wenn die Pumpen nicht ausgenutzt waren, Anschlüsse von der Saugleitung der Grundwasserabsenkungsanlage zu offenen Pumpensümpfen hergestellt, und es gelang, durch derartige Notbehelfe die Bauausführung zu ermöglichen.

Vielfach wurde daher auch schon auf die Möglichkeit eines derartigen Anschlusses bei Verlegung der Saugleitung der Grundwasserabsenkungsanlage Rücksicht genommen. Jedenfalls bedeutet dieser Vorgang eine Verquickung der alten mit einer neueren und besseren Methode der Trockenlegung von Baugruben, und es ist zweckmäßiger, in der Art der Ausführung der Grundwasserabsenkungsanlage selbst die Möglichkeit eines später nötig werdenden Ausbaues oder einer Verstärkung vorzusehen. Über die Art und Weise, wie dies zu geschehen hat, werden im vierten Teil die maßgebenden Gesichtspunkte gegeben werden.

Einfluß der Durchlässigkeit auf die zur Absenkung nötige Zeit.

Beachtenswert ist ferner der Einfluß der Durchlässigkeit des Untergrundes auf die Zeit, die nötig ist, um eine bestimmte Absenkungstiefe zu erreichen. Für die schließliche Absenkung muß aus einem gewissen Rauminhalt des Untergrundes das Wasser völlig entleert werden. Die Entleerung geht so vor sich, daß das Wasser zuerst aus der nächsten Umgebung der Anlage entnommen, und dadurch zunächst ein geringes Spiegelgefälle erzeugt wird, und ein geringer Zufluß aus der weiteren Umgebung stattfindet. Mit der allmählich größer werdenden Absenkung und dem größer werdenden Spiegelgefälle nimmt jedoch der Zufluß zur Entnahmestelle von außen her immer mehr zu, bis schließlich Entnahme und Zufluß gleich werden, und so bei einer bestimmten Absenkungstiefe ein Beharrungszustand eintritt. Die Zeit bis zum Eintreten dieses Beharrungszustandes, bzw. bis zur völligen Entleerung des Untergrundes für eine bestimmte Absenkungstiefe wird eine um so längere sein, aus je feinerem Material der Untergrund besteht; denn aus dem feineren Sande können in der Zeiteinheit nur geringere Wassermengen entnommen werden als aus gröberem.

Mit der Einleitung der Grundwasserabsenkung muß daher bei feinem Untergrunde schon zu einem früheren Termin begonnen werden, um den nötigen Vorsprung vor den Bauarbeiten zu haben, als bei gröberem Untergrunde.

Die Zeit kann für eine Grundwasserabsenkungsanlage auch noch in anderer Weise eine Rolle spielen. Findet die Wasserentnahme aus einem größeren Grundwasserbecken statt und übersteigt sie dessen von irgendwoher stammende Zuflüsse, so wird durch allmähliche Ausleerung dieses gewissermaßen ein Reservoir bildenden Grundwasserinhalts und die damit zusammenhängende allgemeine Senkung der Spiegelfläche auch eine allmählich größer werdende Absenkung an der Baustelle selbst hervorgerufen werden; diese Erscheinung würde sich besonders in einem Grundwasserbecken bemerkbar machen, dessen Ergänzung lediglich durch die Niederschläge erfolgt.

Eine allmählich sich immer weiter ausbreitende und außerordentlich weit reichende Beeinflussung des natürlichen Grundwasserspiegels ist bei Grundwasserabsenkungsanlagen, ebenso wie bei Wassergewinnungsanlagen, häufig beobachtet worden, und hat sich hier sowohl in der Beeinflussung sehr weit entfernt liegender Brunnen, als auch darin gezeigt, daß das Wiederansteigen des gesenkten Grundwasserspiegels bis zu der alten Höhe oft viele Monate in Anspruch genommen hat.

Eingelagerte undurchlässige Schichten.

Besondere Beachtung verdienen undurchlässige Schichten, sei es nun, daß sie in den Höhen liegen, die schließlich entwässert werden sollen, oder tiefer als die Fundamentsohle des Bauwerkes. Sie machen Abweichungen in der Aufstellung der Filter oder auch in der Ausgestaltung der ganzen Anlage nötig und sollen daher im folgenden besprochen werden.

a) Höher als die Fundamentsohle liegende undurchlässige Schichten.

Finden sich eingelagerte undurchlässige Schichten, die höher liegen als die Fundamentsohle, so daß zwar die Filter in der dem Bauwerk angemessenen Stellung wieder im Sande stehen, so sind doch besondere Vorkehrungen nötig, um die über der undurchlässigen Schicht liegenden Sandschichten ebenfalls zu entwässern. Es ist entweder Kiesumschüttung der Brunnenrohre zur Anwendung gekommen, um die oberen Schichten mit den unteren in Verbindung zu bringen, oder aber besser wurden derartig lange Filter gewählt, daß sie sowohl die oberen als auch die unteren Schichten gleichzeitig entwässern konnten. Wenn solche eingelagerten undurchlässigen Schichten bei Probebohrungen oder beim Bohren der Brunnen selbst der Aufmerksamkeit entgangen waren — sie können manchmal auch schon bei nur äußerst geringer Stärke eine völlige Trennung von zwei verschiedenen Wasserschichten hervorrufen —, so hat man sich, da beim Bohren der Brunnen und Einsetzen der Filter nicht darauf Rücksicht genommen war, dadurch geholfen, daß man die obere mit der unteren Schicht durch mit Kies ausgefüllte besondere Bohrungen in eine durchlässige Verbindung brachte.

Diese Maßnahme hat auch dann getroffen werden müssen, wenn nach Außerbetriebsein einer Anlage und Überschwemmung der Baugrube eine Absenkung nach Wiederinbetriebnahme nicht erreicht werden konnte, weil sich bei lehmhaltigem Wasser eine zwar sehr dünne, aber doch vollkommen undurchlässige Lehmschicht auf dem Boden der Baugrube abgesetzt hatte. Man beobachtete dann in den Beobachtungsbrunnen ein allmähliches Sinken des Grundwasserspiegels, während in der Baugrube das Wasser auf derselben Höhe stehen blieb.

Bei Vorhandensein derartiger eingelagerter Schichten ist ein Verlängern der Filter aus der unteren in die obere Sandschicht hinein auch deswegen zweckmäßig, weil vielleicht über der undurchlässigen Schicht ein dauernder Zufluß stattfindet, der unabhängig von dem unteren ist. Dies ist häufig der Fall, wenn die undurchlässige Schicht sich weithin erstreckt.

Eine hierauf beruhende, unangenehme Erscheinung wurde bei der Grundwasserabsenkungsanlage für den Neubau der Schleuse bei Grütz in der Nähe von Rathenow bei der Havelregulierung beobachtet; nach Eintreten von Hochwasser wurden die oberhalb gelegenen Wiesen überschwemmt, und von dort aus fand auf der undurchlässigen Schicht ein starker Zufluß statt, der durch den aufgeschütteten Schutzdamm hindurchdrang.

Ganz ähnliche Erscheinungen können auch dann eintreten, wenn keine undurchlässigen Schichten vorhanden sind, jedoch zwischen feineren Sanden eine Schicht gröberen Sandes oder Kieses eingelagert ist, in der ein leichter Zufluß möglich ist. Auch hier ist die Verlängerung der Filter nach oben hin vorteilhaft oder nötig.

Bei Einlagerung undurchlässiger Schichten hat das unter der undurchlässigen Schicht befindliche Grundwasser häufig artesische Eigenschaften. Besonders ist dies der Fall, wenn undurchlässige Schichten schon von der Geländeoberkante aus sich nach unten erstrecken und größere Mächtigkeit haben. Bei den Berechnungen ist darauf Rücksicht zu nehmen. Besonders in unmittelbarer Nähe der Ostsee und Nordsee finden sich derartige Schichten von außerordentlich großer Mächtigkeit. So reicht z. B. an der Stelle der jetzt im Bau begriffenen neuen Schleuse des Kaiser Wilhelm-Kanals in Brunsbüttelkoog eine aus Sand mit Klai bestehende Schicht von der auf etwa + 20,50 über Kanal-Null liegenden Terrainoberfläche bis zu einer Tiefe von + 2,00 herab. Die Wirkung der Grundwasserabsenkungsanlage besteht dann eigentlich zunächst nur in einer Druckverminderung des gespannten Wassers, und es besteht ferner der Vorteil, daß bis zu einer gewissen Tiefe der Aushub ohne Grundwasserabsenkung stattfinden kann, und erst von einer Tiefe aus, wo etwa ein Durchbruch des Wassers durch die unter der ausgehobenen Sohle noch stehengebliebene Höhe der undurchlässigen Schicht befürchtet werden kann, ein Ausbau der Grundwasserabsenkungsanlage nötig wird.

b) Dicht unter der Fundamentsohle liegende undurchlässige Schichten.

Besondere Verhältnisse treten ein, wenn die undurchlässige Schicht verhältnismäßig dicht unter der Höhe der späteren Fundamentsohle liegt, und die dann zu treffenden Maßregeln hängen davon ab, ob die Schicht sehr stark oder nicht stark ist. Ist die Stärke der undurchlässigen Schicht groß genug, um den Druck des sich darunter etwa in Spannung befindlichen Wassers aushalten zu können, so werden die Brunnen nur bis zur undurchlässigen Sohle gebohrt, und die Filter bleiben oberhalb der undurchlässigen Schicht. Anderenfalls müssen die Filter auch in die unter der undurchlässigen Schicht sich befindenden Sandschichten hindurchgeführt werden, um in diesen die nötige Druckverminderung herbeizuführen.

Um eine derartige Verlängerung der Brunnen zu ersparen, und auch das Fördern von vielleicht großen Wassermengen aus gröberen Schichten, das durch die eigentliche Trockenlegung der Baugrube nicht bedingt ist, zu vermeiden, ist man auch zu folgender Ausführung geschritten. Man ließ in der Mitte der Baugrube einen Erdkern zur Belastung der undurchlässigen Schicht stehen und trug ihn erst entsprechend dem allmählichen Ausbau der Fundamentsohle ab. Ein derartiger Bauvorgang, der dem früher verschiedentlich angewendeten Stehenlassen einer Wasserlast über der undurchlässigen Schicht in der Grube gleichkommt, wurde beim Bau der neuen Schleuse am Lehnitzsee bei Oranienburg des Großschiffahrtsweges Berlin—Stettin angewendet.

Die seitliche Erstreckung der undurchlässigen Schicht über die Baustelle hinaus spielt natürlich eine große Rolle. Ist die Erstreckung keine sehr große, befindet sich die Baustelle gewissermaßen auf einer Scholle, so kann unter Umständen durch die oben stattfindende Absenkung schon eine genügende Druckverminderung unter der undurchlässigen Schicht erreicht werden. Es soll hier nicht näher auf derartige, bei praktischen Fällen mannigfach variierende Verhältnisse eingegangen werden. Die zur Beurteilung nötigen, eingehenden und sorgfältigen Untersuchungen im Umkreise durch Probebohrungen und Beobachtung des Grundwasserstandes in denselben sind rein hydrologischen Charakters.

Wenn sich eine starke undurchlässige Schicht unmittelbar oder sehr dicht unter der späteren Fundamentsohle befindet, so daß die Filter nur oberhalb aufgestellt werden, so ergeben sich besondere Schwierigkeiten für die eigentliche Absenkung, d. h. die Trockenlegung der Baugrube. Die Höhe der wasserführenden Schicht H ist dann sehr klein; bei Absenkung des Grundwasserspiegels werden die Brunnen immer seichter, es fehlt die nötige Druckhöhe, um die Geschwindigkeit zu erzeugen, die zum Eintritt des Wassers in die immer niedriger werdende Zylinderfläche des Filters nötig ist. Um bis zur Fundamentsohle bzw. bis zur undurchlässigen Schicht abzusenken, müßte, wie früher erwähnt, die Geschwindigkeit unendlich groß werden, um die Wassermenge durch den dann gleich Null gewordenen Querschnitt hindurchzutreiben.

In Wirklichkeit tritt infolge der geringen Höhe der wasserführenden Schicht H ein verhältnismäßig schnelles Sinken des Wasserspiegels in den Brunnen und in der näheren Umgebung ein, aber, da nur ein langsamer Zufluß stattfindet, tritt die Gefahr des Abreißens für die Pumpe ein; sie müssen durch Drosselung so geregelt werden, daß die Entnahme dem noch möglichen Zufluß entspricht. Die bei solchen Fällen angewendeten Hilfsmittel sind folgende.

Man bringt zunächst weitere Brunnen nieder, um die Eintrittsfläche zu vergrößern; die Abhilfe ist jedoch nur gering. Wirksamer ist ein Tieferbohren der Brunnen in die undurchlässige Schicht hinein und Einsetzen eines von der Filterunterkante aus nach unten hin angesetzten Rohrstückes. Dieses wirkt dann als Bassin und erleichtert so die Regulierung der Pumpen. Außerdem werden die Brunnen in möglichst großem Umfange mit einer bis zur Unterkante der Brunnen reichenden Kiesumschüttung versehen. Es werden also die Höhenunterschiede vergrößert, und eine größere Wasserentnahme ermöglicht.

Wegen der geringen Wassermengen werden hier häufig Kolbenpumpen oder Membranpumpen verwendet. Eine vollständige Trockenlegung der Baugrube ist oft nicht möglich; es werden dann häufig viereckige hölzerne Pumpensümpfe aus Spundbohlen geschlagen und aus diesen, ähnlich wie oben erwähnt, durch einen Anschluß an die Saugleitung das Wasser entnommen. Ein Schieber zur genauen Regulierung der Wasserentnahme wird eingeschaltet.

c) Vorhandensein sehr feinen Schlief- oder Schwemmsandes.

Ganz besondere Schwierigkeiten treten auf bei Vorhandensein des sehr feinen Schlief- oder Schwemmsandes. Es müssen außerordentlich feine Filtergewebe gewählt werden, und aus den Brunnen können nur sehr geringe Wassermengen entnommen werden, da die Durchflußgeschwindigkeit des Wassers bei normalen Druckhöhen eine äußerst geringe ist. Die Absenkung selbst wird nur ganz allmählich vorschreiten. Der Ausbau der gesamten Anlage hat unter weitestgehender Verfolgung der für feine Sande gegebenen Gesichtspunkte zu erfolgen.

Unter Umständen kann bei sehr feinkörniger Beschaffenheit dieses Sandes eine Absenkung unmöglich werden. Eine irgendwie nennenswerte Entnahme kann nicht stattfinden, da der Sand das Wasser wie ein Schwamm festhält. Hier überwiegen die Molekularkräfte, besonders die Adhäsion, so daß die zur Verfügung stehende Druckhöhe nicht ausreicht, um eine Bewegung hervorzurufen. Es möge verwiesen werden auf die auf S. 34 erwähnten Ausführungen Luegers (s. Fußnote 1). Derartige Bodenarten bilden in hydrologischer Beziehung gewissermaßen einen Übergang zu den undurchlässigen Bodenarten. Eingelagerte Schichten zeigen in ihrem Verhalten bei der Absenkung ähnliche Erscheinungen wie sie bei Vorhandensein eingelagerter undurchlässiger Schichten besprochen wurden. Im dritten Teile werden diese eigenartigen Verhältnisse an einem Beispiel gezeigt werden.[1])

9. Fremde Beimengungen im Wasser; Eisen, Gase.

Unter den im Wasser enthaltenen Beimengungen ist in Hinsicht auf Grundwasserabsenkungen besonders dem Vorkommen von Eisen Beachtung zu schenken. Die schädliche Wirkung desselben zeigt sich in einem Versetzen der feinen Filtergewebe, das je nach dem Gehalt an Eisen langsamer oder schneller eintreten kann, und ein allmähliches Nachlassen der Wasserentnahme aus dem Brunnen zur Folge hat, ja ihn schließlich ganz unwirksam machen kann. Über die Wahl des Filtergewebes in solchem Falle ist an späterer Stelle, im vierten Teil, berichtet.

Im Wasser enthaltene und mit ihm zusammen geförderte Gase verringern das Vakuum der Pumpen, was bei größeren Mengen durch die verringerte Saugwirkung der Pumpen auch eine bedeutend geringere Absenkung zur Folge haben kann. Nächst dem wirken sie zerstörend auf die Rohrleitungen und auf die Pumpen; vor allem ist es die Kohlensäure, die besonders Schmiedeeisen angreift, jedoch auch in geringerem Maße Gußeisen und Rotguß.

Ebenso wirkt Schwefelwasserstoff außerordentlich zerstörend. Das Vorkommen in großen Mengen wurde zum Beispiel bei der im folgenden noch ausführlich besprochenen Grundwasserabsenkungsanlage für den Bau der neuen Seeschleuse in Emden beobachtet. Die Rohrleitungen wurden durch einen Siderostananstrich geschützt, der in gewissen Zwischenräumen erneuert werden mußte; ebenso wurden die Pumpen mit einem Schutzanstrich versehen. Besonders angegriffen wurden die Laufräder der Kreiselpumpen; sie mußten sehr bald ausgewechselt werden, und es wurden solche aus Bronze eingesetzt, die sich gut bewährten. Auch die Wellen wurden sehr bald an den innerhalb der mit Wasserabdichtung versehenen Stopfbüchsen liegenden Stellen zerfressen; bei Verwendung von Wellen aus Deltametall wurden keine besseren Resultate erzielt. Bewährt hat sich das Überziehen von Bronzebüchsen über die Welle an den Stellen der Stopfbüchsen.

Es möge auch bei dieser Gelegenheit noch erwähnt werden, daß stark wechselnder Luftdruck ebenfalls von Einfluß auf die Saughöhe der Kreiselpumpen ist, und so mittelbar Einfluß auf die Absenkung selbst hat. Beobachtungen hierüber sind angestellt worden.

[1]) Vgl. S. 133.

II. Möglichkeit der Vorausberechnung einer Anlage.

Voruntersuchungen; Probeabsenkungen.

In allen aufgestellten Formeln und daher für alle Berechnungen spielt die Größe der Durchlässigkeit k des Untergrundes eine maßgebende Rolle. Von ihr hängt die mit einer bestimmten Wassermenge zu erreichende Absenkung ab, oder aber, für die Erreichung einer bestimmten Absenkungstiefe wird durch sie die zu entnehmende Wassermenge bedingt. Zwar kann, wie bereits früher ausgeführt wurde, eine bestimmte Absenkungstiefe auch in jedem durchlässigen Bodenmaterial erreicht werden. Aber den nach der Verschiedenartigkeit des Untergrundes zu entnehmenden verschiedenen Wassermengen muß die Anlage angepaßt werden, für sie ist also ebenfalls die Durchlässigkeit von grundlegender Bedeutung.

Die Ermittelung der Durchlässigkeit bildet daher einen Hauptgegenstand der der Ausführung der Anlage vorhergehenden Beobachtungen und Voruntersuchungen. Diese sind den allgemeinen hydrologischen Vorarbeiten ähnlich, die angestellt werden für die Ausführung von Anlagen zur Wasserversorgung. Sie unterscheiden sich jedoch von diesen sowohl in ihrer Ausdehnung, weil sie sich im allgemeinen nur auf die Baustelle selbst und die nähere Umgebung erstrecken, als auch dadurch, daß eine Reihe der für die Wassergewinnung aus dem Untergrunde maßgebenden Faktoren hier nur von untergeordneter Bedeutung ist. Die Hauptunterschiede zwischen einer Wassergewinnungsanlage und einer Absenkungsanlage, durch die die maßgebenden Gesichtspunkte bestimmt werden, sind bereits mehrfach in den früheren Erörterungen gestreift worden, sollen jedoch im folgenden nochmals kurz gekennzeichnet werden.

1. Unterschied zwischen Wassergewinnungs- und Wasserabsenkungsanlagen.

Der Hauptzweck einer Wassergewinnungsanlage ist der, eine bestimmte für die Gebrauchszwecke nötige Wassermenge aus dem Untergrunde zu gewinnen. Die Hauptaufgabe für die Ausführung einer solchen Anlage ist die, eine Stelle bzw. ein Gebiet zu finden, an der sich die Möglichkeit bietet, diese Wassermenge dauernd beziehen zu können. Ein stehendes Grundwasserbecken, selbst ein solches von größerer Ausdehnung, wäre hier wertlos, da nach kürzerer oder längerer Zeit eine Erschöpfung des vorhandenen Grundwasservorrats eintreten müßte, und schließlich nur eine geringe den Niederschlägen und etwaigen Zuflüssen zum Grundwasserbecken entsprechende Wassermenge übrig bleiben würde. Man sucht daher Grundwasserströme auf, also mit Gefälle fließendes Grundwasser, wo bei dauernder Speisung des Grundwasserstromes von irgendeinem Infiltrationsgebiet aus ein dauernder Bezug der gewünschten Wassermenge gewährleistet erscheint.

Die Wasserabsenkungsanlage wird an einer bestimmten Stelle, d. h. dem Platze des zu errichtenden Bauwerkes angelegt, und es muß mit den an der Baustelle vorhandenen Untergrundverhältnissen von vornherein gerechnet werden. Der grundlegende Faktor ist bei der Wasserabsenkungsanlage nicht die Wassermenge, sondern eine bestimmte Absenkungstiefe, die erreicht werden soll, bedingt durch die Tiefe des auszuführenden Bauwerkes. Ob das an der Baustelle vorhandene Grundwasser ein stehendes Becken bildet, oder einen in Bewegung befindlichen Strom darstellt, d. h. ob Gefälle oder kein Gefälle an der betreffenden Stelle vorhanden ist, bleibt wie im ersten Teil ausgeführt wurde, für die Größe der zu erreichenden Absenkung ohne Belang und hat nur eine Änderung in der Brunnenanordnung zur Folge. Nur insofern wäre, gerade im Gegensatz zur Wassergewinnungsanlage, bei der Absenkungsanlage das Vorhandensein eines Grundwasserbeckens von Vorteil, als bei längerem Bestehen der Anlage durch die allmähliche Erschöpfung des Grundwasserbeckens und die damit zusammenhängende allgemeine Spiegelsenkung die Absenkung an der Baustelle erleichtert und die zu entnehmende Wassermenge verringert werden würde.

Bei der Wassergewinnungsanlage ist also die Erlangung einer bestimmten Wassermenge Grundbedingung. Die bei der Entnahme aus dem Untergrunde auftretende Senkung des Grundwasserspiegels ist dabei nur als sekundäre Erscheinung zu betrachten. Man wird, wenn irgend möglich, danach trachten, diese Absenkung gering zu halten, zunächst um ein allgemeines Tieferlegen des Grundwasserspiegels und die damit verbundenen Folgen möglichst zu vermeiden, vor allem aber, um die zu entnehmenden Wassermengen aus möglichst geringer Tiefe zu fördern, also unter möglichst geringem Arbeitsaufwand.

Entgegengesetzt liegen die Verhältnisse bei der Absenkungsanlage; hier muß eine bestimmte Absenkung erreicht werden, also das Wasser aus einer bestimmten Tiefe gefördert werden. Die geförderte Wassermenge ist die sekundäre Erscheinung, bedingt aber die Größe der gesamten Anlage, sowohl der Wasserfassungs- als auch der Wasserförderungsanlage.

2. Allgemeine Voruntersuchungen.

Die allgemeinen Voruntersuchungen erstrecken sich zunächst auf die an der Baustelle vorliegenden geologischen und hydrologischen Verhältnisse. In geologischer Hinsicht ist wichtig die Kenntnis des Vorhandenseins von an der Baustelle befindlichen undurchlässigen Schichten, also sowohl der Lage einer die wasserführenden Sandschichten nach unten abschließenden Ton-, Lehm- oder Mergelschicht, als auch von Einlagerungen derartiger undurchlässiger Bodenarten innerhalb der wasserführenden Schicht. Die Bedeutung undurchlässiger Schichten in Hinsicht auf die Stellung der Filter usw. wurde im ersten Teil eingehend erörtert.

In hydrologischer Beziehung ist besonders die Höhe des Grundwasserspiegels von Bedeutung. Nach ihr bestimmt sich die Größe der nötigen Absenkung einerseits, andererseits die für die betreffende Pumpenart etwa in Betracht kommende Unterteilung der gesamten Förderhöhe in Saughöhe und Druckhöhe. Es ist ferner die Bestimmung vorhandenen Gefälles nötig für die besondere Anordnung der Wasserfassungsanlage. Zur weiteren Beurteilung und für die Anwendung der rechnerischen Grundlagen ist es außerdem wichtig zu wissen, ob man es mit Grundwasser mit freier Spiegelfläche oder mit gespanntem, artesischem Grundwasser zu tun hat, was sich aus der Kenntnis vorhandener undurchlässiger Schichten und aus der Höhenlage des Wasserspiegels in den zu Beobachtungsbrunnen umgewandelten Probebohrlöchern ergibt. Es wird hierbei hingewiesen auf die Wichtigkeit des häufig unterbleibenden Auspumpens der Beobachtungsbrunnen; durch scharfes Auspumpen derselben mit irgendeiner kleinen Baupumpe werden die den Brunnen umgebenden feinen Sandteilchen ausgewaschen, und dadurch ein gutes und schnelleres Kommunizieren des Wasserstandes im Beobachtungsbrunnen mit dem äußeren Wasserstande erreicht.

Die Hauptuntersuchungen jedoch erstrecken sich auf die Bestimmung der Durchlässigkeit des Untergrundes, auf die im nachfolgenden näher eingegangen werden soll.

3. Bestimmung der Durchlässigkeit; Probeabsenkungen.

Ein allgemeines Urteil über die Durchlässigkeit kann schon aus dem Befund der Probebohrungen gebildet werden, also aus dem Vorhandensein gröberer oder feinerer Schichten, besonders in den Höhenlagen, in denen sich normalerweise die Filter der Absenkungsanlage befinden würden. Hieraus allein auf die zu entnehmende Wassermenge zu schließen etwa durch Heranziehung von Resultaten an früheren Anlagen bei ähnlicher Bodenbeschaffenheit, ist verhältnismäßig unsicher. Immerhin gibt ein derartiger Vergleich einen gewissen Anhalt und bildet bei Ausführung kleinerer Anlagen häufig das einzige Mittel zur Beurteilung, besonders in Hinsicht auf die Projektierung der Anlage und die Aufstellung der zur Wasserförderung nötigen Maschinen, wenn für genauere Voruntersuchungen keine Zeit oder keine Mittel vorhanden sind, oder die Kleinheit der betreffenden Anlage sie als unnötig oder überflüssig erscheinen läßt. Von größter Bedeutung bei der Ausführung der Anlage ist dann natürlich eine gründliche Erfahrung, wie sie ja einer großen Reihe von Ingenieuren und Firmen durch Ausführung einer größeren Anzahl von Wasserabsenkungsanlagen zu eigen ist. Daß jedoch häufig Überraschungen und den eigentlichen Bauvorgang hindernde Schwierigkeiten auftreten können, lehrt die Geschichte einer großen Anzahl von Absenkungen.

Je mehr aber mit der Größe der Anlage auch das Risiko der Ausführung wächst, um so mehr wird auch die Ausführung von umfassenderen Voruntersuchungen zu empfehlen sein und als notwendig empfunden werden, auch wird die Regelung der Kostenfrage mit zunehmender Größe der Anlage eine leichtere sein, da die Kosten der Voruntersuchungen einen geringeren Prozentsatz der Kosten der Gesamtanlage bilden werden. Es sind in der Tat auch wohl bei den meisten der in letzter Zeit ausgeführten größeren Anlagen Voruntersuchungen in kleinerem oder größerem Maßstabe vorgenommen worden, die sich in letzten Grunde alle auf die Vornahme eines Probepumpversuches an der Baustelle erstreckten. Es ist dies ja auch bei Ausführung von Wassergewinnungsanlagen zur

Erzielung eines genauen und eingehenden Überblickes über die Gesamtverhältnisse eine von jeher angewendete Methode. Sie zeigt eben dort die aus einem oder mehreren Brunnen tatsächlich entnommene Wassermenge und läßt durch die während des Probebetriebes gemachten Beobachtungen bezüglich der Durchlässigkeit und der Reichweite der Anlage Schlüsse zu auf die wirkliche Erlangung der nötigen Wassermenge und auch die Größe des Ausbaues der hierzu erforderlichen Anlage. In derselben Weise gestattet auch bei Absenkungsanlagen die Durchführung einer Probeabsenkung in kleinerem oder größerem Maßstabe Schlüsse zu ziehen auf die Möglichkeit der zu erreichenden Absenkung, die Größe und Ausgestaltung der Absenkungsanlage und die gemäß den zu erwartenden Wassermengen zu erfolgende Projektierung der Maschinenanlage.

Selbstverständlich spielt in beiden Fällen, beim Probebetrieb für eine Wassergewinnungs- oder für eine Wasserabsenkungsanlage, die richtige Übertragung der bei dem Vorversuch gewonnenen Resultate auf die schließliche endgültige Anlage die größte Rolle. Hierzu ist zunächst die Kenntnis der theoretischen Grundlagen unerläßlich; sie sind daher im ersten Teil, soweit sie für die Anwendung auf Grundwasserabsenkungszwecke nötig sind, zusammengestellt und entwickelt. Nächstdem erfordert der Erfolg eines Probebetriebes für eine Grundwasserabsenkungsanlage, daß seine Ausführung unter ähnlichen Bedingungen stattfindet, wie sie bei der Gesamtanlage auftreten.

Probebetriebe bei Wassergewinnungsanlagen; Berechnungen auf Grund der gewonnenen Resultate.

Für Wassergewinnungszwecke handelt es sich bei Anlegung eines einzelnen Versuchsbrunnens meist um die Bestimmung der Durchlässigkeit des Untergrundes aus der Absenkungskurve, nächstdem mit Hilfe der Durchlässigkeit, des ermittelten Gefälles und der Mächtigkeit der wasserführenden Schicht, um die Bestimmung derjenigen Gesamtwassermenge, die aus dem Boden entnommen werden kann. Eine Bestimmung der Durchlässigkeit aus der Absenkungskurve oder aus der Absenkung im Brunnen selbst mit Hilfe der im ersten Teil angegebenen Formeln oder auch durch Beobachtungen des Wiederansteigens des Grundwasserspiegels nach Außerbetriebnahme des Brunnens ist abhängig von den Zufälligkeiten in der Zusammensetzung des Bodens im Umkreise der Versuchsstelle.

Unter Umgehung der Bestimmung der Durchlässigkeit wird auch häufig eine Reihe von Brunnen meist quer zum Grundwasserstrom angeordnet und aus der entnommenen Wassermenge im Verhältnis des bei der Probeabsenkung trockengelegten Querschnittes des Grundwasserstromes zu dessen Gesamtquerschnitt auf die Gesamtwassermenge geschlossen, deren Entnahme möglich ist.

Thiem bedient sich eines anderen Verfahrens. Er bestimmt durch Probepumpen aus einem einzelnen Brunnen die sogenannte spezifische Ergiebigkeit, d. h. die pro 1 m Absenkung entnommene Wassermenge, die ja für einen Brunnen bei nicht zu weit getriebener Absenkung infolge der mit Annäherung vorhandenen Proportionalität zwischen Wassermenge und Absenkung einen konstanten Wert bildet. Eine schon ausgeführte Anlage an einer Stelle der gleichen spezifischen Ergiebigkeit gibt dann außerordentlich gute Anhaltspunkte für die neue Anlage.

Absenkungsversuche bei Grundwasserabsenkungsanlagen.

Diese drei Arten der Anwendung der bei einem Probebetriebe sich ergebenden Resultate für die Projektierung der Gesamtanlage lassen sich sinngemäß auch bei Wasserabsenkungsanlagen durchführen.

a) Absenkung durch einen Brunnen; Übertragung der Resultate auf die Gesamtanlage.

Was erstens die Übertragung der Resultate eines einzelnen Probebrunnens anbetrifft, so ist hierbei zu bemerken, daß dieser Methode alle die Mängel anhaften, die bei der Übertragung von derartig kleinen, allen Zufälligkeiten, besonders in der Zusammensetzung des Bodens in allernächster Nähe des Brunnens, ausgesetzten Verhältnissen auf die um vieles größeren Verhältnisse der Gesamtanlage selbstverständlich sind. Sei es nun, daß man die Durchlässigkeit k des Untergrundes bestimmt oder daß man versucht, durch Formeln, ähnlich den für „ähnliche“ oder andere Baugruben aufgestellten, die Wassermenge und die Absenkung für die Gesamtanlage aus den entsprechenden Werten des Probebrunnens zu ermitteln, so wird doch immer die Unsicherheit eine große sein. Von größter Wichtigkeit ist zunächst, daß sich das Filter in derselben Tiefe also in denselben Bodenschichten befindet, in denen die Filter der Gesamtanlage stehen werden. Ist dies nicht der Fall, so würde womöglich die Durchlässigkeit ganz anderer Schichtenarten bestimmt werden als derjenigen, aus denen die Filter der Gesamtanlage ihr Wasser beziehen werden. Es würde z. B. bei einem nicht so tief wie die Gesamtanlage angelegten Brunnen bei mit der Tiefe gröber werdender Beschaffenheit des Untergrundes eine viel geringere Durchlässigkeit gemessen werden, und daher eine viel geringere Wassermenge zu erwarten sein, als sie die Gesamtanlage nachher tatsächlich liefern würde. Ferner dürfte die Wasserentnahme nicht in übertrieben großem Maße aus dem Probebrunnen stattfinden, wodurch Veränderungen und Auswaschungen im Untergrunde entstehen können, sondern sich etwa in den Grenzen halten, die der Gesamtanlage entsprechen würden.

b) Bestimmung der spezifischen Ergiebigkeit; Vergleich mit anderen Anlagen.

Auch die Bestimmung der spezifischen Ergiebigkeit eines Brunnens an der Baustelle kann Anhaltspunkte geben. Es ist hier jedoch auf den maßgebenden Gesichtspunkt aufmerksam zu machen, daß an ein und derselben Stelle, also bei derselben Durchlässigkeit das Maß der spezifischen Ergiebigkeit abhängig ist von dem Durchmesser des Brunnens, und daß daher nur ohne weiteres solche spezifischen Ergiebigkeiten miteinander verglichen werden können, die bei demselben Brunnendurchmesser bestimmt sind. Für die Tiefe des Brunnens gilt natürlich auch das bereits oben Gesagte, ebenso das für übergroße Wasserentnahme aus dem Brunnen Angeführte. Wird diese übertrieben groß, so würde man nicht die Durchlässigkeit des Untergrundes, sondern gewissermaßen die Durchlässigkeit des Filters bestimmen. Ferner ist zu bedenken, daß bei einem einzelnen Brunnen doch nur die in seiner nächsten Nähe herrschende spezifische Ergiebigkeit bestimmt wird; um vor Zufälligkeiten bewahrt zu sein, ist die Bestimmung einer Reihe von einzelnen Werten durch Anlegung einer Anzahl von auf dem Gebiete der Baustelle zerstreut liegenden Brunnen nötig und der aus den Einzelbestimmungen zu bildende Mittelwert für Vergleiche zu benutzen.

Bei Anwendung dieser Methode würden also zum Vergleich die Verhältnisse einer Anlage heranzuziehen sein in einem Gebiet, bei dem dieselbe spezifische Ergiebigkeit ermittelt worden ist, und zwar würden hier sowohl Wasserabsenkungs- als auch Wassergewinnungsanlagen in Betracht kommen. Daher sind häufig auch Angaben eines in der Nähe befindlichen Wasserwerkes von großem Wert, wenn angenommen werden kann, daß dort noch dieselben Untergrundverhältnisse zutreffen, wie an der Baustelle. Wird, was ja meistens der Fall sein wird, die Größe der neuen Anlage von der zum Vergleich herangezogenen Anlage und auch die Brunnenanordnung abweichen, letzteres besonders beim Vergleich mit Wassergewinnungsanlagen, so sind die im ersten Teil gegebenen Formeln für den Vergleich derartiger Anlagen in Anwendung zu bringen. Tatsächlich sind auch schon auf diese Weise allgemeine überschlägliche Vergleiche ohne Benutzung der Formeln bei Vorhandensein gleicher spezifischer Ergiebigkeit angestellt worden und haben zu günstigen Resultaten geführt. Allerdings bleibt auch hierbei immer noch eine gewisse Unsicherheit bestehen, denn wenn auch eine gleiche spezifische Ergiebigkeit selbst durch Vornahme einer ganzen Reihe von einzelnen Bestimmungen ermittelt wurde, so braucht dadurch doch eine völlige Identität des Untergrundes nicht gewährleistet zu sein. Wechselnde Schichtenbildungen und andere Verhältnisse in der näheren oder weiteren Umgebung der Baustelle können doch schließlich ein ganz anderes Verhalten der Anlage bedingen, als nach den angestellten Vergleichen erwartet wurde.

c) Kleinere oder größere Probeabsenkung; Übergang zur Gesamtanlage.

Viel bessere und für die Übertragung auf die Gesamtanlage genauere Angaben werden jedoch erzielt von einer an derselben Stelle, an der die spätere Anlage sich befinden wird, ausgeführten Absenkung durch eine Probeanlage in kleinerem oder größerem Maßstabe. Wird die Voranlage in denselben Verhältnissen ausgebaut, wie die spätere Gesamtanlage, also mit derselben Brunnenkonstruktion, derselben Brunnentiefe bzw. derselben Filterstellung, und findet etwa die gleiche Wasserentnahme pro Brunnen statt, so werden sich unter Benutzung der aufgestellten Formeln die genauesten und zuverlässigsten Grundlagen für die weitere Ausgestaltung der Gesamtanlage geben lassen. Selbstverständlich ist der Grad der Genauigkeit wiederum abhängig vom Verhältnis der Größe der Voranlage zu der der Gesamtanlage. Ginge man daher von dem Grundsatz aus, die Voranlage schon möglichst groß zu gestalten, so würde man in Verfolgung dieses Prinzips einfach dazu kommen, als Voranlage schon einen Teil der Gesamtanlage auszubauen. Dieses Prinzip ist in der Tat auch schon mehrfach angewendet worden, teils hat es sich durch die Art der Anlage gewissermaßen von selbst ergeben. Man wird daher, um einige Beispiele zu geben, bei einer rechteckigen Anordnung zunächst vielleicht die eine Längsseite mit Brunnen besetzen und aus dem Probebetriebe dieser Seite die nötigen Schlüsse ziehen können, oder auch bei einer rechtwinkligen Anlage von verhältnismäßig großer Längenerstreckung zunächst die eine Hälfte der Anlage von der Mitte der Grube aus bis zu einem Ende ausbauen. Bei einer Anlage, bei der mit mehreren Staffeln in größere Tiefen abgesenkt werden muß, bildet die obere Staffel für die untere jedesmal eine Voranlage in weitestem Sinne und gestattet, die genauesten Schlüsse auf die untere Staffel zu ziehen.

In sehr vielen Fällen ist jedoch die Wasserfassungs- und auch die Wasserförderungsanlage in der Weise ausgebaut gewesen, daß die Möglichkeit zur Einleitung eines derartigen Vorversuches nicht vorlag, oder auch, wenn dies der Fall gewesen wäre, eine nachherige Änderung und Anpassung des weiteren Ausbaues der Anlage an die durch den Probebetrieb nunmehr genauer festgestellten, aber gegenüber der ersten Annahme veränderten Verhältnisse nicht möglich gewesen wäre. Es wird daher nötig sein, in dem später folgenden vierten Teil über die Ausführung der Wasserfassungs- und Wasserförderungsanlage hierauf näher Bezug zu nehmen und die Vorzüge von solchen Anlagen zu schildern, die sich ohne weiteres geänderten Verhältnissen anpassen lassen.

Es sei hier noch darauf hingewiesen, daß für die Ausführung einer Vorabsenkung in größerem Maßstabe natürlich Probeversuche in kleinerem Stile von großem Vorteil sein können und Anhaltspunkte für die Vorabsenkung geben dürften. In rationeller Weise würde man daher von kleineren Versuchen ausgehend unter Anwendung der aufgeführten Methoden allmählich zur größeren Voranlage und zur endgültigen Gesamtanlage übergehen, was zwar einen früheren Beginn der Grundwasserabsenkungsvorarbeiten bedingen, aber zweifellos außerordentlich lohnend sein würde.

III. Beispiele ausgeführter Anlagen; Probeabsenkungen; Anwendung der im ersten Teil aufgestellten Gleichungen.

Im folgenden soll an einer Reihe ausgeführter Anlagen die Anwendbarkeit der aufgestellten Formeln geprüft und ihre Richtigkeit bestätigt werden. Besonders sollen hierbei als Grundlagen die Messungen und Beobachtungen an einigen der Anlagen benutzt werden, die der Verfasser infolge weitgehenden Entgegenkommens der betreffenden Behörden, sowie der königlichen und auch städtischen Bauämter durch persönliches Studium kennen gelernt hat, und bei denen die vorliegenden Aufzeichnungen zu einer genaueren Betrachtung der maßgebenden Verhältnisse hinreichten.

Bei Ausführung kleinerer Anlagen, bei denen die zur Verfügung stehenden Mittel die Anstellung umfassender Voruntersuchungen und Beobachtungen nicht zuließen, fehlen häufig jegliche Unterlagen. Leider sind aber auch bei größeren Anlagen, besonders den in letzter Zeit von den Königl. Bauverwaltungen ausgeführten Schleusenneubauten, wo wohl die Mittel zu derartigen Beobachtungen vorhanden waren, und auch ein Interesse vorlag, hierdurch Unterlagen für spätere Ausführungen zu schaffen, häufig nur unzureichende Beobachtungen und Aufzeichnungen gemacht worden.

Bei einer Reihe von Anlagen wurden zwar eingehende Beobachtungen bei den als Grundlage für die Projektierung der Hauptanlage ausgeführten Vorversuchen und Probeabsenkungen angestellt, bei der Hauptanlage unterblieben jedoch fast jegliche Messungen; oder sie erstreckten sich, wenn sie vorgenommen wurden, nur auf die Beobachtung der Grundwasserstände in einer Reihe von Beobachtungsbrunnen, während ein Hauptfaktor zur Beurteilung der Anlagen, nämlich die geförderte Wassermenge, nicht bestimmt wurde. Eine Schätzung derselben nach den zur Verwendung gelangenden Kreiselgrößen muß als recht unsicher bezeichnet werden. Genauere Messungen über den Kraftbedarf wurden fast nirgends vorgenommen, aus denen etwa der Wirkungsgrad der Gesamtanlage mit einiger Genauigkeit zu bestimmen gewesen wäre.

1. Grundwasserabsenkungsversuch der Berliner Wasserwerke am Müggelsee.

Es möge zunächst als Beispiel für eine Reihenanordnung der Brunnen, bzw. für eine sehr schmale Baugrube die in dem unten bezeichneten Werk[1]) auf Blatt XIV angegebene Absenkung angeführt werden. Auf einer Gesamtstrecke von 100 m waren in einem Abstande von 4 m zwei Reihen von Rohrbrunnen angeordnet, und in der einen Reihe 11, in der anderen 12 Brunnen in etwa gleichmäßigen Abständen niedergebracht. Die hier wiederholten Zeichnungen, Fig. 45 bis 49, bestätigen durchaus die im ersten Teil nach den entwickelten Formeln aufgestellten Beispiele.

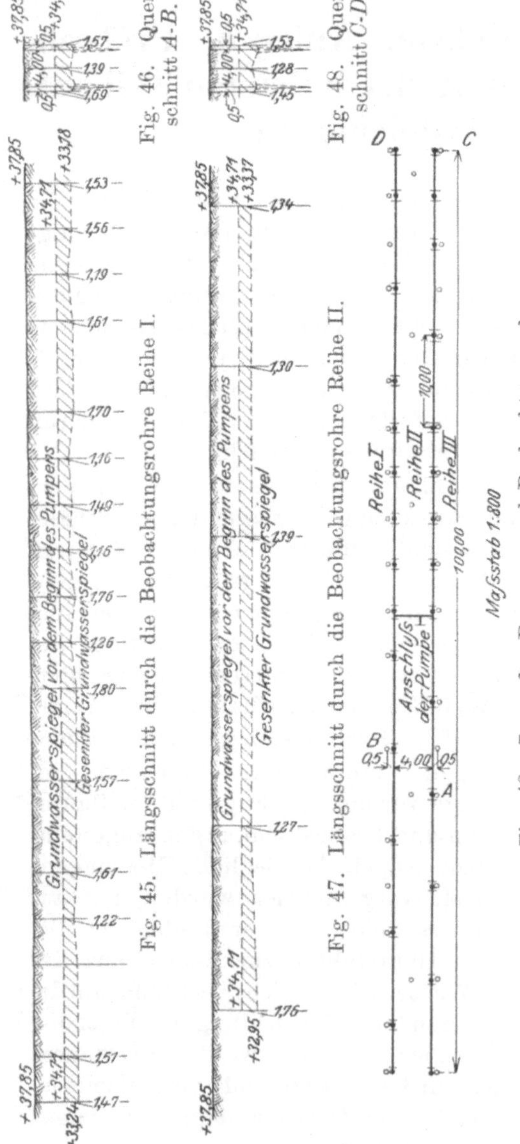

Versuchsbrunnen-Anlage zur Absenkung des Grundwasserspiegels mit Hilfe eines zweireihigen Systems von Hilfsbrunnen. Wasserentnahme 6000 l/min.

Fig. 45. Längsschnitt durch die Beobachtungsrohre Reihe I.

Fig. 46. Querschnitt A-B.

Fig. 47. Längsschnitt durch die Beobachtungsrohre Reihe II.

Fig. 48. Querschnitt C-D.

Fig. 49. Lage der Brunnen und Beobachtungsrohre.

Im Längsschnitt durch die Beobachtungsrohre Reihe II ist deutlich das Vorhandensein einer fast gleichmäßigen Absenkung auf der ganzen Länge der Anlage zu erkennen. Im Schnitt durch die Beobachtungsrohre Reihe I, die unmittelbar neben der

[1]) „Die Versorgung der Stadt Berlin mit Grundwasser." Denkschrift, II. Teil, Zeichnungen.

Brunnenreihe selbst lagen, ist das Ansteigen des Grundwasserspiegels auf der Strecke zwischen zwei Brunnen ersichtlich da, wo an diesen Stellen ein Beobachtungsbrunnen vorhanden war. Ferner zeigen die Querschnitte *A—B* und *C—D* die größere Absenkung des Wasserspiegels in der Nähe der Brunnen; der Abfall ist hier ein sehr starker. Ganz besonders groß ist die Differenz der Wasserstände unmittelbar neben den Brunnen und in den Brunnen selbst, wodurch die Eintrittswiderstände der Brunnen gekennzeichnet werden. In dem scheinbar ziemlich feinen Untergrunde wurde mit der angegebenen Wassermenge von 100 l/sk nur eine Absenkung von durchschnittlich ungefähr 1,30 m erreicht. Die auf den einzelnen Brunnen entfallende Entnahme scheint eine zu große gewesen zu sein; die Grenze für die Saughöhe der angeschlossenen Pumpe war in den Brunnen erreicht; die geometrische Saughöhe betrug etwa 7,0 bis 7,50 m. Der Verlauf der weiteren Absenkungskurve ist nicht angegeben.

2. Grundwasserabsenkung beim Bau der nördlichen Schleuse in Plötzensee des Großschiffahrtsweges Berlin—Stettin.

Als zweites Beispiel, und zwar für eine größere Anlage, möge die beim Neubau der nördlichen Schleuse in Plötzensee des Großschiffahrtsweges Berlin—Stettin zur Ausführung gekommene Absenkungsanlage dienen.

Allgemeine Daten; Ausführung der Anlage; Messungen.

Die Länge der Schleusenbaugrube beträgt 112 m, die Breite an den Häuptern 25 m, an der Kammer 13,50 m. Die Fundamentsohle liegt am Schleusenoberhaupt auf + 25,55 N. N., am Unterhaupt auf + 25,00 und in der Kammer auf + 25,90. Die Baustelle befindet sich unmittelbar neben dem alten Spandauer Schiffahrtskanal; eine Schutzaufschüttung am Ufer mit einer besonders aufgetragenen Dichtungsschicht wurde sicherheitshalber vorgenommen (s. Tafel I).

Der Grundwasserstand entspricht ungefähr dem Stande des in der Nähe befindlichen Plötzensees und folgt dessen Schwankungen. Bei einem Wasserstand des Plötzensees von + 30,90 betrug der Grundwasserstand an der Baustelle vor Beginn der Absenkung im Durchschnitt aus den in Tabelle 51 angegebenen Messungen in den Beobachtungsbrunnen + 30,85. Der Wasserstand des Kanals beeinflußt den Grundwasserstand nicht wesentlich infolge der offenbar fast völligen Undurchlässigkeit seiner Sohle. In der Zeit vor der

Absenkung war der Wasserstand im Kanal ungefähr 30 cm höher als der Grundwasserstand.

Da der höchste Grundwasserstand, mit dem während der Bauzeit zu rechnen wäre, auf + 31,30 angenommen war, der tiefste Punkt der Fundamentsohle dann also 6,30 m unter dem Grundwasserspiegel liegen würde, wurde eine Absenkung in zwei Staffeln in Aussicht genommen. Die Ausführung der Absenkungsanlage selbst war nach der auf Tafel I dargestellten Weise geplant. Mit der äußeren Ringleitung, an die im ganzen 26 Brunnen anzuschließen waren, sollte eine Senkung des Grundwasserspiegels bis + 27,50 erreicht werden, und dann nach weiterem Ausschachten der Baugrube die innere Ringleitung mit 18 angeschlossenen Brunnen auf dieser Höhe verlegt werden. Nach Inbetriebsetzung dieser Leitung sollte die obere Leitung außer Betrieb gesetzt werden, die eigentliche Saugleitung abmontiert und nach weiterem Bodenaushub an der Böschung und nach Abschrauben des oberen 3,50 m langen Rohrstückes von den Rohrbrunnen der oberen Staffel auf der gleichen Höhe wie die Leitung der unteren Staffel wieder verlegt und an die Brunnen angeschlossen werden. Durch den Betrieb beider Leitungen bzw. sämtlicher Brunnen sollte dann die nötige Absenkung erreicht werden. Zu diesem Zweck wurden die Brunnen der oberen Staffel ebenso tief gebohrt wie die der unteren. Die Filtersohle beider Staffeln lag im Durchschnitt auf + 16,40. Die Filter waren mit Messingtressengewebe Nr. 8 umspannt und hatten einen äußeren Durchmesser von etwa 180 mm bei einer Länge von 4 m. Auf die Konstruktion der Brunnen, die keine besonderen Eigentümlichkeiten zeigten, soll hier nicht weiter eingegangen werden. Die allgemeinen Gesichtspunkte werden im vierten Teil gegeben werden. Der Brunnenabstand war in beiden Staffeln zu etwa 11 m angenommen, die Brunnen in den Staffeln gegeneinander versetzt, so daß beim gleichzeitigen Betrieb beider Leitungen in der unteren Staffel sich ein Brunnenabstand von 5,50 m ergab.

Die Beschaffenheit des Untergrundes ist etwa folgende. Von Geländehöhe auf etwa + 33,00 bis 34,00 folgen unter einer dünnen Schicht humosen Sandes zunächst bis zu etwa + 26,00 bis 24,00 feinere, allmählich in schärfere übergehende Sandschichten, letztere teilweis Steine enthaltend; darunter kommt eine bis etwa + 22,50 bis 20,50 reichende Kiesschicht wechselnder Stärke und Korngröße und dann wieder bis zu den Schichten, in denen die Filter stehen, feiner, mittelscharfer oder scharfer Sand. An der westlichen Seite der Anlage wurde beim Bohren einer Anzahl von Brunnen in der Tiefe der im Mittel zu + 16,40 angegebenen Filtersohle eine Tonschicht gefunden; einige Filter stehen daher auch etwas höher.

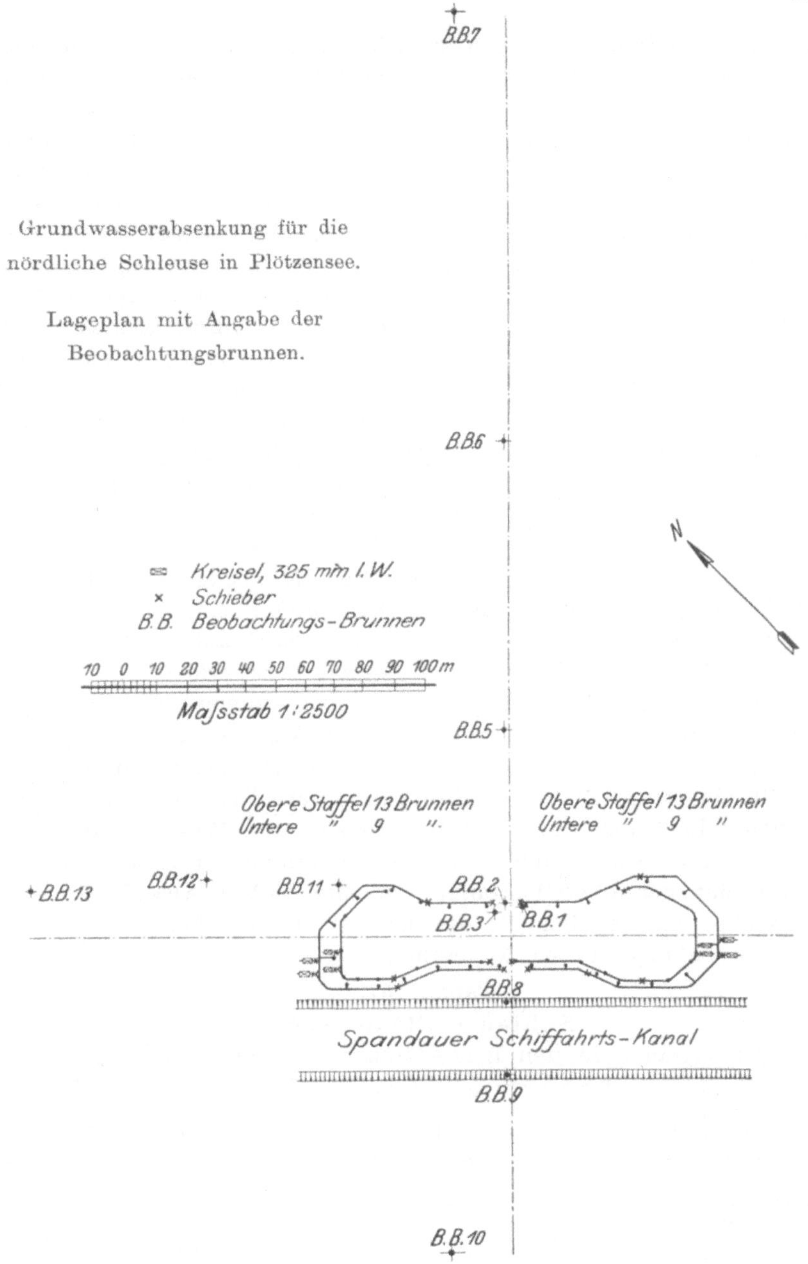

Grundwasserabsenkung für die nördliche Schleuse in Plötzensee.

Lageplan mit Angabe der Beobachtungsbrunnen.

Kreisel, 325 mm l. W.
× Schieber
B. B. Beobachtungs-Brunnen

10 0 10 20 30 40 50 60 70 80 90 100 m
Maſsstab 1 : 2500

N

B.B. 7
B.B. 6
B.B. 5
Obere Staffel 13 Brunnen
Untere " 9 "
Obere Staffel 13 Brunnen
Untere " 9 "
B.B. 13
B.B. 12
B.B. 11
B.B. 2
B.B. 3
B.B. 1
B.B. 8
Spandauer Schiffahrts-Kanal
B.B. 9
B.B. 10

Fig. 50.

Die Ausführung der oberen Staffel geschah mit geringen Abweichungen vom Projekt (vgl. Tafel I) nach der in Fig. 50 skizzierten Weise; die Saugleitung wurde nicht als geschlossene Ringleitung verlegt, sondern bestand aus zwei getrennten Zweigen und wurde mit je einem der angeschlossenen beiden Kreisel von 325 mm Rohranschluß am 1. September 1909 in Betrieb genommen; die beiden anderen dienten zur Reserve. Bis Mitte Oktober wurde in der Mitte der Baugrube etwa am Achsen-Nullpunkt der Schleuse eine Absenkung bis ungefähr + 25,50 erreicht, also weitaus tiefer als angenommen war. Es wurde dann die inzwischen verlegte untere Leitung nach Heruntersetzen der Reservekreisel der oberen Staffel am 18. Oktober in Betrieb genommen, und in kurzer Zeit die zur Ausführung der Fundierungsarbeiten nötige Absenkung erreicht, so daß eine Tieferlegung der oberen Leitung sich erübrigte. Auch die beiden anderen Kreisel der oberen Staffel waren nach unten versetzt worden; dauernd in Betrieb war jedoch an jedem Haupt nur einer. Die Saugleitung der unteren Staffel war ebenfalls abweichend vom Projekt angelegt (s. Fig. 50).

Zur Feststellung der geförderten Wassermenge goß jede Pumpe in ein besonderes aus Beton hergestelltes Meßbecken aus, das zur Beruhigung des Wassers in mehrere Abteilungen eingeteilt war und an der Ausflußseite ein Überfallwehr mit scharfkantigen Seiten besaß. Die Messung der Stauhöhe des Wassers erfolgte an einem aufgestellten Pegel. Die Messung der Wassermenge geschah täglich; die fortlaufenden Messungen sind in Tabelle 52 aufgetragen. Ebenso wurde täglich die Ablesung des Wasserstandes in den in Fig. 50 eingetragenen Beobachtungsbrunnen Nr. 1 bis 13 vorgenommen. In Tabelle 51 sind die beobachteten Wasserstände eingetragen, und zwar erstens vor Inbetriebnahme der Anlage, dann für die mit der oberen Staffel erreichte tiefste Absenkung am 16. Oktober und schließlich die mit der unteren Staffel erreichte tiefste Absenkung am 25. November.

Tabelle 51.

Schleuse Plötzensee.

Wasserstände in den Beobachtungs-Brunnen über N. N.

Beobachtungs-Brunnen Nr.	1	2	3	5	6	7	8	9	10	11	12	13
Wasserstand vor Beginn der Absenkung am 1. 9. 1909 . .	30,85	30,84	30,85	30,85	30,84	30,89	30,84	30,83	30,84	30,89	30,91	—
Wasserstand am 16. 10. 1909. (Obere Staffel)	24,40	25,06	24,97	27,08	28,34	29,66	25,72.5	26,53	28,53	26,08	27,57.5	28,75
Wasserstand am 25. 11. 1909. (Untere Staffel)	24,41	24,43	24,37	26,39	27,93	29,27	24,58	25,57	27,99	25,25	26,90	28,24

Tabelle 52. Schleuse Plötzensee.
Wasserentnahmen. l/sk.

Datum 1909	Westliche Seite	Östliche Seite	Gesamt-Entnahme
16. bis 20. 9.	110	110	220
24. 9. „ 4. 10.	105	100	205
5. 10. „ 6. 10.	100	95	195
8. 10. „ 10. 10.	105	100	205
12. 10.	95	105	200
13. 10. „ 14. 10.	105	95	200
15. 10. „ 21. 10.	keine Messungen		
22. 10. „ 23. 10.	120	110	230
25. 10.	130	120	250
26. 10. „ 27. 10.	100	130	230
28. 10. „ 1. 11.	95	130	225
3. 11. „ 4. 11.	100	130	230
5. 11. „ 8. 11.	95	130	225
9. 11. „ 11. 11.	95—100	130	227,5
12. 11.	80—90	120—130	210
13. 11.	90—95	120	212,5
15. 11. „ 19. 11.	95	120	215
20. 11.	80—90	120—130	210
22. 11. „ 24. 11.	90—100	120—130	220
25. 11. „ 26. 11.	90—100	125—135	225
27. 11. „ 29. 11.	90—100	130—140	230
30. 11. „ 1. 12.	85—95	120—130	215
2. 12. „ 4. 12.	90—100	120—130	220
6. 12. „ 8. 12.	90—95	120—130	217,5
9. 12. „ 18. 12.	90—110	120—130	220
20. 12.	80—90	110—120	200
22. 12.	100	85	185

Für die beiden als Beharrungszustand der beiden Staffeln anzusehenden Absenkungen sind in den Fig. 53 und 54 die durch die beiden Reihen der Beobachtungsbrunnen sich ergebenden Schnitte durch den Grundwasserspiegel zur Darstellung gelangt; es ist hier die früher erwähnte[1]) Absenkung unter dem Kanal hindurch deutlich zu erkennen. Durch die zwischen zwei Brunnen der oberen Leitung sich befindenden Beobachtungsbrunnen Nr. 1 bis 3 war es möglich, den Verlauf der Kurve zwischen den Brunnen genauer festzustellen. Die Kurven zwischen den anderen Brunnen sind unter Zuhilfenahme des Standes im Beobachtungsbrunnen Nr. 11 sinngemäß eingetragen. Jedenfalls ist das in Fig. 34 gezeigte Ansteigen

[1]) Vgl. S. 67.

des Grundwasserspiegels nach den Enden der Anlage hin deutlich zu erkennen.

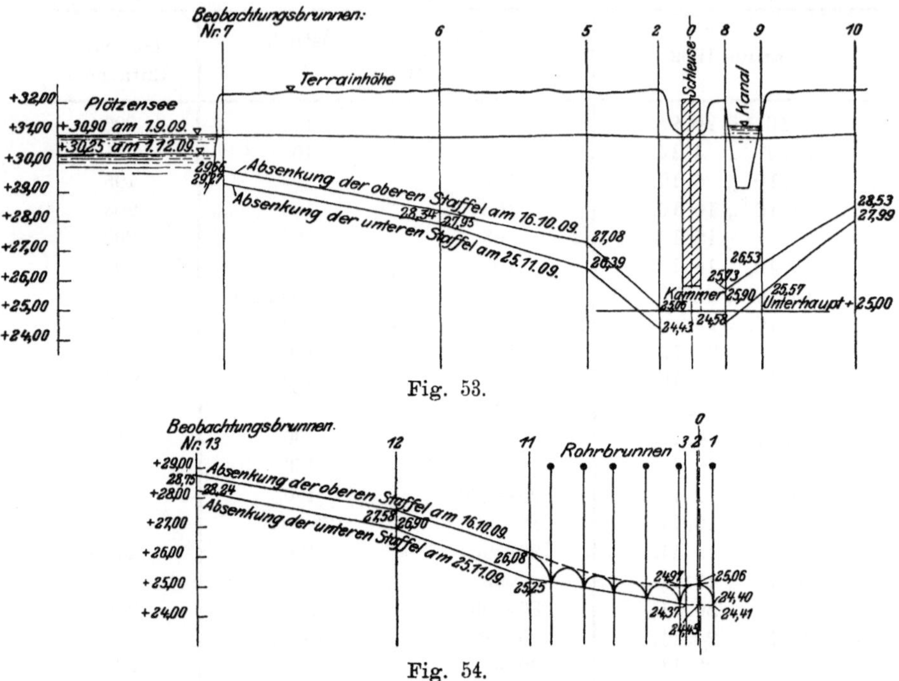

Fig. 53.

Fig. 54.

Fig. 53 und 54. Schleuse Plötzensee. Absenkung der oberen und unteren Staffel. Schnitte durch die Reihen der Beobachtungsbrunnen. Maßstab für die Längen 1 : 5000. Maßstab für die Höhen 1 : 500.

Für die Rechnung sind folgende Werte zugrunde zu legen: Der mittlere Grundwasserstand an der Baustelle vor der Absenkung auf + 30,85; Filterunterkante auf + 16,40; so daß sich bei Annahme der undurchlässigen Sohle in dieser Höhe eine Mächtigkeit der wasserführenden Schicht $H = 14,45$ m ergibt, was hier infolge der auf der westlichen Seite angetroffenen Tonschicht mit der Wirklichkeit ziemlich übereinstimmt.

Berechnung der Durchlässigkeit.

Um die Gültigkeit und Anwendbarkeit der aufgestellten Formeln zu prüfen, soll zunächst nach Gl. 62 die Durchlässigkeit des Untergrundes bestimmt werden, und zwar aus den dem Beharrungszustande entsprechenden Werten sowohl der oberen als auch der unteren Staffel. In Tabelle 55 sind zunächst für die obere Staffel die für die Rechnung nötigen Werte zusammengestellt. Es sind sowohl für die Mitte der Anlage, d. h. etwa den Nullpunkt der Achsen, als auch für die in Spalte 1 angegebenen Beobachtungsbrunnen in Spalte 2 die beobachteten Wasserstände vom 16. 10. 09 eingetragen, für Mitte Kammer der schon oben angegebene Wert der Absenkung + 25,50. Spalte 3 gibt die Spiegelhöhen z über der in + 16,40 angenommenen undurchlässigen Schicht; Spalte 4 die Quadrate z^2; Spalte 5 das Produkt der Entfernungen des betreffenden Beobachtungsbrunnens von den einzelnen Brunnen der oberen Staffel $x_1 \cdot x_2 \cdots x_n$; und endlich Spalte 6 die Werte für

$$\frac{1}{n} \log x_1 \cdot x_2 \cdots x_n.$$

Es wurden dann in Gl. 62 die zusammengehörigen Werte eingesetzt, und zwar einmal für Mitte Kammer und die einzelnen Beobachtungsbrunnen, dann für Beobachtungsbrunnen 2 und sämtliche anderen Beobachtungsbrunnen und schließlich für je zwei in einem Schnitt aufeinanderfolgende Beobachtungsbrunnen, z. B. für Beobachtungsbrunnen 2 und 5, 5 und 6, 6 und 7 usw. Für die Gesamtwasserentnahme Q wurden 200 l/sk in die Rechnung eingeführt, der Mittelwert für die vom 5. 10. bis 14. 10. in Tabelle 52 angegebenen Wassermengen. Die erhaltenen Werte für k sind in Tabelle 56 zusammengestellt, und die Mittelwerte für die einzelnen Reihen festgestellt. Dies geschah einmal für sämtliche Werte einer Reihe zusammen, das andere Mal unter Ausschluß scheinbar zu hoch oder zu tief liegender Werte.

In derselben Weise wurde die Durchlässigkeit k auch aus den für die untere Staffel am 25. 11. 09 gemessenen Werten ermittelt, Tabelle 57 und 58. Für den Wasserstand Mitte Kammer in Tabelle 57 wurde der allerdings erst etwas später — aber bei etwa gleich großer Gesamtabsenkung nach den Angaben der Beobachtungsbrunnen — festgestellte Wert + 24,08 eingesetzt; für Beobachtungsbrunnen 2 der Mittelwert aus Beobachtungsbrunnen 1 bis 3. Es wurde für die untere Staffel eine Wassermenge $Q = 215$ l/sk zugrunde gelegt, als Mittelwert der vom 12. 11. bis 25. 11. beobachteten Wasserentnahmen. In der ersten Zeit nach der Inbetriebnahme dieser Staffel war die Wassermenge etwas größer, bevor der neue Beharrungszustand erreicht war. Auch für diese Staffel ist die undurchlässige Schicht auf + 16,40 anzunehmen.

Endlich sind in Tabelle 59 sämtliche gefundenen Mittelwerte zusammengestellt, sowohl für die obere als auch für die untere Staffel. Als wahrscheinlicher Mittelwert aus allen einzelnen Werten wurde $k = 0{,}00140$ ermittelt. Man sieht ferner, daß die gefundenen Werte der oberen und der unteren Staffel recht gut miteinander übereinstimmen.

Tabelle 55.

Schleuse Plötzensee.

Obere Staffel.

Spalte 1	2	3	4	5	6
	Stand im B.-B.	z	z^2	$x_1 x_2 \ldots x_n$	$\frac{1}{n} \log x_1 x_2 \ldots x_n$
Mitte Kammer	+ 25,50	9,10	83	$6{,}99 \cdot 10^{38}$	1,495
B.-B. 2	+ 25,06	8,66	75	$1{,}535 \cdot 10^{39}$	1,506
„ 5	+ 27,08	10,68	114	$1{,}58 \cdot 10^{49}$	1,892
„ 6	+ 28,34	11,94	142,5	$9{,}55 \cdot 10^{57}$	2,230
„ 7	+ 29,66	13,26	176	308^{26}	2,488
„ 8	+ 25,72.5	9,32.5	87	$2{,}075 \cdot 10^{41}$	1,590
„ 9	+ 26,53	10,13	102,5	$6{,}12 \cdot 10^{45}$	1,764
„ 10	+ 28,53	12,13	147	$1{,}735 \cdot 10^{52}$	2,048
„ 11	+ 26,08	9,68	93,8	$2{,}80 \cdot 10^{45}$	1,748
„ 12	+ 27,57.5	11,17.5	125	$3{,}64 \cdot 10^{51}$	1,986
„ 13	+ 28,75	12,35	152,5	$6{,}43 \cdot 10^{56}$	2,190

Tabelle 56.

Schleuse Plötzensee.

Durchlässigkeit k, obere Staffel.

Spalte 1	2	3	4	5	6
Mitte Kammer und	k	B.-B. 2 und	k	B.-B.	k
B.-B. 5	0,001 87.5	5	0,001 45	2 u. 5	0,001 45
„ 6	0,001 81	6	0,001 57	5 „ 6	0,001 74
„ 7	0,001 57	7	0,001 42.5	6 „ 7	0,001 90
„ 8	(0,003 48)	8	(0,001 02.5)	2 „ 8	0,001 02.5
„ 9	(0,002 02)	9	0,001 37.5	8 „ 9	0,001 64.5
„ 10	0,001 27	10	(0,001 10)	9 „ 10	(0,000 93.5)
„ 11	(0,003 43)	11	0,001 89	2 „ 11	0,001 89
„ 12	0,001 71	12	0,001 41	11 „ 12	0,001 12
„ 13	0,001 47	13	0,001 29	12 „ 13	0,001 19
Mittelwert: aus allen	0,002 07		0,001 39		0,001 45
ohne die eingeklammert. Werte	0,001 42		0,001 49		0,001 49.5

Tabelle 57.

Schleuse Plötzensee.

Untere Staffel.

Spalte 1	2	3	4	5	6
	Stand im B.-B.	z	z^2	$x_1 x_2 \ldots x_n$	$\frac{1}{n} \log x_1 x_2 \ldots x_n$
Mitte Kammer	+ 24,08	7,68	59,0	$6{,}1 \cdot 10^{27}$	1,544
B.-B. 2 (1 bis 3)	+ 24,40	8,00	64	$8{,}28 \cdot 10^{28}$	1,607
„ 5	+ 26,39	9,99	99,8	$4{,}03 \cdot 10^{34}$	1,925
„ 6	+ 27,93	11,53	133	$2{,}99 \cdot 10^{40}$	2,245
„ 7	+ 29,27	12,87	166	308^{18}	2,488
„ 8	+ 24,58	8,18	67	$5{,}25 \cdot 10^{28}$	1,595
„ 9	+ 25,57	9,17	84	$4{,}03 \cdot 10^{31}$	1,756
„ 10	+ 27,99	11,59	134	$4{,}77 \cdot 10^{36}$	2,040
„ 11	+ 25,25	8,85	78,4	$5{,}03 \cdot 10^{30}$	1,705
„ 12	+ 26,90	10,50	110	$2{,}41 \cdot 10^{36}$	2,02
„ 13	+ 28,24	11,84	140	$1{,}80 \cdot 10^{39}$	2,18

Tabelle 58.

Schleuse Plötzensee.

Durchlässigkeit k, untere Staffel.

Spalte 1	2	3	4	5	6
Mitte Kammer und	k	B.-B. 2 und	k	B.-B.	k
B.-B. 2 (1 bis 3)	(0,00198)	Mitte Kammer	(0,00198)	Kammer u. 2	(0,00198)
„ 5	0,00147	B.-B. 5	0,00140	2 u. 5	0,00140
„ 6	0,00149	„ 6	0,00146	5 „ 6	0,00152
„ 7	0,00139	„ 7	0,00136	6 „ 7	0,00116
„ 8	(0,00100.5)	„ 8	(0,00063)	Kammer u. 8	(0,00100.5)
„ 9	0,00133.5	„ 9	0,00117	8 u. 9	0,00149
„ 10	(0,00104)	„ 10	(0,00221)	9 „ 10	(0,00089.5)
„ 11	0,00131	„ 11	0,00107	Kammer u. 11	0,00131
„ 12	0,00147	„ 12	0,00141	11 „ 12	0,00157
„ 13	0,00124	„ 13	0,00119	12 „ 13	(0,00084)
Mittelwert: aus allen	0,00137		0,00139		0,00132
ohne die eingeklammert. Werte	0,00139		0,00129		0,00141

Tabelle 59.

Schleuse Plötzensee.

Durchlässigkeit k; Zusammenstellung der Mittelwerte.

		Mittelwert aus Spalte 2 Mitte Kamm. und B.-B.	Mittelwert aus Spalte 4 B.-B. 2 u. die übrigen B.-B.	Mittelwert aus Spalte 6 B.-B. aufeinanderfolgend	Mittelwert	
Obere Staffel (Tab. 49) Mittelwerte	mit eingeklammerten Werten	(0,002 07)	0,001 39	0,001 45	0,001 42	0,001 44.5
	ohne eingeklammerte Werte	0,001 42	0,001 49	0,001 49.5	0,001 47	
Untere Staffel (Tab. 51) Mittelwerte	mit eingeklammerten Werten	0,001 37	0,001 39	0,001 32	0,001 36	0,001 36
	ohne eingeklammerte Werte	0,001 39	0,001 29	0,001 41	0,001 36	
Mittelwerte		0,001 39	0,001 39	0,001 42	Mittelwert aus allen 0,001 40	

Berechnung der Reichweite der Absenkung.

Aus den Gl. 35 oder 61 kann ferner die Reichweite R der Absenkung ermittelt werden. Da in der Zeit vom September 1909 ein allmähliches Sinken des Wasserspiegels des Plötzensees beobachtet wurde, so kann angenommen werden, daß auch der Grundwasserstand an der Baustelle sich etwa im gleichen Verhältnis gesenkt hätte. Für den Wasserstand des Plötzensees liegt eine Messung vom 1. 12. 09 vor; der Wasserstand betrug an diesem Tage $+30{,}25$, hatte sich also um 0,65 m gesenkt. Nimmt man an, daß an der Baustelle eine gleich große Senkung des Grundwasserstandes eingetreten wäre, so ist also für den Beharrungszustand der unteren Staffel ein ungesenkter Grundwasserspiegel von ungefähr $+30{,}20$ anzunehmen und daher eine Mächtigkeit der wasserführenden Schicht $H = +30{,}20 - 16{,}40 = 13{,}80$ m. Für den Beharrungszustand der oberen Staffel, Mitte Oktober, möge das Mittel zwischen den Grundwasserständen vom 1. September und 1. Dezember in die Rechnung eingesetzt werden, also $H = \frac{13,80 + 14,45}{2} = 14,12.5$ m.

Setzt man diese Werte in Gl. 35 oder 61 ein, für k den gefundenen Wert 0,00140, ferner die in den Tabellen 55 und 57 für Mitte Kammer der oberen und unteren Staffel angegebenen Werte von z^2 und $\frac{1}{n} \log x_1 \cdot x_2 \cdot \cdots x_n$, so ergibt sich für die obere Staffel $R = 395$ m, für die untere Staffel $R = 500$ m. Der Unterschied beider Werte läßt sich erklären durch die in der Zwischenzeit erfolgte weitere Ausbreitung der Absenkung.

Vergleich der aus den beiden Staffeln entnommenen Wassermengen.

Ferner soll mit Gl. 54, in der natürlich $k_1 = k_2$ zu setzen ist, das Verhältnis der aus beiden Staffeln entnommenen Wassermengen kontrolliert werden. Wählt man für die obere Staffel den Index 1 und die zugehörige Brunnenanzahl n, für die untere den Index 2 und Brunnenanzahl m, so würde sich mit Einsetzung des aus der ersten Staffel gefundenen Wertes von $R = 395\ m = R_1 = R_2$ folgendes ergeben:

$$\frac{H_1^2 - z_1^2}{H_2^2 - z_2^2} = \frac{Q_1}{Q_2} \cdot \frac{\ln R_1 - \frac{1}{n} \ln x_1 \cdot x_2 \cdots x_n}{\ln R_2 - \frac{1}{n} \ln x_1 \cdot x_2 \cdots x_m}$$

$$\frac{Q_2}{Q_1} = \frac{190 - 59}{199 - 83} \cdot \frac{2,596 - 1,495}{2,596 - 1,544} = 1,083;$$

mit $Q_1 = 100$ l/sk ist $Q_2 = 217$ l/sk.

Der Wert stimmt mit dem tatsächlich beobachteten gut überein; das Resultat ist dasselbe, wenn man für die obere Staffel $R = 395$ m und für die untere $R_2 = 500$ m einsetzt. Es ergibt sich dann nämlich:

$$\frac{Q_2}{Q_1} = \frac{131}{116} \cdot \frac{1,101}{2,699 - 1,544} = 1,078; \qquad Q_2 = 216 \text{ l/sk}.$$

Setzt man in Gl. 35 oder 61 nicht die Werte für Mitte Kammer, sondern für einen Beobachtungsbrunnen ein, so findet man etwas abweichende Werte von R aber ähnliche Verhältnisse $\frac{Q_2}{Q_1}$. Die aufgestellten Gleichungen lassen sich also sehr gut zu rechnerischen Ermittelungen verwenden.

Probeabsenkung.

Für diese Anlage sind auch Vorversuche in kleinem Maßstabe im Oktober und November 1908 an der Schleusenbaustelle angestellt worden. Es wurden 6 Brunnen von verschiedener Länge, mit Filtern von etwa 150 mm äußerem Durchmesser und etwa 4 m Filterlänge mit verschiedenen Filtergeweben, niedergebracht; die Abstände der Brunnen betrugen 3 bis 4 m. Die Filter standen höher als die der endgültigen Anlage; die Filtersohlen befanden sich auf etwa + 18,60 bis + 22,40.

Es wurde mit Kreiseln von 150, 250 und 275 mm Rohranschluß, teils aus einem, teils aus zweien und mehreren Brunnen gleichzeitig gepumpt, und dabei Wassermengen bis 35 l/sk entnommen, wobei Spiegeldifferenzen im Brunnen und dicht daneben von 3 bis 4 m eintraten. Die bei der Hauptanlage pro Brunnen entnommene Wassermenge war nur 7,7 l/sk in der oberen und rund 12 l/sk in der unteren Staffel. Bei der übertrieben großen Entnahme konnten natürlich bei den Vorversuchen Resultate, die irgendwie darauf Anspruch machen, die vorliegenden Verhältnisse auch nur annähernd darzustellen, nicht erzielt werden. Es ist dem Verfasser auch nicht gelungen, einen Zusammenhang mit den Resultaten aus der endgültigen Anlage zu finden.

Auf Grund welcher Rechnungsweise die Übertragung der bei den Vorversuchen ermittelten Werte auf das Projekt der Gesamtanlage geschah, ist dem Verfasser nicht bekannt. Projektiert wurde die Anlage für eine Gesamtentnahme von 400 l/sk in der oberen und 700 l/sk in der unteren Staffel, und für die Förderung dieser Wassermengen kam auch fast die ganze Anlage, außer Fortfall je eines anzuschließenden Kreisels, zur Ausführung, war also für die tatsächlichen Verhältnisse viel zu groß bemessen. Die nötige Absenkung wurde daher mit Leichtigkeit erreicht, aber mit zu hohen Anlagekosten und unwirtschaftlicher Ausnutzung der Maschinenanlage.

Vervollständigung der Daten der Anlage.

Um die über die Anlage gegebenen Daten zu vervollständigen, mögen noch folgende Angaben gemacht werden:

Brunnen: Brunnenrohre 175 mm l. W.; Einhängerohre 125 mm l. W.; lederne Rückschlagklappe.

Saugleitung: Muffenrohre, von 200 bis 275 mm l. W. zunehmend, Kreiselanschluß 325 mm l. W. (s. Tafel I). Anordnung der Rohrleitungen und Schieber s. ebenfalls Tafel I und Fig. 50.

Pumpen und Motoren: Mitteldruck-Kreisel (Brodnitz & Seydel), direkt gekuppelt mit 42 PS_e-Gleichstrommotoren (A. E. G.), 62 Amp., 500 Volt, $n = 965$ Umdr./min.

Zentrale: 2 Lanzsche Heißdampf-Verbund-Lokomobilen, 12 atm., 125 PS_e norm.; durch Riemen angetriebene Gleichstrom-Generatoren (A. E. G.), 110 Amp., 225 Volt, $n = 750$ Umdr./min, 110 KW. In Betrieb nur ein Aggregat, das andere als Reserve; gleichzeitige Stromabnahme für Baumaschinen und Beleuchtung. Stromverbrauch für die obere Staffel etwa 60 KW., die sich zu etwa gleichen Teilen auf die beiden Motoren am Oberhaupt und Unterhaupt verteilten; für die untere Staffel etwa 80 KW.

Kohlenverbrauch: etwa 950 kg Briketts in 12 Stunden, Betriebsbereitschaft der zweiten Lokomobile und Beleuchtung eingeschlossen. An den Pumpen Anschluß zum Dampfstrahl-Ejektor in der Zentrale.

3. Grundwasserabsenkung beim Bau der neuen Emder Seeschleuse.

Als weiteres Beispiel mögen die Absenkungen der beim Bau der neuen Emder Seeschleuse ausgeführten Anlagen dienen.

Allgemeine Daten.

Die Schleuse soll den Zugang zu einem neu zu schaffenden Binnenhafen bilden. Die Baustelle liegt (s. Tafel II) zwischen der Ems und dem schon bestehenden Außenhafen im Schutze des Außendeiches. Die sehr großen Dimensionen der Schleuse sind ebenfalls aus Tafel II ersichtlich.

Es wurde zunächst nur der Ausbau der Grundwasserabsenkungsanlage für das Außenhaupt in Aussicht genommen. Später sollte dann auch die Anlage am Binnenhaupt ausgebaut werden und dadurch gleichzeitig die Absenkung für die Schleusenkammer mit erreicht werden, deren Sohle nicht so tief liegt wie die der beiden Häupter.

Die überall ziemlich gleichmäßige Beschaffenheit des Untergrundes war etwa folgende: Über dem ganzen Gebiet befindet sich eine ungefähr 11 bis 12 m starke Klaischicht von einzelnen dünnen Sandschichten und in ihrem unteren Teil von einzelnen Dargschichten in wechselnder Stärke von etwa 1 bis 4 m durchsetzt, darunter feiner Sand bis in größere Tiefen mit einer dazwischen liegenden, ebenfalls in einer Stärke von 1 bis 4 m wechselnden Schicht gröberen, mit Kies vermischten Sandes.

Der Stand des unter der Klaischicht in gespanntem Zustande befindlichen Grundwassers ist abhängig vom Wasserstande der Ems und schwankt mit wechselnder Ebbe und Flut. Dem mittleren Hochwasserstand der Ems ± 0 entspricht ein Grundwasserstand von — 1,10, dem mittleren Niedrigwasser der Ems — 3,00 ein Grundwasserstand von — 1,70; sämtliche Höhenangaben beziehen sich auf den mittleren Hochwasserstand ± 0 der Ems, der auf + 1,298 N.N.

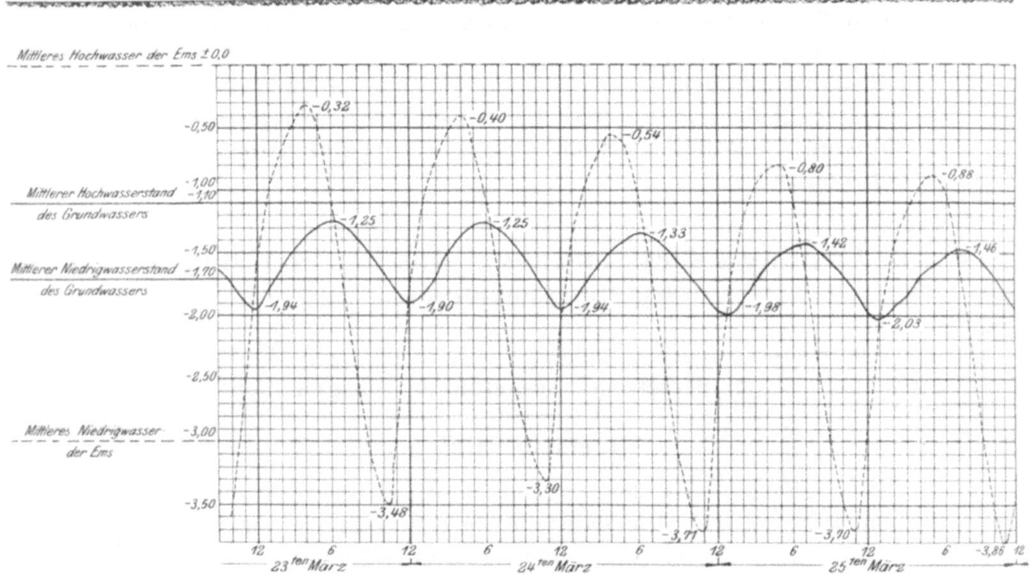

Fig. 60. Neue Emder Seeschleuse.

Bewegung des Grundwassers im Gelände der Schleusenbaustelle vom 23. bis 28. März 1908.

liegt. Die Fluthöhe beträgt im Boden etwa 0,60 m, die Nacheilung der Flutkurve im Boden ungefähr 2 Stunden. Auch ein Steigen und Fallen des Emswassers, unter dem Einfluß des Windes ist bemerkbar, so daß bei andauerndem Ostwind mit dem Fallen des Emswasserstandes gleichzeitig der Grundwasserstand fällt. Dies ist in Fig. 60 deutlich zu erkennen. Dort sind die während einer Reihe von Tagen gleichzeitig beobachteten Wasserstände des Grundwassers und der Ems aufgetragen; der mittlere Emswasserstand fällt allmählich und mit ihm der mittlere Grundwasserstand, beide steigen dann gleichmäßig wieder an. Fig. 61 zeigt ferner die Flutkurven der Ems und des Grundwassers während einer Sturmflut.

Probeabsenkungen.

Um die Möglichkeit einer Grundwasserabsenkung in dem außerordentlich feinen Sande an der Baustelle nachzuweisen, wurde eine Reihe von Probeabsenkungen ausgeführt, deren Resultate im folgenden mitgeteilt und einer Betrachtung unterzogen werden sollen.

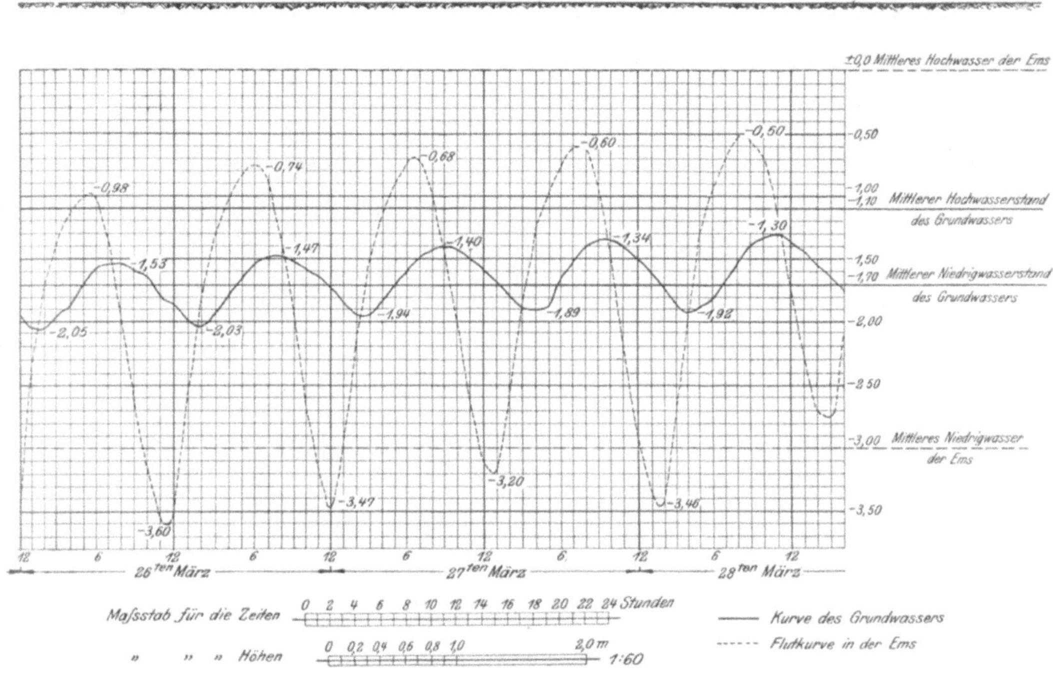

Die Höhen sind bezogen auf M.H.W. = ± 0,0. M.H.W. liegt 1,298 m über N.N.

Die Unterkante der Betonsohle liegt auf — 19,00; es sollte bis — 20,00 abgesenkt werden. Unter Annahme einer Krümmung des Wasserspiegels von Mitte Baugrube bis zur Brunnenreihe von 3 m sollte die Filteroberkante auf — 23,00 angenommen werden, die Filtersohle bei einer Filterlänge von 5 m sich also auf — 28,00 befinden. Zunächst wurde eine Anlage von 6 Brunnen ins Auge gefaßt, um die Wirkung der Absenkung in dem feinen Sande zu beobachten und festzustellen, ob es möglich wäre, eine genügende Wassermenge aus den Brunnen zu fördern, und ob ferner das gewählte Filtergewebe keinen Sand in die Brunnen eintreten ließe.

Wie in Fig. 62 dargestellt, wurde eine Baugrube bis — 4,30

im Trockenen ausgehoben; von hier aus erfolgte das Bohren der Brunnen, und zwar unter Verwendung eines Bohrrohres von 310 mm l. W. Das eigentliche Filterrohr hatte einen äußeren Durchmesser von etwa 150 mm. Der Zwischenraum zwischen beiden Rohren wurde mit einer Kiesschüttung von $^1/_2$ bis 4 mm Korngröße ausgefüllt. Es sollte hierdurch eine in Höhe von — 16,00 bis — 21,00

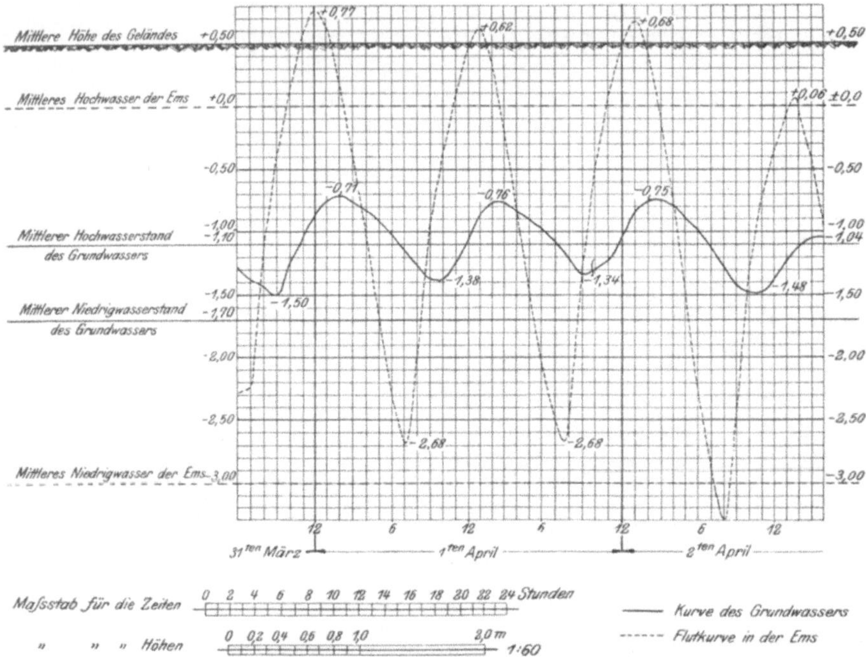

Fig. 61. Neue Emder Seeschleuse.

Bewegung des Grundwassers im Gelände der Schleusenbaustelle vom 31. März bis 2. April 1908.

befindliche Schicht gröberen bis kiesigen Sandes mit dem Filter in Verbindung gebracht werden. Das Filterrohr bestand aus einem verzinkten, schmiedeisernen Rohr von 145 mm l. W. Über den unteren als Filter dienenden 5 m langen, durchlöcherten Teil war feine verzinkte Kupfergaze gespannt. Das Aufsatzrohr hatte einen Durchmesser von 130 mm l. W. und reichte bis zur Baugrubensohle herauf. Die Einhängerohre von 104 mm l. W. waren etwa 10 bis 11 m lang und hatten am oberen Ende einen aufgeschraubten Flansch, an den sich ein Krümmer von 150 mm l. W. anschloß. Zwischen beiden war eine lederne, mit Blei beschwerte Rückschlagklappe ein-

Neue Emder Seeschleuse.
Grundwasserabsenkung.
Vorversuche.
+0,92
+0,32
+1,07
- 7,00
- 7,00
- 4,30
Pumpe
B.B.a.
B.B.d.
B.B.e.
B.B.g.
B.B.h.
B.B.i.
B.B.k.
15,00
22,85
42,45
13,40
20,65
10,0
30,15
50,12
Maßstab 1:1000
50 m

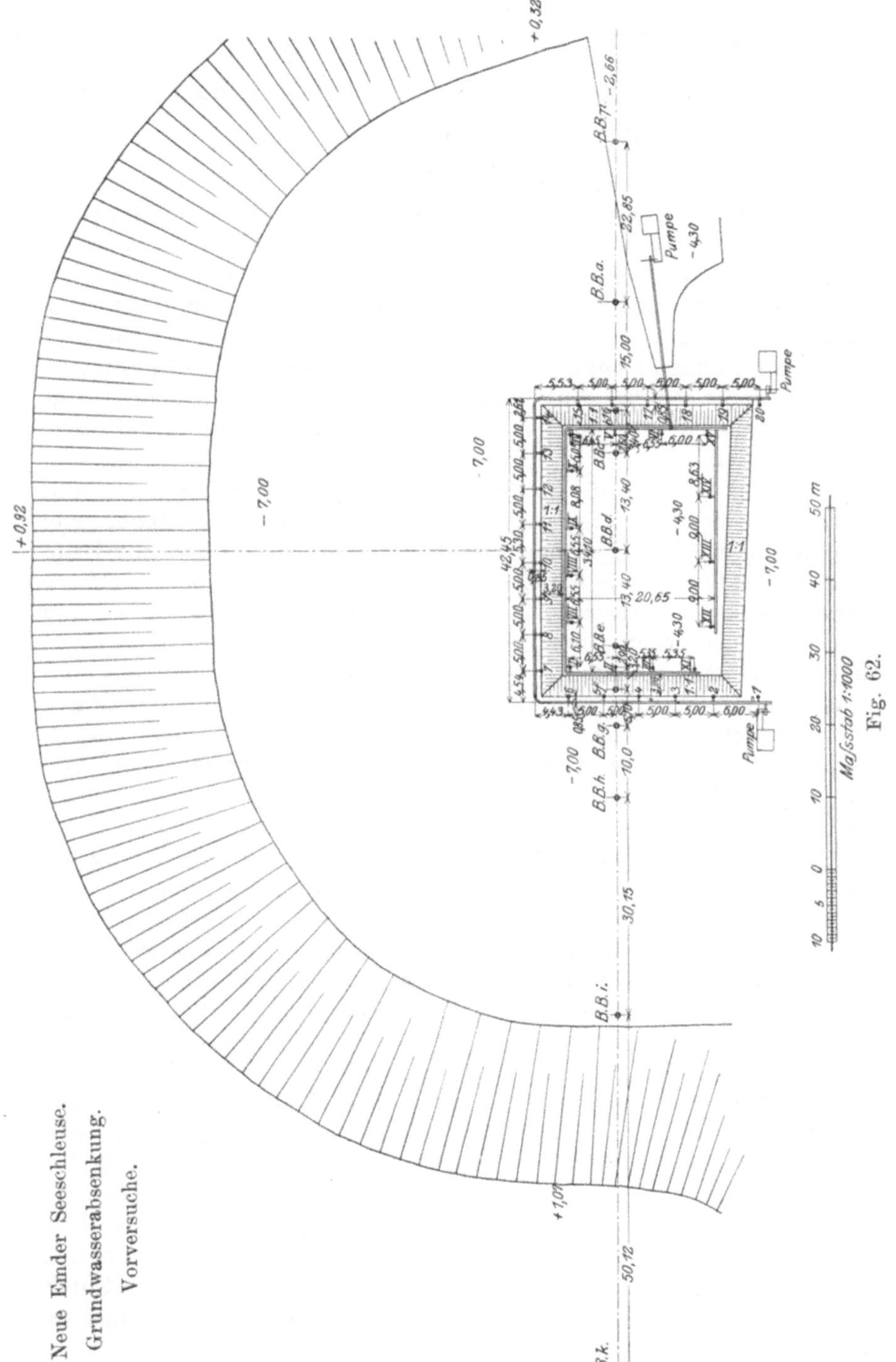

Fig. 62.

geschaltet. Die Saugleitung hatte einen allmählich zunehmenden Durchmesser von 150, 175 und 250 mm l. W. Ein von einem 45 PS starken Motor angetriebener Kreisel von 250 mm Rohranschluß war an die Saugleitung angeschlossen.

Die Stellung der mit Nr. I bis VI bezeichneten Brunnen ist in Fig. 62 ersichtlich. Bei der großen Entfernung der beiden Reihen von je 3 Brunnen war es nur möglich, in der Mitte der Baugrube eine Absenkung von etwa 1,50 m zu erreichen. Der Grundwasserstand schwankte weiter unter dem Einfluß von Ebbe und Flut, vor der Absenkung ungefähr zwischen — 1,50 bis — 1,85, jetzt von — 3,00 bis — 3,50. Es wurde die für einen Kreisel von 250 mm l. W. sehr geringe Menge von ungefähr 1000 l/min = 16,7 l/sk stoßweise entnommen bei einem nur geringen Vakuum von 2 bis 4,5 m Wassersäule. Das gepumpte Wasser war klar, Sand wurde nicht mit gefördert.

Es wurden nun die in Fig. 62 mit Nr. VII bis XV bezeichneten weiteren 9 Brunnen niedergebracht von derselben Konstruktion wie die beschriebenen, aber mit einer Filterlänge von 10 m. Mit Hilfe der 15 Brunnen wurde bei einer stoßweisen Entnahme von 2500 l/min = 41,7 l/sk eine Absenkung bis zur Tiefe von — 7,00 bis — 7,40 erreicht. Gleichzeitig mit dem Wasser wurden große Mengen eines mit rötlichgelber Flamme brennenden Gases, scheinbar Schwefelwasserstoff, gefördert; dies war als Ursache des geringen Vakuums anzunehmen, das jetzt zwischen 4,6 und 6,0 m Wassersäule schwankte. Bei einer Erhöhung der Umdrehungszahl von 700 auf 800 Umdr./min wurde eine tiefste Absenkung bis — 8,27 erreicht.

Es wurde nun, wie aus Fig. 62 ersichtlich, der Boden rund um die bisherige Anlage bis zur Ordinate — 7,00 ausgehoben. Von dieser Höhe aus wurden dann die mit Nr. 1 bis 20 bezeichneten Brunnen niedergebracht. Sie hatten ebenfalls 10 m lange Filter in gleicher Konstruktion wie die früheren und Kiesumschüttung. Da diese Brunnenreihen bei einer Ausdehnung des Versuches zur endgültigen Anlage mit verwendet werden sollten, jedoch nicht für die unterste Staffel, durch die bis — 20,00 abgesenkt werden sollte, in Aussicht genommen waren, wurde ihre Tiefe so bemessen, daß sie für die günstigste Absenkung von einer auf — 7,00 zu verlegenden ersten Staffel aus voll genügte. Die Filteroberkante befand sich auf — 15,00, die Filterunterkante auf — 25,00. Die Einhängerohre reichten 4 bis 5 m tief in die Filter hinein, um ein Eindringen der Gase möglichst zu verhindern; bei der oberen Leitung auf — 4,30 lag die Unterkante der Einhängerohre über dem Filter. An die Saugleitung waren 2 Kreisel von 250 mm l. W. angeschlossen.

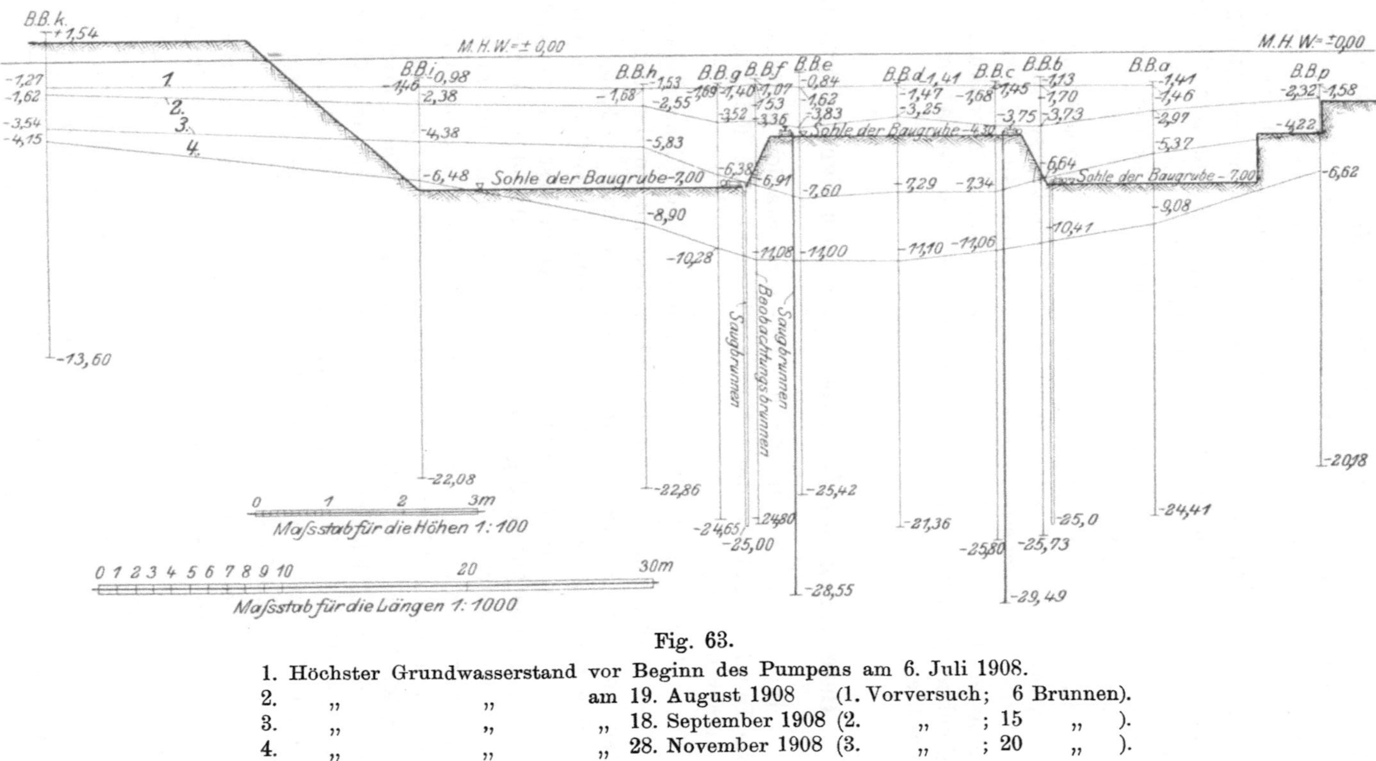

Fig. 63.

1. Höchster Grundwasserstand vor Beginn des Pumpens am 6. Juli 1908.
2. „ „ am 19. August 1908 (1. Vorversuch; 6 Brunnen).
3. „ „ „ 18. September 1908 (2. „ ; 15 „).
4. „ „ „ 28. November 1908 (3. „ ; 20 „).

Bei einer Wasserentnahme von etwa 4200 l/min = 70 l/sk betrug die erreichte Absenkung etwa — 11,00. Die Gasförderung war wiederum außerordentlich stark; die geförderte Gasmenge wurde auf 50 bis 75 % der geförderten Wassermenge geschätzt. Eine Verlängerung der Saugrohre bis 40 cm über den unteren Abschluß der Filterrohre zeigte hierin keine Änderung. Es war nur eine geringe Abnahme des geförderten Gases zu bemerken und ein etwas gleichmäßigeres Arbeiten der Pumpen, die jetzt ein Vakuum von 6 bis 7 m Wassersäule erreichten.

In Fig. 62 ist gleichzeitig die Lage der Beobachtungsbrunnen angegeben. In Fig. 63 sind in einem Schnitt durch die Baugrube und die entsprechenden Beobachtungsbrunnen die bei den drei verschiedenen Stadien des Vorversuchs erreichten Absenkungen und gleichzeitig der Grundwasserstand vor Beginn der Absenkung eingetragen.

Berechnung der Durchlässigkeit und der Reichweite.

Im folgenden soll für die einzelnen Stadien zunächst wieder die Durchlässigkeit k des Untergrundes und die Reichweite R berechnet werden.

1. Vorversuch (mit 6 Brunnen). Die Filterunterkante lag auf — 28,00; der mittlere Grundwasserstand an der Baustelle aus den Angaben der Beobachtungsbrunnen betrug — 1,56, und zwar ist dies der mittlere höchste Grundwasserstand, der Flut entsprechend; auf ihn werden die Absenkungen der beiden ersten Vorversuche bezogen, da der jedesmalige Beharrungszustand bei einem Emswasserstand beobachtet wurde, der dem bei Feststellung des angegebenen Grundwasserstandes etwa entsprach. Demnach ergibt sich als Höhe des ungesenkten Wasserspiegels über der durch die Filterunterkanten gelegten Sohle $H = 28,00 - 1,56 = 26,44$ m. Die Unterkante der übergelagerten Klaischicht kann an der Stelle der Vorversuche (s. Tafel III) zu — 11,50 angenommen werden. Für das unter Druck befindliche Wasser ergibt sich daher als Höhe der wasserführenden Schicht $m = 28,00 - 11,50 = 16,50$ m.

In Tabelle 64 sind die für die Rechnung nötigen Grundlagen gegeben. Für den Beobachtungsbrunnen k kann das Produkt der Entfernungen von den einzelnen Brunnen $x_1 \cdot x_2 \cdots x_n$ gleich dem Abstand des Beobachtungsbrunnens von der Mitte der Anlage, nämlich $x = 115$ m gesetzt werden, ohne das Resultat zu beeinflussen. Die für die Durchlässigkeit k nach der für artesische Brunnen gültigen Gl. 94 errechneten und in Tabelle 65 zusammengestellten Werte schwanken ziemlich und geben als Mittelwert $k = 0{,}000\,231$. Hieraus berechnet sich nach Gl. 93:

$$\ln R = \frac{(H - z) \cdot 2\pi \cdot m \cdot k}{Q} + \frac{1}{n} \ln x_1 \cdot x_2 \cdots x_n,$$

$$\log R = \frac{(26{,}44 - 24{,}75) \cdot 2\pi \cdot 16{,}50 \cdot 0{,}000\,231}{0{,}0167 \cdot 2{,}3} + 1{,}232 = 2{,}284,$$

$$R = 193\ \text{m}.$$

2. Vorversuch (15 Brunnen). Filterunterkante ebenfalls $-28{,}00$; ebenso $H = 26{,}44$ m. In Tabelle 66 sind die für die Rechnung nötigen Werte zusammengestellt. Als Mittelwert für die Durchlässigkeit wurde $k = 0{,}000\,198$ berechnet (s. Tabelle 67), und die Reichgrenze $R = 240$ m.

3. Vorversuch (20 Brunnen). Filterunterkante $-25{,}00$. Entsprechend dem höheren Wasserstand der Ems wurde hier der dem mittleren Hochwasserstand der Ems entsprechende Grundwasserstand von $-1{,}10$ m angenommen, so daß sich ergibt $H = 23{,}90$ m. Ferner ist $m = 25{,}00 - 11{,}50 = 13{,}50$ m. Nach den in Tabelle 68 angegebenen Werten erhält man als Mittelwert für die Durchlässigkeit $k = 0{,}000\,211$ (s. Tabelle 69) und $R = 244$ m.

Tabelle 64.

Schleuse Emden.

1. Vorversuch.

Rechnungsunterlagen.

Spalte 1	2	3	4	5
Bezeichnung des B.-B.	Höchster Stand am 19. 8. 08	z	$x_1 \cdot x_2 \cdots x_n$	$\frac{1}{n} \log x_1 \cdot x_2 \cdots x_n$
k	$-1{,}62$	26,38	115^6	2,060
i	$-2{,}38$	25,62	$5{,}92 \cdot 10^{10}$	1,795
h	$-2{,}55$	25,45	$8{,}6 \cdot 10^8$	1,490
a	$-2{,}97$	25,03	$9{,}17 \cdot 10^8$	1,496
d	$-3{,}25$	24,75	$2{,}42 \cdot 10^7$	1,232

Tabelle 65.

Schleuse Emden.

1. Vorversuch.

Durchlässigkeit k.

B.-B.	k
d und k	0,000 200.5
d „ i	0,000 239.5
d „ h	0,000 136.5
d „ a	0,000 349

im Mittel: 0,000 231

Tabelle 66.

Schleuse Emden.

2. Vorversuch.

Rechnungsunterlagen.

Spalte 1	2	3	4	5
Bezeichnung des B.-B.	Höchster Stand am 18. 9. 08.	z	$x_1 \cdot x_2 \cdots x_n$	$\frac{1}{n} \log x_1 \cdot x_2 \cdots x_n$
k	— 3,54	24,46	115^{15}	2,060
i	— 4,38	23,62	$1{,}037 \cdot 10^{27}$	1,802
h	— 5,83	22,17	$5{,}32 \cdot 10^{22}$	1,515
p	— 4,22	23,78	$1{,}888 \cdot 10^{26}$	1,752
a	— 5,37	22,63	$5{,}32 \cdot 10^{27}$	1,515
d	— 7,29	20,71	$1{,}965 \cdot 10^{17}$	1,152

Tabelle 67.

Schleuse Emden.

2. Vorversuch.

Durchlässigkeit k.

B.-B.	k
d und k	0,000 224
d „ i	0,000 207
d „ h	0,000 203
d „ p	0,000 181
d „ a	0,000 175

im Mittel: 0,000 198

Tabelle 68.

Schleuse Emden.

3. Vorversuch.

Rechnungsunterlagen.

Spalte 1	2	3	4	5
Bezeichnung des B.-B.	Höchster Stand am 28. 11. 08.	z	$x_1 \cdot x_2 \cdots x_n$	$\frac{1}{n} \log x_1 \cdot x_2 \cdots x_n$
k	$-4{,}15$	20,85	115^{20}	2,060
i	$-6{,}48$	18,52	$1{,}058 \cdot 10^{36}$	1,804
h	$-8{,}90$	16,10	$1{,}656 \cdot 10^{30}$	1,513
p	$-6{,}62$	18,38	$6{,}52 \cdot 10^{34}$	1,742
a	$-9{,}08$	15,92	$1{,}656 \cdot 10^{30}$	1,513
d	$-11{,}10$	13,90	$3{,}47 \cdot 10^{25}$	1,276

Tabelle 69.

Schleuse Emden.

3. Vorversuch.

Durchlässigkeit k.

B.-B.	k
d und k	0,000214
d „ i	0,000217
d „ h	0,000205
d „ p	0,000197
d „ a	0,000223

im Mittel: 0,000211

Vergleich der drei Vorversuche miteinander.

Es sollen nun die Ergebnisse aus den einzelnen Vorversuchen miteinander verglichen werden.

a) Vergleich von Vorversuch 1 und 2. Für den Vergleich dient die Gleichung:

$$\frac{Q_2}{Q_1} = \frac{m_2 \cdot (H_2 - z_2)}{m_1 \cdot (H_1 - z_1)} \cdot \frac{\log R_1 - \frac{1}{n} \log x_1 \cdot x_2 \cdots x_n}{\log R_2 - \frac{1}{m} \log x_1 \cdot x_2 \cdots x_m}, \quad . \quad (95)$$

die für artesische Brunnen analog Gl. 52 gebildet ist. Bei beiden

Vorversuchen lag die Filterunterkante auf —28,00, es ist daher $H_1 = H_2 = 26{,}44$ m und $m_1 = m_2 = 16{,}50$ m zu setzen.

Ferner sind für z_1 und z_2 die entsprechenden Werte für den Beobachtungsbrunnen d, d. h. für die Mitte der Anlage, aus den Tabellen 64 und 66, und ebenso die dazugehörigen Werte für $x_1 \cdot x_2 \cdots x_n$ und $x_1 \cdot x_2 \cdots x_m$ einzusetzen.

1. Setzt man zunächst in die Formel für R die beiden gefundenen Werte

$$R_1 = 193\ \text{m}, \qquad R_2 = 240\ \text{m}$$

ein, so ergibt sich:

$$\frac{Q_2}{Q_1} = \frac{26{,}44 - 20{,}71}{26{,}44 - 24{,}75} \cdot \frac{2{,}285 - 1{,}232}{2{,}380 - 1{,}152} = 3{,}39 \cdot 0{,}857 = 2{,}905,$$

und für $Q_1 = 16{,}7$ l/sk aus dem 1. Vorversuch eine Wassermenge von $Q_2 = 48{,}5$ l/sk für den 2. Vorversuch.

2. Wollte man unter Zugrundelegung des aus dem 1. Vorversuch gefundenen Wertes von R die Wassermenge für den 2. Vorversuch berechnen, und in Gl. 95

$$R_1 = R_2 = 193\ \text{m}$$

setzen, so erhielte man

$$\frac{Q_2}{Q_1} = 3{,}15. \qquad Q_2 = 52{,}5\ \text{l/sk}.$$

b) Vergleich von Vorversuch 2 und 3.

Für den 3. Vorversuch ist $H_3 = 23{,}90$ m und $m_2 = 13{,}50$ m einzusetzen, und die entsprechenden Werte für z_3 und $\frac{1}{n} \ln x_1 \cdot x_2 \cdots x_n$ aus Tabelle 68 für Beobachtungsbrunnen d zu entnehmen.

1. Mit $R_2 = 240$ m und $R_3 = 244$ m ergibt sich dann:

$$\frac{Q_3}{Q_2} = \frac{13{,}50 \cdot (23{,}90 - 13{,}90)}{16{,}50 \cdot (26{,}44 - 20{,}71)} \cdot \frac{2{,}380 - 1{,}152}{2{,}387 - 1{,}776} = 1{,}428 \cdot 1{,}105 = 1{,}576.$$

Unter Einsetzung von $Q_2 = 41{,}7$ l/sk, dem tatsächlich gemessenen Wert, wird dann $Q_3 = 65{,}6$ l/sk.

2. Setzte man im Zähler und Nenner $R_2 = 240$ m ein, den aus dem 2. Vorversuch gewonnenen Wert, so würde sich

$$Q_3 = 66{,}2\ \text{l/sk}$$

ergeben.

c) Vergleich des 1. und 3. Vorversuches. Die entsprechenden, sämtlich schon angeführten Werte für diese beiden Vorversuche sind sinngemäß in Gl. 95 einzusetzen; es ergibt sich dann:

1. für $R_1 = 193$ m und $R_2 = 244$ m:

$$\frac{Q_3}{Q_1} = \frac{13{,}50 \cdot (23{,}90 - 13{,}90)}{16{,}50 \cdot (26{,}44 - 24{,}75)} \cdot \frac{2{,}285 - 1{,}232}{2{,}387 - 1{,}276} = 4{,}84 \cdot 0{,}947 = 4{,}58,$$

$Q_3 = 76{,}4$ l/sk.

2. für $R_1 = 193$ m $= R_3$, wäre

$$Q_3 = 79{,}8 \text{ l/sk.}$$

Man sieht aus den gefundenen Resultaten, daß die Übereinstimmung der aufgestellten Formeln mit der Wirklichkeit, d. h. die Anwendung der Formeln für den Vergleich oder die Vorausberechnung derartiger Anlagen eine recht gute ist, soweit sich dies bei den verwickelten Verhältnissen und bei den in der Wirklichkeit stets vorhandenen Unregelmäßigkeiten erwarten läßt.

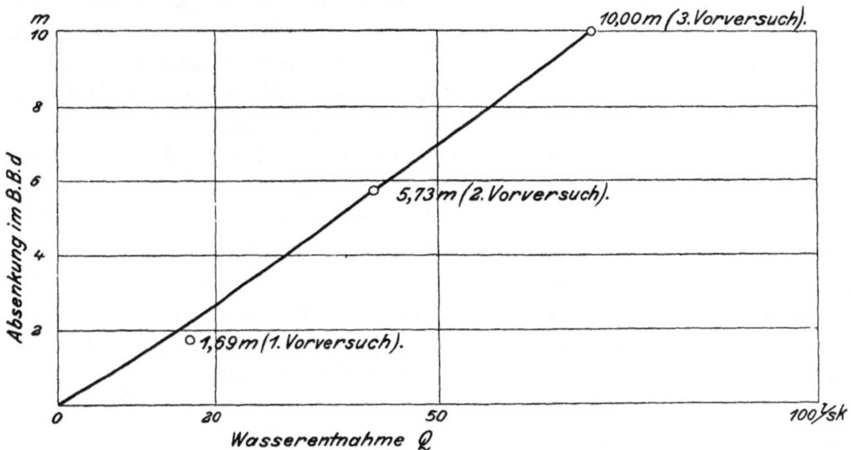

Fig. 70. Neue Emder Seeschleuse; Absenkungen im Beobachtungsbrunnen *d* bei den drei Vorversuchen.

Betrachtet man einfach die Absenkung in der Mitte der Baugrube, Beobachtungsbrunnen *d*, im Verhältnis der entnommenen Wassermenge bei den drei Vorversuchen, so entsprechen nach Fig. 70 die Werte für den 2. und 3. Vorversuch ziemlich gut der Proportionalität zwischen Absenkung und Wassermenge, da beide Anlagen fast die gleiche Größe haben. Die Absenkung für den 1. Vorversuch bleibt im Verhältnis etwas zurück und erklärt sich aus der geringen Anzahl der in weiter Entfernung einander gegenüberstehenden Brunnen. Derartige überschlägliche Vergleiche, ohne Rücksicht auf die Ausgestaltung der Anlage, können daher gut angestellt werden.

Berücksichtigung der in der Nähe befindlichen offenen Gewässer.

Ausgeführt wurden die Berechnungen mit den Formeln, die zur Voraussetzung haben, daß die Anlage sich in gleichmäßigem Untergrunde in einem sich nach allen Seiten hin erstreckenden Grundwasserbecken befindet. In Wirklichkeit liegt aber hier die Anlage, wie bereits erwähnt wurde, zwischen der Ems und dem Außenhafen. Es bleibt noch zu untersuchen, ob bei Berücksichtigung dieser beiden in der Nähe befindlichen, offenen Gewässer eine Änderung der Resultate sich ergeben würde. Von der Mitte der Voranlagen aus gerechnet, d. h. ungefähr vom Beobachtungsbrunnen d aus, ist der kürzeste Abstand von der Ems 240 m, während der nächstliegende Punkt des Ufers des Außenhafens sich in einer Entfernung von 260 m befindet. Betrachtet man nun die Verhältnisse so, als ob die Versuchsstelle sich in einem mittleren Abstand von $e = 250$ m zwischen zwei parallel laufenden Uferstrecken befände, so würde es möglich sein, die im ersten Teil gegebenen Formeln auf den vorliegenden Fall anzuwenden.

Einzusetzen wäre in die Formeln für h_0 der Flußwasserstand. Es ist oben erwähnt, daß der Grundwasserstand durchaus beeinflußt ist vom Stande der Ems und mit diesem schwankt und in der Flutbewegung eine Nacheilung besitzt. Um einen Vergleich mit den nach anderer Methode berechneten Werten zu gestatten, ist es nötig, auch ähnliche Verhältnisse anzunehmen, d. h. einen ebenen Grundwasserstand von der in den anderen Berechnungen angenommenen Höhe zugrunde zu legen, der mit dem Flußwasserstand korrespondiert. Demnach würde für den 2. Vorversuch eine Höhe $h_0 = 26{,}44$ m einzusetzen sein, für den 3. Vorversuch $h_0 = 23{,}90$ m. Die Entfernung der hinzugedachten Anlagen wäre

$$\sqrt{2} \cdot e = \sqrt{2} \cdot 250 = 354 \text{ m}.$$

Für die Mitte der Baugrube, d. h. für Beobachtungsbrunnen d würde analog Gl. 80 gelten:

$$h_0 - z = \frac{Q}{2\pi \cdot m \cdot k}\left(\ln \sqrt{2} \cdot e - \frac{1}{n} \ln x_1 \cdot x_2 \cdots x_n\right) \quad . \quad (96)$$

Setzt man die entsprechenden Werte für den 2. Vorversuch ein, so wird $k = 0{,}000225$, was mit den früher gewonnenen Werten gut übereinstimmt. Für die zu Beobachtungsbrunnen d gehörigen Werte des 3. Vorversuches würde sich etwas abweichend $k = 0{,}000265$ ergeben.

Die Reihe der Beobachtungsbrunnen kann annähernd als auf

der Mittellinie zwischen den beiden Gewässern liegend angenommen werden; es gilt für sie dann ähnlich Gl. 81:

$$h_0 - z = \frac{Q}{2\pi \cdot m \cdot k} \left(\ln y - \frac{1}{n} \ln x_1 \cdot x_2 \cdots x_n\right) \quad . \quad (97)$$

Es ist dann z. B. für Beobachtungsbrunnen k einzusetzen:

$$y = \sqrt{354^2 + 115^2} = 372 \text{ m}$$

und die übrigen bereits benutzten Werte. Für den 2. Vorversuch ergibt sich dann $k = 0{,}000239$, wiederum ziemlich mit den früheren übereinstimmend, für den 3. Vorversuch allerdings abweichend $k = 0{,}000318$. Hier scheinen besondere Unregelmäßigkeiten vorzuliegen; denn z. B. für Beobachtungsbrunnen i mit

$$y = \sqrt{354^2 + 65^2} = 360 \text{ m}$$

findet sich $k = 0{,}000265$.

Es ergibt sich also eine verhältnismäßig gute Übereinstimmung mit den nach der früheren Rechnungsart gefundenen Resultaten, soweit dies erwartet werden kann, in Hinsicht auf die für die Wirklichkeit nur angenähert zutreffende Annahme des Vorhandenseins von zwei parallelen Gewässern zu beiden Seiten der Anlage. Es war daher gestattet, die einfacheren Verhältnisse eines unbegrenzten Grundwasserbeckens zugrunde zu legen; eine wesentliche Beeinflussung der Absenkungen der Voranlagen durch die Ems bzw. den Außenhafen ist nicht zu konstatieren.

Es ist jedoch klar, daß je größer die Wasserentnahme an der späteren Baustelle sein wird, d. h. also je weiter sich die Reichweite der Absenkung nach allen Seiten hin und auch in die Spitze zwischen Ems und Außenhafen hinein erstrecken wird, um so größer der Einfluß der benachbarten offenen Gewässer werden wird.

Die Zuströmungsverhältnisse zu den Brunnen werden günstigere, und es werden verhältnismäßig größere Wassermengen entnommen werden müssen. Die Rechnung nach den einfacheren Formeln für Annahme eines unbegrenzten Grundwasserbeckens ist nicht statthaft.

Absenkung des Außenhauptes.

Für die Absenkung des Außenhauptes wurde von der Königl. Wasserbauinspektion Emden folgender Plan aufgestellt:

Da als erwiesen zu betrachten war, daß eine Absenkung bis zu 4 m möglich wäre, so wurde für die Staffeln ein Abstand von 4 m angenommen. Die gesamte Baugrube war teilweis schon bis auf — 7,00 ausgehoben und sollte gänzlich soweit mit Hilfe der

20 Versuchsbrunnen und etwa nötig werdendem Oberflächenpumpen ausgehoben werden. Die Versuchsanlage sollte dann durch Bohren von weiteren 39 Brunnen mit einer Gesamtanzahl von 59 Brunnen als oberste Staffel auf — 7,00 ausgebaut werden. Die zweite Staffel sollte auf — 11,00 liegen und die dritte auf — 15,00, und zwar die zweite ebenfalls mit 59, die dritte mit 76 Brunnen. Wenn es nicht möglich sein sollte, die ganze Baugrube bis auf — 19,00 trocken zu legen, so sollte von der erreichten trockenen Sohle aus eine Spundwand geschlagen werden und der Rest des Bodenaushubes und die Herstellung der Bodensohle im Wasser ausgeführt werden. Der Rückgang nach Vollendung des Baues sollte in ähnlicher Weise erfolgen wie der Aufbau.

Der Abstand der Brunnen war für die Leitung auf — 7,00 und die auf — 11,00 mit 9 m bemessen und für die Leitung auf — 15,00 mit nur 5 m. Die Konstruktion der Brunnen sollte dieselbe wie bei der Versuchsanlage sein, also mit 10 m langen Filtern und einem äußeren Durchmesser von etwa 150 mm. Die Saugleitung aus Muffenrohren sollte überall denselben Durchmesser von 250 mm l. W. haben und ohne Steigung überall in gleicher Höhe verlegt werden, weil die verschiedenen angeschlossenen Pumpen einander als Reserve dienen sollten. Hinter jedem 5. Brunnen sollte ein Schieber eingebaut werden.

Der Ausbau der Anlage erfolgte in der Tat nach dem aufgestellten Plan mit einigen Abänderungen, die in Tafel III ersichtlich sind. Bei der Absenkung mit der Staffel auf — 11,00 gelang es nicht, an der der Ems zu gelegenen Seite die gewünschte Absenkungstiefe zu erreichen, um die unterste Leitung auf — 15,00 verlegen zu können. Es wurde daher noch eine besondere Leitung auf Ordinate — 13,00 mit 12 angeschlossenen Brunnen verlegt und in Betrieb genommen, mit deren Hilfe die Absenkung gelang. Ebenso erwies es sich als nötig, um die Absenkung von — 15,00 aus bis mindestens zur Tiefe der Fundamentsohle, d. h. bis — 19,00 zu erreichen, auf der trocken gelegten Sohle — 18,00 noch eine weitere Leitung anzulegen mit schließlich 28 angeschlossenen Brunnen. Diese Brunnen hatten aber nur eine Gesamtlänge von 10 m, von denen 5 m als Filter ausgebildet waren. Dieser stärkere Wasserzudrang an der der Ems zu gelegenen Seite der Baugrube hatte seinen Grund nicht sowohl in der großen Nähe der Ems, die auf dieser Seite bedeutend näher an der Baugrube lag, als der Außenhafen an der anderen Seite, sondern auch darin, daß bedeutend gröbere Schichten, die hier gefunden wurden, höchst wahrscheinlich einen leichteren Durchtritt des Wassers von der Ems her gestatteten.

Ein Vergleich der bei der Gesamtanlage erzielten Ergebnisse mit denen der Vorversuche muß leider unterbleiben, weil die Resultate dem Verfasser nicht abgeschlossen vorliegen. Die Rechnung gestaltet sich verhältnismäßig schwierig wegen des Näherrückens der einen Seite der Anlage nach der Ems zu, doch würden wohl immerhin unter Würdigung der entsprechenden Verhältnisse angenähert mit der Wirklichkeit übereinstimmende Werte zu erreichen sein.

Durch die erwähnten besonders unregelmäßigen Untergrundverhältnisse an der Emsseite und dem daraus folgenden stärkeren Wasserandrang von dieser Seite her findet jedoch von der für die Rechnung zugrunde zu legenden Bedingung eines gleichartigen Untergrundes in der Wirklichkeit eine derartige Abweichung statt, daß eine auf dem Wege der Rechnung für die Gesamtanlage ermittelte Wassermenge bedeutend hinter der wirklich geförderten Wassermenge zurückbleiben müßte. Nach zuletzt bekannt gewordenen Resultaten wurde aus der Gesamtanlage des Außenhauptes, bei Erreichung der tiefsten Absenkung bis etwa — 20,00 in der Mitte der Baugrube, eine Gesamtwassermenge von 420 l/sk gefördert. Vergleichsweise angestellte, überschlägliche Rechnungen ergaben, wie zu erwarten war, eine weit geringere Wassermenge.

Solche durch die Unregelmäßigkeit des Untergrundes eintretenden, oft nicht vorauszusehenden Zufälligkeiten können natürlich bei jeder Grundwasserabsenkungsanlage vorkommen, und es muß mit ihnen gerechnet werden. Daher wird auch die Forderung aufgestellt werden müssen, die Gesamtanlage in der Weise auszuführen, daß sie derartigen unerwartet auftretenden Unregelmäßigkeiten mit Leichtigkeit angepaßt werden kann. Die dafür maßgebenden Gesichtspunkte werden im vierten Teil besprochen werden.

Besondere Schwierigkeiten ergaben sich auch bei der Emder Anlage durch die großen, auftretenden Gasmengen, sowohl in Hinsicht auf den Gang der Pumpen, als auch durch die zerstörende Wirkung auf Rohrleitungen und Pumpen.

Bemerkenswert aber vor allem ist der außerordentlich große Umfang dieser Anlage und die schließlich erreichte große Absenkungstiefe von etwa 19 m. Es dürfte wohl die erstere größere Anlage sein, bei der mit mehr als zwei Staffeln gearbeitet wurde. Ganz außerordentlich begünstigt wurden die hier erreichten großartigen Erfolge durch die außerordentliche Feinheit des Untergrundes, die die Förderung einer nur verhältnismäßig geringen Gesamtwassermenge zur Folge hatte. Eine Ausführung der Absenkung bei gröberem Untergrunde wäre selbstverständlich auch möglich gewesen, aber infolge der dann auftretenden kolossalen Wassermengen mit einem weit größeren Kraftbedarf.

Der Vollständigkeit halber sollen noch einige Daten der Anlage gegeben werden.

Die Brunnen wurden bei der Gesamtanlage mit größerer lichter Weite ausgeführt; die Filter hatten einen Durchmesser von etwa 200 mm und eine Länge von 10 m; die Konstruktion war dieselbe wie bei der Versuchsanlage. Die Tiefe der Brunnen der einzelnen Staffeln ist in Tafel III ersichtlich, ebenso die Lage der Rohrleitungen, die Verteilung und die Zahl der angeschlossenen Kreisel.

Sämtliche Kreisel haben die gleiche Größe, 250 mm l. W.; sie liefen mit 1280 bis 1340 Umdr./min und wurden mittels Riemen durch 80 PS-Gleichstrom-Motoren für 450 Volt und 900 Umdr./min angetrieben. Die Anzahl der an einen Kreisel angeschlossenen Brunnen war in den unteren Staffeln entsprechend der größeren Förderhöhe eine größere als in den oberen Staffeln. Es waren im Betrieb 4 Kreisel an der Staffel auf — 7,00, 7 Kreisel an der Staffel auf — 11,00 und gleichzeitig 1 Kreisel an der Leitung auf — 13,00, und für die endgültige Absenkung 1 Kreisel an der Leitung auf — 13,00, 8 an der Leitung auf — 15,00 und 3 an der Leitung auf — 18,00; die übrigen noch angeschlossenen dienten zur Reserve.

4. Grundwasserabsenkung beim Bau der neuen Schleuse am Lehnitzsee bei Oranienburg des Großschiffahrtsweges Berlin—Stettin.

Überschlägliche Rechnung.

An dem Beispiel der Schleuse am Lehnitzsee bei Oranienburg des Großschiffahrtsweges Berlin—Stettin soll noch kurz die Möglichkeit gezeigt werden, die bei einem ersten Ausbau der Anlage gewonnenen Resultate auf die Absenkung der Gesamtanlage zu übertragen.

Bei dieser Anlage, bei der ebenfalls mit zwei Staffeln abgesenkt werden mußte, wurde die obere Staffel nicht als geschlossene Ringleitung ausgebildet, sondern nur an einer Seite der Baugrube ein Leitungsstrang mit 19 angeschlossenen Brunnen verlegt (s. Fig. 71). Im Schutze der nach Inbetriebnahme dieser Leitung erreichten Absenkung wurde der weitere Bodenaushub vorgenommen, und der an derselben Seite liegende Leitungsteil der unteren Staffel verlegt. Nach Inbetriebnahme auch der unteren Leitung erfolgte ein allmählich tieferes Absenken des Grundwasserspiegels, und es war möglich, fortschreitend die Leitung an den beiden Schmalseiten und unter sofortiger Inbetriebnahme der jedesmal angeschlossenen Brunnen schließlich auch die gegenüberliegende Längsseite der

Leitung zu verlegen. Die obere Leitung mußte natürlich inzwischen außer Betrieb genommen werden. Den Ausbau der Gesamtanlage zeigt Fig. 71.

Der ungesenkte Grundwasserspiegel befand sich auf + 34,00, der tiefste Punkt der Fundamentsohle auf + 26,50. Fast unter der ganzen Baugrube und auch in weiterer Erstreckung in die Umgebung hin befindet sich eine Tonschicht in einer Mächtigkeit von ungefähr 2 bis 3 m, mit mehr oder weniger starken Verwerfungen. Im Mittel kann für die Berechnung die undurchlässige Sohle auf + 20,00 angenommen werden. Die Brunnen wurden bis auf die undurchlässige Schicht gebohrt.

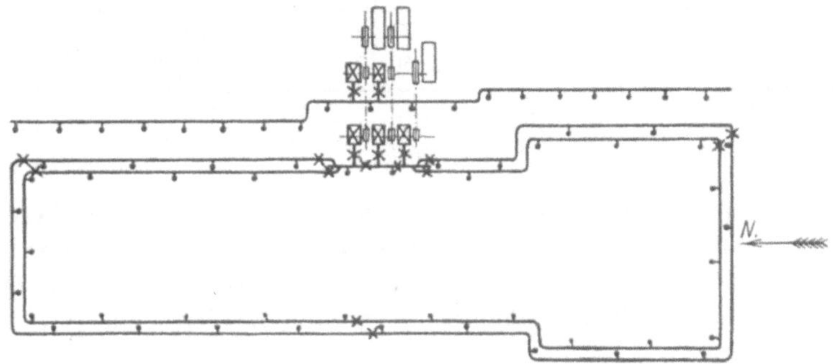

Fig. 71. Grundwasserabsenkungsanlage der neuen Schleuse am Lehnitzsee bei Oranienburg des Großschiffahrtsweges Berlin—Stettin. Maßstab: 1 : 1600.

Es soll ein ganz kurzer überschläglicher Vergleich zwischen der aus der oberen und der unteren Staffel entnommenen Wassermenge und den dabei erreichten Absenkungen angestellt werden.

Die aus der oberen Staffel entnommene Wassermenge betrug ungefähr 230 l/sk, während die Entnahme aus der unteren Staffel zwischen 300 und 325 l/sk schwankte. Erreicht wurde mit der oberen Staffel nach der Angabe eines etwa in der Mitte der Reihe zwischen zwei Brunnen liegenden Beobachtungsbrunnens eine Absenkung bis + 28,70; für die untere Staffel ist etwa für die Mitte der Baugrube eine Absenkung bis + 26,00 anzunehmen.

Der Vergleich soll auf Grund folgender Formel erfolgen:

$$\frac{H^2 - z_1^2}{H^2 - z_2^2} = \frac{Q_1}{Q_2}, \quad \ldots \ldots \ldots \quad (48)$$

die sich für einen überschläglichen Vergleich durchaus eignet. Vernachlässigt wird dabei die verschiedenartige Brunnenanordnung in beiden Staffeln. Tatsächlich ist bei der oberen Staffel nur eine Reihe vorhanden, während bei der unteren Staffel gewissermaßen zwei Reihen im Abstande von etwa 35 m sich gegenüberstehen. Doch ist immerhin der dadurch auftretende Fehler nicht bedeutend, wie aus Fig. 31 hervorgeht.

Tabelle 72.

Schleuse Lehnitzsee, Oranienburg.

BB	Staffel	Stand	z	z^2	$\frac{Q_2}{Q_1}$	Q_2 l/sk
Mitte Reihe	obere	+ 28,70	8,70	75,7	1,33	306
Mitte Baugrube . . .	untere	+ 26,00	6,00	36		
13	obere	+ 29,95	9,95	99	1,214	279
13	untere	+ 28,50	8,50	72,25		
2	obere	+ 30,75	10,75	115	1,67	384
2	untere	+ 27,80	7,80	60,8		

Setzt man die in Tabelle 72 in den beiden ersten Reihen angegebenen Werte für z^2 in die Formel ein, so ergibt sich mit $Q_1 = 230$ l/sk eine Wassermenge für die untere Staffel von $Q_2 =$ 306 l/sk, was mit dem tatsächlich gemessenen Wert sehr gut übereinstimmt.

Setzt man für Beobachtungsbrunnen 13, der sich in einem am nördlichen Ende der Schleuse gelegten Querschnitt in einem Abstande von etwa 50 m von der Schleusenlängsachse befand, die entsprechenden Werte aus der Tabelle ein, so erhält man, ebenfalls mit $Q_1 = 230$ l/sk gerechnet, $Q_2 = 279$ l/sk; entsprechend erhält man für Beobachtungsbrunnen 2, der sich in einem am südlichen Ende der Schleuse gelegten Querschnitt auf der westlichen Seite in einem Abstande von etwa 40 m von der Schleusenlängsachse befand, für $Q_2 = 384$ l/sk.

Bei Beurteilung der beiden Ergebnisse ist folgendes zu beachten. Bei der Absenkung der zweiten Staffel befanden sich beide Beobachtungsbrunnen ungefähr gleich weit von je einer Seite der Anlage entfernt; immerhin lag Beobachtungsbrunnen 2 etwas näher, da erstens der Abstand von der Schleusenlängsachse etwas 40 m betrug, zweitens auch an dieser Seite die Anlage nach Fig. 71 etwas verbreitert war, und daraus erklärt sich die tiefere Absenkung im Brunnen 2 gegenüber der im Brunnen 13.

Bei der Absenkung mit der ersten Staffel jedoch lag der Brunnen 13 bedeutend näher an der Brunnenreihe als Beobachtungsbrunnen 2. Die Brunnenreihe hatte eine Entfernung von etwa 24 m von der Schleusenachse, so daß Beobachtungsbrunnen 13 nur etwa

26 m, Beobachtungsbrunnen 2 jedoch 64 m von der Brunnenreihe entfernt lag. Die Absenkung im Brunnen 13 mußte daher eine günstigere sein als im Beobachtungsbrunnen 2, und es erklären sich daraus die beiden abweichenden Werte von Q_2. Das Mittel aus beiden würde etwa 330 l/sk betragen.

Man sieht, das auch so ein mit der Wirklichkeit gut übereinstimmender Wert sich ergibt, soweit dies bei der überschläglichen Rechnung zu erwarten ist. Eine genauere Rechnung würde wahrscheinlich bessere Resultate ergeben, soll jedoch hier der Weitläufigkeit wegen nicht angestellt werden. Es genügt, die Möglichkeit einer Berechnung der bei der Gesamtanlage zu erwartenden Wassermenge aus den bei dem ersten Ausbau gewonnenen Resultaten gezeigt zu haben.

Angenommen war nach dem Projekt für die obere Staffel eine Wasserentnahme von 360 l/sk und für die untere eine solche von 600 l/sk. Diesen beiden Wassermengen entsprechend erfolgte auch der Ausbau der beiden Rohrleitungen. Nach den Ergebnissen der oberen Staffel wäre eine Ersparnis an Rohrleitungskosten bei der unteren Staffel möglich gewesen, und auch eine Ersparnis an Betriebskosten, da die beiden an der unteren Leitung angeschlossenen Kreisel von 400 l. W. nicht voll ausgenutzt waren.

5. Grundwasserabsenkung beim Bau einer unterirdischen Bedürfnisanstalt am Knie in Charlottenburg; Vorkommen feinen Schliefsandes.

An diesem letzten Beispiel sollen die Erscheinungen bei Vorhandensein des äußerst feinen Schliefsandes gezeigt werden, die im ersten Teil bereits erörtert wurden.

Nach Inbetriebsetzung der verhältnismäßig kleinen Anlage mit einer nur geringen Anzahl von Brunnen fiel der Grundwasserstand zunächst schnell, dann allmählich langsamer und blieb schließlich auf einer bestimmten Höhe stehen, so daß die Ausschachtungsarbeiten nicht weiter fortgesetzt werden konnten. Eine Verstärkung der Anlage hatte keinen Erfolg, und man entschloß sich daher, im Nassen unter Zuhilfenahme einer kleinen Oberflächenhandpumpe weiter auszuschachten. Als man die eingelagerte feine Schliefsandschicht erreicht hatte, war ein weiteres Ausschachten nicht mehr möglich, weil ein Nachfließen des Sandes von außen her stattfand und eine Absteifung unmöglich machte. Es wurde darauf die Stärke der Schliefsandschicht festgestellt durch Eingraben eines Fasses und durch Bohrungen, wobei sich eine Mächtigkeit von 1,00 bis 1,50 m ergab (s. Fig. 73). Nach Schlagen einer Spundwand innerhalb rings der Grube konnte dann weiter ausgeschachtet werden und man fand nach Abtragen der feinen Sandschicht darunter bereits trockenen Boden vor.

Es zeigt sich hier also mit großer Deutlichkeit die Eigenart einer derartig feinen Sandschicht, das Wasser nicht nur in sich zurückzuhalten, sondern auch ein Durchfließen des über der Schicht stehenden Wassers zu verhindern, wenn die zur Verfügung stehende Druckhöhe nicht ausreicht, um die Widerstände in der feinen Schicht zu überwinden.

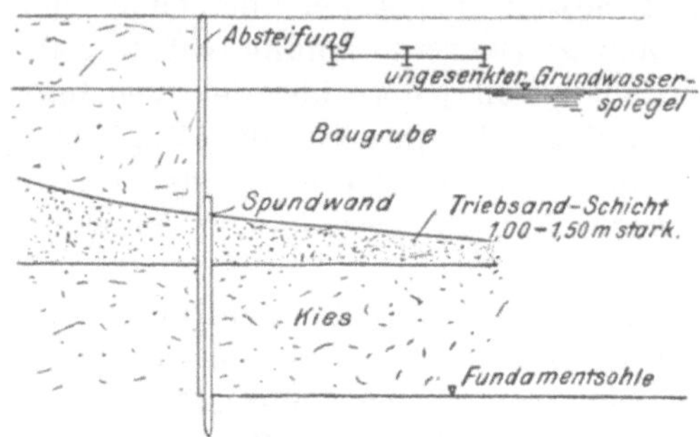

Fig. 73. Unterirdische Bedürfnisanstalt am Knie, Charlottenburg.

Eine genaue Analyse des Schliefsandes wurde vorgenommen; aus dem im Besitz des Magistrates von Charlottenburg befindlichen Bericht möge das folgende kurz mitgeteilt werden.

1. Der eingelieferte Sand wurde sofort getrocknet; er enthielt 12,1 % Wasser.

2. Eine Schlämmanalyse des getrockneten Sandes ergab:

Rückstand im Schlämmzylinder	99,43 %
Rückstand auf dem Filter, durch das das weglaufende Wasser filtriert wurde .	0,31 %
Mithin ist durch das Filter noch weggeschlämmt	0,26 %

Der Filterrückstand bestand in der Hauptsache aus äußerst feinem Sand.

3. In dem Triebsand fanden sich Knollen vor. Diese wurden ausgesucht und getrocknet.

Eine Schlämmanalyse ergab:

Rückstand im Schlämmzylinder	95,10 %
Rückstand im Filter	3,00 %
Mithin ist durch das Filter noch fortgeschlämmt	1,90 %

Der Filterrückstand bestand wiederum aus äußerst feinem Sand.

4. Diese Knollen enthielten:

$$\begin{array}{l} 1{,}04\,\%\ Al_2O_3 \\ 0{,}22\,\%\ Fe_2O_3 \\ \hline 1{,}26\,\% \end{array}$$

Es entspricht also ungefähr die Menge der durch das Filter weggeschlämmten 1,9 % dem Gehalt an Tonerde und Eisen.

5. Eine Bestimmung der Wasseraufnahme im Vergleich zu anderen Sandsorten ergab keine Resultate, die auf Richtigkeit Anspruch machen können. Es müßten hierbei Vorkehrungen getroffen werden, die praktisch sehr schwer auszuführen sind.

6. Die Bestimmung der Korngröße des Triebsandes im Vergleich zu anderen Sandsorten ergab die in Tabelle 74 zusammengestellten Resultate.

Tabelle 74.

Triebsandanalyse. Unterirdische Bedürfnisanstalt Knie, Charlottenburg.

	Durchgang durch	Maschen	I. Triebsand ungeschlämmt		II. Triebsand geschlämmt		III. Sand über dem Triebsand	
		qcm	%	%	%	%	%	%
1	0,015—0,1 mm Sieb	6400—1024	8,0	8,5	7,5	8,9	5,8	5,0
2	0,25—0,7 „ „	400—144	72,0	75,5	73,5	76,1	85,3	85,5
3	1,50—6,0 „ „	64—16	16,5	13,0	16,5	12,5	7,7	8,0
4	Rückstand auf 6 mm	16	2,0	2,5	1,5	1,5	0,5	0,5
			98,5	99,5	99,0	99,0	99,3	99,0

	Durchgang durch	Maschen	IV. Mauersand vom Lagerplatz		V. Kies unter dem Triebsand	
		qcm	%	%	%	%
1	0,015—0,1 mm Sieb	6400—1024	8,0	10,3	9,5	7,0
2	0,25—0,7 „ „	400—144	64,0	66,7	53,0	47,0
3	1,50—6,0 „ „	64—16	25,5	20,1	31,5	37,5
4	Rückstand auf 6 mm	16	1,0	1,1	5,0	7,5
			98,5	98,2	99,0	99,0

Aus dieser Tabelle ergibt sich, daß die Eigenschaft des Triebsandes, das Wasser festzuhalten, auf der Feinheit des Sandes beruht.

Maßgebend scheint aber vor allem das Verhältnis der Korngröße 2 zur Korngröße 1 zu sein. Die Größe 1 wird jedenfalls genügen, um die Hohlräume zwischen der Größe 2 auszufüllen und somit eine starke Kapillarwirkung hervorzurufen. Unter dem Mikroskop konnte festgestellt werden, daß jedes Sandkörnchen mit einer der Form des Sandkörnchens entsprechenden Wasserhülle umgeben war. Liegen nun solche Körnchen eng nebeneinander, so gehen die Hüllen ineinander über und halten sich so aneinander fest, während die Sandkörner, sich einander nicht berührend, in der gemeinsamen Wasserumhüllung schwimmen, jedenfalls sich nicht berühren.

IV. Gesichtspunkte für die Ausgestaltung der Anlagen.

1. Brunnen.

Größere gemauerte Schachtbrunnen sind früher mehrfach zur Anwendung gekommen. Es wird verwiesen auf die im historischen Überblick angegebenen Fälle.

Zur Verwendung gelangen jetzt wohl ausschließlich eiserne Rohrbrunnen. Diese bestehen in ihrer am häufigsten vorkommenden Verwendung bei Benutzung von Kreiselpumpen aus zwei Teilen, dem äußeren sogenannten Brunnen- oder Filterrohr und dem konzentrisch eingehängten Saug- oder Einhängerohr. Abweichungen in der Brunnenkonstruktion für die Anwendung von Tiefbrunnenpumpen werden im nachfolgenden bei Besprechung derselben angeführt werden.

Filter- oder Brunnenrohre; Filtergewebe.

Die Filter- oder Brunnenrohre bestehen gewöhnlich aus dem als Filter ausgebildeten, also durchlässigen unteren Teil und dem oberen undurchlässigen Teil, dem sogenannten Aufsatzrohr. Mitunter sind die Brunnenrohre auch auf ihrer ganzen Länge durchlässig als Filterrohre ausgebildet.

a) Das eigentliche Filterrohr

besteht im allgemeinen aus etwa 1 bis 3 mm starkem Kupfer- oder verzinktem Eisenblech, das mit runden oder schlitzförmigen Löchern versehen ist. Die Bleche sind zu Rohren zusammengenietet oder -geschweißt. Auch starkwandige schmiedeeiserne Rohre werden verwendet, jedoch selten; sie sind teurer, weil die Löcher nicht wie bei den Blechen gestanzt werden können, sondern einzeln gebohrt werden müssen. Am unteren Ende sind die Rohre meist durch einen Holzpfropfen verschlossen; manchmal, wenn die Brunnen sehr tief gebohrt werden, und die Rohre sehr tief im Erdboden stehen, wird auch ein eiserner Bügel am unteren Ende des Filterrohres eingeschraubt, um das Herausziehen der Brunnen durch Anwendung eines Zuggestänges unterstützen zu können und ein Abreißen der Filter zu verhindern. Am oberen Ende des Filterrohres ist Gewinde aufgeschnitten zum Verschrauben mit dem Aufsatzrohr.

Um das Filterrohr wird das eigentliche Filtergewebe geschlungen; jedoch um einen Durchtritt des Wassers nicht nur an den Stellen der Löcher des Filterrohres, sondern fast auf der ganzen Gewebefläche zu ermöglichen, wird zwischen Rohr und Gewebe noch eine Zwischenlage angebracht, die einen gewissen Abstand des Gewebes vom Filterrohr gewährleistet. Als Zwischenlage wird häufig ein etwa 3 mm starker Kupfer- oder Messingdraht spiralförmig um das Rohr gewickelt, oder auch ein sehr weitmaschiges Gewebe gewählt.

Für billige Filter, die nur einmal zur Verwendung kommen sollen, wird auch noch eine andere Konstruktion angewendet; die Zylinderfläche des eigentlichen Filterrohres wird durch eine Anzahl von schmalen Flacheisenstäben gebildet, die durch ein paar eingenietete Ringe in ihrer Stellung gehalten werden; unmittelbar über die Stäbe wird das Gewebe gespannt.

b) Filtergewebe.

Für die Wahl des eigentlichen Filtergewebes sind folgende Gesichtspunkte maßgebend. Die Weite des Gewebes muß zunächst der Bodenart angepaßt sein. Die Entnahme größerer Sandmengen aus dem Boden beim Brunnenbetriebe muß unbedingt vermieden werden, um Auswaschungen des Bodens und die Bildung von Hohlräumen zu vermeiden, was ganz besondere Bedeutung erhält in der Nähe schon bestehender Gebäude, also vor allem bei Anwendung der Grundwasserabsenkung in Städten. Bei der ersten Inbetriebsetzung der Anlage wird allerdings zunächst immer etwas Sand mitgefördert werden; es sind dies die allerfeinsten Sandteilchen, die in der Nähe der Brunnen aus dem Untergrunde ausgewaschen werden, was jedoch gefahrlos ist. Unangenehmer ist bei längerer Außerbetriebsetzung der Brunnen das Eindringen der feinen Sandteilchen, wenn zu weite Filtergewebe gewählt wurden. Die häufig ganz zugeschwemmten Brunnen sind dann wirkungslos und müssen neu gebohrt werden.

Der zweite Gesichtspunkt für die Wahl des Filtergewebes ist die Rücksicht auf größtmögliche Durchlässigkeit. Es ist sowohl der Korngröße als auch der Eigenart des betreffenden Bodens vollauf Rechnung zu tragen. Hierbei möge auf untenstehende Abhandlungen verwiesen werden.[1]) Am häufigsten verwendet wird Tressengewebe aus Kupfer oder Messing, verzinkt oder unverzinkt, mitunter auch verzinkte Eisentresse wegen besonderer Billigkeit und in Rücksicht auf die kurze Verwendungsdauer der Filter, die häufig nicht weitere Verwendung finden sollen. Über dem Gewebe selbst wird zu dessen Schutz beim Herausziehen der Brunnen gewöhnlich ein ebenfalls spiralförmig umgelegter etwa 3 mm starker Kupfer- oder verzinnter Messingdraht angebracht oder auch ein weitmaschiges Schutzgewebe.

Bei gröberer Bodenbeschaffenheit gelangt häufig an Stelle des Tressengewebes ein weitmaschigeres Köpergewebe zur Verwendung. Dies geschieht auch oft dann, wenn infolge sehr feiner Bodenbeschaffenheit oder bei stark eisenhaltigem Wasser ein leichtes Zusetzen des Tressengewebes eintreten würde. Das Zusetzen der Maschen hat ein Abnehmen der Durchlässigkeit und durch den geringer werdenden Zufluß zu den Filterrohren auch eine geringere Gesamtabsenkung zur Folge. Denn es wird entweder durch den erschwerten Wassereintritt ein Sinken des Wasserspiegels im Brunnen selbst und dadurch ein erhöhter Kraftbedarf eintreten, oder es müssen, wenn beim Sinken des Wasserspiegels im Brunnen die Saughöhe der Pumpen erreicht wird, diese abgedrosselt werden, um ein Abreißen zu vermeiden; dadurch wird ebenfalls die Leistungsfähigkeit verringert. Um bei dieser Verwendung des weitmaschigeren Köpergewebes im feinen Sande ein Zuschwemmen des Brunnens zu vermeiden, umgibt man das Filter zur Zurückhaltung der feinen Sandteilchen mit einem Kiesfilter.

In sehr grobem Untergrunde, insbesondere im Kies, erübrigt sich häufig ein Umkleiden des Filterrohres mit einem Gewebe. Auch hier ist vielfach Kiesumschüttung angewendet worden, um feinere Sandteilchen zurückzuhalten und nicht in die Filter gelangen zu lassen; die Korngröße des Kieses muß dann größer sein als die Schlitzweite des Filterrohres. Das Umschütten der Filterrohre mit einer Kiesschicht wird häufig auch angewendet zur Erhöhung der Durchlässigkeit der Filter in feinem Boden. Der Erfolg dieser Maßnahme ist jedoch außerordentlich zweifelhaft, wenn nicht in der Weise dabei verfahren wird, wie es häufig bei der Anlage von größeren Schachtbrunnen geschehen ist, daß die Korngröße der Umschüttung von innen, vom Filter aus, nach außen hin abnimmt. Ist dies nicht der Fall, so wird doch binnen kurzem die ganze

---

[1]) Thiele: „Die Herstellung von Anlagen zur Wassergewinnung". Journ. f. Gasbel. u. Wasservers. 1905, S. 368.

Prinz: „Bau und Lebensdauer von Brunnenanlagen." Journ. f. Gasbel. u. Wasservers. 1908, S. 318.

Kiesschicht von feineren Bestandteilen zugesetzt, und so die Durchlässigkeit verringert werden.

Eine derartige Umschüttung mit abnehmender Korngröße wäre jedoch nur unter Verwendung mehrerer Rohre und unter großer Umständlichkeit möglich. Auch schon ein gleichmäßiges Umgeben des Filters mit einer Kiesschicht gleichmäßiger Beschaffenheit ist verhältnismäßig schwierig, wenn nicht besondere Maßregeln getroffen werden, um das Brunnenrohr genau konzentrisch in das Bohrrohr einzusetzen. So wurde für die Kiesumschüttung der Filter der Grundwasserabsenkungsanlage bei der neuen Emder Seeschleuse an dem das Filter unten abschließenden Holzpfropfen noch eine, dem Durchmesser des Bohrrohres entsprechende, Holzscheibe aufgenagelt, die die konzentrische Lage herbeiführte, beim späteren Herausziehen der Brunnenröhre sich jedoch löste und im Boden zurückblieb.

Die Kiesumschüttung wird ferner angewendet, um höher liegende durchlässige Schichten mit den von ihnen durch undurchlässige oder sehr feinkörnige Einlagerungen abgeschlossenen Filterschichten in eine gut durchlässige Verbindung zu bringen und so zu entwässern, worauf oben bereits hingewiesen wurde. Eine entsprechende gute Wirkung ist oft erzielt worden. Zu demselben Zweck verwendete Filter von größerer Länge werden häufig aus mehreren Stücken zusammmengeschraubt.

c) Die Aufsatzrohre

sind gewöhnlich schmiedeeiserne, patent-geschweißte Rohre, auf einer Seite mit Außen-, auf der anderen, ausgemufften Seite mit Innengewinde zur Verschraubung miteinander und mit dem Filterrohr versehen. Sie haben meist etwa die gleiche lichte Weite wie die Filterrohre und reichen bis zur Terrain-Oberfläche herauf.

Das Herstellen der Tiefbohrungen zum Einsetzen der Brunnenrohre geschieht mit besonderen Bohrrohren, die etwa 2 bis $2^1/_2''$ weiter sind als die Brunnenrohre oder bei Herstellung einer Kiesumschüttung entsprechend größere Weiten besitzen. Die lichte Weite der Brunnenrohre selbst schwankt im allgemeinen zwischen 100 und 200, auch 250 mm, und entsprechend auch der äußere Durchmesser der Filterrohre der Filter selbst. Es hat sich die Verwendung der im Brunnenbau normalen und meist verwendeten Rohrweiten in den bekannten zölligen Abstufungen als wirtschaftlich am vorteilhaftesten herausgestellt.[1])

---

[1]) Prinz: „Die Trockenhaltung des Untergrundes mittels Grundwassersenkung". Zentralbl. der Bauverwaltung 1906, S. 596.

Nur in einem einzigen Falle ist dem Verfasser die Verwendung größerer Filterdurchmesser bekannt geworden und zwar bei den vom Kanalbauamt Duisburg-Meiderich ausgeführten Absenkungsanlagen für die Fundierung mehrerer Eisenbahn- und Straßenbrücken beim Neubau des Rhein-Herne-Kanals. Die dort im Ruhrtal fast durchweg vorkommenden außerordentlich groben Geschiebe, die mit vielen größeren Steinen durchsetzt sind, bereiten der Niederbringung enger Bohrrohre mit dem üblichen Bohrgerät nicht unerhebliche Schwierigkeiten. Man entschloß sich daher, Bohrrohre von 1,00 m l. W. zu verwenden und den Boden mit Hilfe von Greifbaggern aus den Bohrrohren zu entfernen. In die dann einmal vorhandene weite Bohrung setzte man Filterrohre von 0,50 m l. W. ein, die wegen des groben Untergrundes hier kein besonderes Filtergewebes besaßen. Nach den dem Verfasser gemachten Angaben sollen die Kosten für die Niederbringung dieser weiten Brunnen nicht größer gewesen sein, als die der vorher gebohrten kleineren.

Einhänge- oder Saugrohre.

Die Einhänge- oder Saugrohre, die in die Filterrohre eingebracht werden, haben geringeren Durchmesser als diese. Er wird dadurch bedingt, daß einerseits die aus dem Brunnen zu fördernde Wassermenge mit einer angemessenen, nicht zu hohen Geschwindigkeit hindurchgeleitet werden kann; andererseits aber dürfen die Rohre nicht zu weit sein, damit der Ringquerschnitt zwischen Saugrohr und Filterrohr nicht zu klein und die Geschwindigkeit des einfließenden Wassers nicht zu groß wird. Sie bestehen aus Gasrohren oder patentgeschweißten schmiedeeisernen Rohren, entweder aus mehreren Stücken, oder häufig auch nur aus einem einzigen, um die Möglichkeit eines Undichtwerdens an der Verbindungsstelle zu vermeiden, deren Behebung hier mit besonderen Umständlichkeiten verknüpft wäre. Die Länge der Einhängerohre muß so groß sein, daß das untere Ende auf alle Fälle, auch bei dem tiefsten abgesenkten Wasserspiegel im Brunnen, noch in das Wasser eintaucht, so daß keine Luft in die Saugleitung eindringen und dadurch ein Abreißen der Pumpen herbeiführen kann. Gehalten werden die Saugrohre mit Hilfe einer aufgeklemmten Schelle, die sich auf das obere Ende des Brunnenrohres stützt.

Ein am oberen Ende des Saugrohres angeschraubter Flansch vermittelt den Anschluß des Saugrohres an die T-Stücke der Saugleitung, wenn diese unmittelbar über den Brunnen verlegt ist, oder an einen Krümmer, wenn die Saugleitung neben dem Brunnen liegt. Zwischen Flansch und T-Stück, bzw. zwischen Flansch und Krümmer, ist meist eine lederne, mit Eisen oder Blei beschwerte Rückschlagklappe eingeschaltet, um beim Abreißen der Pumpe ein Zurücklaufen des Wassers aus der Saugleitung in die Brunnen zu vermeiden. Manchmal wird zu diesem Zweck auch ein Fußventil am unteren Ende des Saugrohres angebracht, jedoch geschieht dies selten wegen des verhältnismäßig großen Durchmessers der Fußventile.

An Stelle der Rückschlagklappen sind auch Eckrückschlagventile verwendet worden, wodurch gleichzeitig der Krümmer entbehrlich wird; die Nachteile sind erhöhte Kosten und größere Widerstände.

Auch wird manchmal vor dem Anschluß des Saugrohres an die Saugleitung ein besonderes Absperrventil eingeschaltet. Dieses bietet einerseits den Vorteil, einzelne nicht gut funktionierende und daher die Gleichmäßigkeit des Pumpenganges beeinträchtigende Brunnen von der Saugleitung abschließen zu können oder auch durch Abschalten einer Reihe von Brunnen aus den anderen Brunnen bei derselben Pumpenleistung eine stärkere Entnahme herbeiführen zu können, um hier eine größere Absenkung zu ermöglichen; andererseits entsteht der Nachteil, daß die vielen Ventile wegen der vorhandenen Stopfbüchsen leicht eine Quelle von Undichtigkeiten werden können.

2. Rohrleitungen.

Saugleitung.

Für die Saugleitung kommen sowohl Muffen- als auch Flanschenrohre gleich häufig zur Verwendung, für beide entweder gußeiserne oder schmiedeeiserne, geschweißte Rohre. Bei der Dichtung der Muffenrohre wird sowohl die für dauernde Verlegung übliche mit Teerstrick und Blei oder auch Kolophonium angewendet oder auch die für Grundwasserabsenkungszwecke besonders häufig benutzte Dichtung mittels Gummiringen, die sich beim Ineinanderschieben der Rohre durch Breitquetschen in der Muffe stramm an beide Rohre anlegen.

Der Vorteil der Muffenleitung besteht in der größeren Nachgiebigkeit derselben bei Bodenveränderungen, beim Nachsacken des Bodens, und außerdem in einer gewissen Ausgleichsmöglichkeit beim Anschließen von nicht ganz genau gebohrten Brunnen. Der Nachteil besteht darin, daß sie gerade wegen der Nachgiebigkeit leicht undicht werden kann. Auch ist ein Auswechseln einzelner Teile der Muffenleitung nicht möglich, wenn nicht Flanschenstücke oder Überschieber eingeschaltet sind.

Die Vorteile der Gummidichtung werden vor allen Dingen darin gesehen, daß bei Sackungen des Bodens und Veränderungen in der

Lage der Rohrleitung Undichtigkeiten nicht herbeigeführt werden können; ein fernerer großer Vorteil liegt in dem schnellen Verlegen der Rohrleitung. Es sind daher auch oft gute Erfolge mit dieser Dichtungsart erzielt worden, vorausgesetzt, daß die verwendeten Gummiringe aus besonders gutem Material bestanden. Der Nachteil dieser Dichtungsart liegt eben darin, daß bei nicht ganz ausgezeichnetem Material nach kürzerer oder längerer Zeit doch Undichtigkeiten eintreten können. Diese Art der Dichtung erscheint daher für kleinere, nicht sehr lange Zeit im Betrieb befindliche Anlagen durchaus gerechtfertigt; für größere, länger dauernde Absenkungen jedoch nicht vorteilhaft.

Für den Anschluß der Brunnen sind meist B-Stücke in die Rohrleitung eingeschaltet, seltener auch C-Stücke, obgleich dies vorteilhafter erscheint, weil dann der Wasserstrom beim Übergang in die Saugleitung nicht so scharf abgelenkt wird.

Der Vorteil der Flanschenrohrleitung besteht in der außerordentlichen Solidität und Starrheit der Leitung, die allerdings auch eine dauernd gute Unterstützung verlangt. Eine Auswechselung einzelner schadhafter Teile ist leicht möglich, auch ist die Dichtung, wenn mit Sorgfalt hergestellt, eine ausgezeichnete.

Der Nachteil liegt darin, daß wegen der Starrheit und Unnachgiebigkeit leicht bei Sackungen des Erdbodens Brüche eintreten können, wenn nicht die gute Unterstützung dauernd gewahrt bleibt. Ferner müssen die Brunnen genau gebohrt werden, damit der Anschluß an die Leitung erfolgen kann. Schwierigkeiten in dieser Hinsicht lassen sich allerdings durch Zwischenschalten eines Muffenstückes zwischen Krümmer und T-Stück vermeiden und dadurch wird, wie bei Muffenleitungen, eine leichte Ausgleichsmöglichkeit erreicht.

Die Leitungen werden meist mit einer gewissen Steigung nach dem Punkt hin verlegt, an dem die Pumpen angeschlossen werden, so daß dort die Leitung am höchsten liegt, und mitgefördertes Gas durch die Pumpen entfernt wird, ohne daß Luftsäcke in der Leitung entstehen. Um die Saughöhe für die Pumpen möglichst zu verringern, wird die Saugleitung dicht über dem Grundwasserspiegel verlegt. Die Verlegung geschieht meist auf dem Erdboden selbst; bei Böschungen etwa auf einem beim weiteren Bodenaushub stehenbleibenden schmalen Absatz; bisweilen auch wohl auf einem Holzgerüst, das an der Böschung angebracht wird; dies jedoch seltener, weil es teurer ist. Manchmal erfolgt die Verlegung der Rohrleitung auch, um den eigentlichen Zutritt zur Baugrube nicht zu hindern, in um die Baugrube laufenden besonderen Rohrgräben, die dann entweder zugeschüttet oder überdeckt werden. Bei sehr engen Baugruben, wenn eine Verlegung außerhalb der Baugrube nicht möglich ist, oder auch die Brunnen selbst innerhalb des Bauwerkes angeordnet werden müssen, erfolgt oft auch eine hängende Befestigung in der Baugrube, z. B. an den Quersteifen. Eine sehr sichere Lagerung der Saugleitung ergibt sich bei Bauwerken, die noch im Schutz einer Spundwand gebaut werden müssen, wie z. B. Bauwerke in unmittelbarer Nähe von offenen Gewässern oder in den Gewässern selbst, nämlich auf der Spundwand.

Druckleitung, Abflußrinnen.

Für die Druckleitungen werden meistens Flanschenrohre verwendet, die dann von den Pumpen aus gleichzeitig als Abflußleitungen weitergeführt werden oder auch zu besonderen offenen Abflußleitungen führen. Hierfür kommen erstens in Betracht, um auf längeren Strecken die Rohrleitungen zu sparen, offene Gräben, die im lehmigen Boden ohne weiteres wasserdicht anzulegen sind, oder in anderen Bodenarten besonders wasserdicht angelegt werden müssen. In zweiter Linie sind offene Holzgerinne zu erwähnen, die durch Teeranstrich wasserdicht gemacht worden sind; diese kommen allerdings wohl nur bei kleineren Anlagen in Betracht, weil trotz sorgfältiger Herstellung sehr baldiges Undichtwerden eintritt.

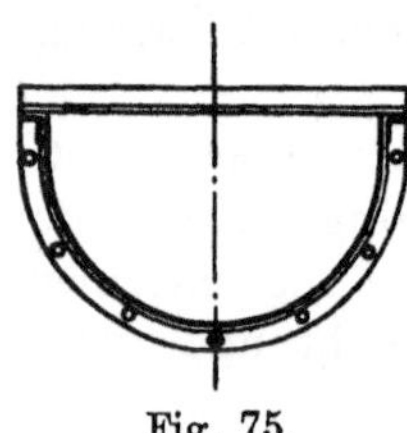
Fig. 75.

Schließlich finden offene Blechgerinne Verwendung, die in der Form der Fig. 75 aus etwa 2 bis $2^1/_2$ mm starkem Eisenblech, verzinnt oder mit Lack gestrichen, hergestellt werden. Sie sind durch Längs- und Querwinkeleisen versteift und bestehen aus einzelnen Schüssen, die wiederum mit Dichtungszwischenlagen durch Winkeleisen miteinander verschraubt werden.

3. Maschinen.

A. Pumpen.

Kreiselpumpen.

Am häufigsten finden Kreiselpumpen Verwendung wegen der zu bewältigenden großen Wassermengen mit einseitigem oder zweiseitigem Wassereinlauf; je nach der Art des Antriebes werden Langsamläufer oder Schnelläufer verwendet. Ihre geometrische Saughöhe ist eine beschränkte, im allgemeinen 6 bis 7 m, bei sehr guter und sorgfältiger Ausführung auch $7^1/_2$ bis 8 m und unter sehr günstigen Umständen auch $8^1/_2$ m. Für die Saughöhe ist der Wasserspiegel im Brunnen selbst maßgebend, so daß die Gesamtabsenkung einer Anlage je nach der Bodenbeschaffenheit mehr oder weniger hinter den genannten Zahlen zurückbleiben wird. Vorteile der Kreiselpumpen sind die Einfachheit ihrer Konstruktion und die an und für sich sehr einfache Wartung.

Der Nachteil der Kreiselpumpen besteht in der Gefahr des Abreißens und des daraus folgenden Versagens der ganzen Anlage, was durch Undichtigkeiten der Saugleitung oder durch Förderung von Gasen außerordentlich unterstützt wird. Deswegen wird wiederum eine gute Überwachung der Kreisel zu fordern sein. Ferner sind zum Inbetriebsetzen besondere Auffüll- und Ansaugevorrichtungen nötig.

Der Anschluß an die Saugleitung erfolgt meistens unter Einschaltung eines Schiebers, um die einzelnen Kreisel von der Saugleitung trennen zu können. Über der Pumpe vor dem Anschluß der Druckleitung empfiehlt sich ferner die Einschaltung eines Rückschlagventils, oder einer Rückschlagklappe, um bei plötzlichem Abreißen ein Zurückfließen aus der Druckleitung zu vermeiden und die Saugleitung vor dadurch auftretenden Wasserschlägen zu bewahren. Beim Fehlen der Rückschlagventile sind, besonders bei großen Druckhöhen der Pumpen, heftige Schläge vorgekommen, die ein Auseinanderpressen der aus Muffenrohren bestehenden Saugleitung zur Folge hatten.

Als

Auffüll- und Ansaugevorrichtungen

sind die folgenden zu nennen:

1. Auffüllen der Saugleitung von Hand oder von einer Wasserleitung aus, wohl nur bei kleinen Anlagen vorkommend.
2. Auffüllen der Saugleitung durch Zurücklaufenlassen des Wassers aus der Druckleitung in die Saugleitung, durch einen sonst mit Ventil verschlossenen Umlauf. Wenn die in der Druckleitung vorhandene Wassermenge zum Auffüllen nicht ausreichte, wurden z. B. besondere, gleichzeitig zur Speisung der Lokomobilen aufgestellte Hochbehälter, die von den Pumpen selbst gefüllt wurden und dann als Vorrat zur Verfügung standen, zur Auffüllung benutzt. Auch kann, wenn die Druckleitung bis zu einem offenen Wasserlauf führt und dort ausgießt, die Leitung heberartig bis unter die Wasseroberfläche geführt und so ein Rücklaufen zur Auffüllung ermöglicht werden.
3. Ansaugevorrichtungen:
   a) Ejektoren. Zur Verwendung gelangen:
      1. Dampfstrahlejektoren, falls Dampf, etwa bei Lokomobilenbetrieb, zur Verfügung steht.

2. Wasserstrahlejektoren, wenn Wasser zu diesem Zweck vorhanden ist.

b) Luftpumpen. Hierbei ist als besonders vorteilhaft die Verwendung von fahrbaren, elektrisch angetriebenen Staubsaugepumpen zu nennen, wenn mehrere Kreisel räumlich voneinander getrennt aufgestellt sind.

c) Kompressoren, die beim Baubetrieb anderweitig benutzt werden, finden ebenfalls häufig Verwendung; und schließlich

d) können auch vorhandene, kleinere Kolben- oder Membranpumpen zum Ansaugen verwendet werden.

An alle Ansaugevorrichtungen ist die Forderung steter Betriebsbereitschaft zu stellen; ihre Wirksamkeit muß daher häufiger geprüft werden, und es empfiehlt sich, womöglich zwei verschiedene Arten zur Hand zu haben, oder auch z. B. eine Auffüllvorrichtung und als Reserve eine Ansaugevorrichtung.

Kolbenpumpen.

Die Verwendung der Kolbenpumpen für Absenkungszwecke bleibt auf verhältnismäßig wenige Fälle beschränkt und immer nur dann, wenn es sich um die Förderung von geringen Wassermengen handelt, — wo also Kreiselpumpen wegen zu großer Drosselung unwirtschaftlich arbeiten würden —, oder die Gefahr leichten Abreißens naheliegen würde, — also bei sehr feinem Sande oder auch bei geringer Höhe der wasserführenden Schicht.

Diejenigen Pumpen, die Verwendung finden, um bei tieferen Absenkungen das Wasser aus größeren Tiefen zu fördern, sollen in dem späteren, über derartige Absenkungen handelnden Abschnitt angeführt werden.

B. Antriebsmaschinen,

im Zusammenhang mit den allgemeinen Gesichtspunkten für die Ausgestaltung der Anlagen.

Als Antriebsmaschinen für die im vorigen Abschnitt aufgeführten Pumpen sind wohl fast ausschließlich Lokomobilen und Elektromotoren zur Anwendung gekommen, bis auf ganz wenige Fälle, in denen durch die Eigenart der vorliegenden Verhältnisse ein besonderer maschineller Antrieb der Wasserhaltungsanlage nicht nötig wurde, dieser vielmehr von anderen Zwecken dienenden Pumpanlagen (Wasserwerke) mit übernommen werden konnte.

Eigenartig ist das offenbar völlige Fehlen von Verbrennungsmotoren zum Antrieb von Pumpen, besonders der z. B. in der Landwirtschaft so außerordentlich verbreiteten Kleinmotoren. Ihr Vorteil liegt gegenüber den Lokomobilen nicht zum mindesten in der leichten und bequemen Herbeischaffung der Betriebsmittel, auch dürften sie, was die Wirtschaftlichkeit anbelangt, mit den im Baubetriebe häufig verwendeten, nicht gerade hochklassigen Lokomobilen erfolgreich konkurrieren können. Der eigentliche Grund dürfte wohl darin liegen, daß die im Baubetriebe seit langem und wegen ihrer leichten Beweglichkeit in ausgiebigstem Maße verwendete Lokomobile, die gewissermaßen zum dauernden Inventar gehörte und auch von jeher beim Pumpenbetriebe benutzt wurde, ohne weiteres auch zu den unter etwa gleichen Bedingungen arbeitenden Grundwasserhaltungen herangezogen wurde.

Die beiden zuerst genannten Antriebsarten durch Lokomobilen oder Elektromotoren sind, abgesehen von ihren beiderseitigen Vorteilen und Nachteilen, so eng mit den Anforderungen und Eigenarten der einzelnen Anlagen verknüpft, daß sie gleichzeitig mit den für die Ausgestaltung der Anlagen maßgebenden Gesichtspunkten betrachtet werden sollen.

Die Einteilung der verschiedenen Arten der Grundwasserabsenkungen kann nach mehreren Gesichtspunkten erfolgen. Man kann unterscheiden zwischen einstufigen Anlagen und mehrstufigen Anlagen, d. h., solchen für größere Tiefen; es kann ferner die Einteilung nach der Art ihrer Anwendung vorgenommen werden, und schließlich eine Einteilung der Anlagen nach ihrer Größe. Da aber durch die Art der Verwendung häufig auch die Größe einer Anlage bestimmt wird, so soll hier zunächst unterschieden werden zwischen

I. einstufigen Anlagen und

II. Absenkungen mit mehreren Staffeln

und unter den einstufigen Absenkungsanlagen folgende Einteilung getroffen werden:

1. kleine Anlagen,
2. verhältnismäßig schmale Anlagen, aber mit großer Längenerstreckung,
3. große Anlagen.

Schließlich sollen noch die Gesichtspunkte gegeben werden für

4. Anlagen bei Bauausführungen in unmittelbarer Nähe oder in offenen Gewässern.

I. Einstufige Anlagen.

1. Kleine Anlagen.

Hierzu sind etwa die Anlagen für die Fundierung von Häusern bei sehr hohem Stande des Grundwassers oder für die Fundierung einzelner besonders tiefliegender Gebäudeteile, z. B. Tiefkeller, oder überhaupt solche für kleinere, tieffundierte Bauwerke zu rechnen, bei denen eine verhältnismäßig kleine Anzahl von Brunnen und nur eine Pumpe zum Betrieb angeschlossen ist.

Die Anordnung der Brunnen würde am besten außen um die Baugrube herum erfolgen, sowohl was die Absenkung anbetrifft, weil dabei eine gleichmäßige Absenkung innerhalb des von den Brunnen umstellten Gebietes erreicht werden kann, als auch, weil dann die Rohrleitung am vollkommensten als Ringleitung ausgebildet werden kann. Bei einer mehr länglich gestalteten Baugrube würde die Besetzung der beiden Längsseiten der Baugrube mit Rohrbrunnen genügen. Das Niederbringen der Brunnen außerhalb der Baugrube ist jedoch häufig nicht möglich, besonders nicht dann, wenn die Baugrube von anderen Gebäuden umgeben ist, und die Umfassungsmauern des neu zu errichtenden Bauwerkes ebenfalls bis an die Grenze der Baugrube heranreichen. Die Verteilung der Brunnen muß dann dem Grundriß angepaßt werden, später aufzuführende Mauern oder Pfeiler sind zu berücksichtigen. Die Rohrleitung wird dann meistens aus einem oder mehreren Strängen bestehen, oder, wenn dies noch möglich, ebenfalls aus einer Ringleitung. Sie ist oft verhältnismäßig unübersichtlich, besonders wenn bei nicht ausreichender Wirkung der Anlage neue Brunnen gebohrt werden mußten, die an die verlängerten Rohrleitungsstränge oder an neue Stränge angeschlossen wurden.

Für die Gestaltung der Rohrleitung kann im allgemeinen ein Vorwiegen der Gummidichtung mit Muffenrohren beobachtet werden. Als Pumpen werden meistens Kreisel benutzt, in seltenen Fällen auch Kolbenpumpen; zum Antrieb Lokomobilen oder Elektromotoren, letztere besonders häufig in Städten, wegen des besonders bequemen Srombezuges, und um eine Belästigung der Umwohner durch Rauch und Geräusch beim Lokomobilbetriebe zu vermeiden.

Die Verwendung von Lokomobilen wird auf solche Anlagen beschränkt bleiben, bei denen die Möglichkeit einer Zuführung des elektrischen Stromes nicht besteht, oder auch, wenn durch zu hohe Stromkosten ein Antrieb durch Elektromotoren unwirtschaftlich werden würde. Ein Vorteil der Lokomobilen liegt in der Anpassung an die Arbeitsverhältnisse, besonders in einer weitgehenden Steigerung der Arbeitsleistung, in weiteren Grenzen als beim Motor, die allerdings, wie auch beim Motor auf Kosten des Wirkungsgrades geschieht. Ferner ist infolge des Vorhandenseins von Dampf das Anbringen einer Ansaugevorrichtung in Gestalt eines Dampfstrahl-Ejektors möglich.

Die Nachteile des Lokomobilantriebes liegen in den höheren Bedienungskosten und der Abhängigkeit der Gleichmäßigkeit des

Betriebes von der Bedienung. Ein gleichmäßiger Betrieb muß gerade von den bei der Grundwasserabsenkung zur Anwendung gelangenden Maschinen gefordert werden, da das gute Gelingen der Absenkung selbst insofern von der Regelmäßigkeit des Betriebes abhängt, als nur bei einem allmählichen und stetigen Entnehmen des Wassers aus dem Untergrund die höchst verderblichen Bewegungen desselben vermieden werden. Darum sind besonders auch beim Lokomobilantrieb die durch Stillsetzen der Lokomobile zum Abschmieren eintretenden Betriebspausen von Nachteil, wenn nicht in dieser Zeit eine gleich starke Reserve eintreten kann.

Auf das Vorhandensein einer ausreichenden Reserve ist auch bei kleinen Anlagen der größte Wert zu legen, weil abgesehen von den eben geschilderten Nachteilen, die bei größeren Betriebsstörungen in erhöhtem Maße auftreten, und der früher erwähnten etwaigen Zuschwemmung der Filter, vor allem für den Baufortgang selbst Hindernisse oder bedeutende Gefahren eintreten können. Wird eine zweite Lokomobile in Reserve gehalten, so muß im Interesse einer schnellen Betriebsbereitschaft unbedingt gefordert werden, daß sie sich unter Dampf oder zum mindesten in angeheiztem Zustand befindet. Dies vermehrt den Brennstoffverbrauch, verringert die Wirtschaftlichkeit.

Die Anwendung des elektrischen Stromes bedeutet ja an und für sich eine Energieumwandlung; doch ist der von modernen Zentralen unter höchster wirtschaftlicher Ausnutzung der zur Erzeugung benutzten Maschinenanlage gelieferte Strom wohl in den meisten Fällen billig genug, um die Verwendung des elektrischen Antriebes auch wirtschaftlich zu rechtfertigen. Die Vorteile des elektrischen Antriebes liegen in der außerordentlich bequemen und schnellen Aufstellung, in der geringen Wartung und einem sofortigen Eintreten der Reserve, die in der Zwischenzeit, in der sie unbenutzt bleibt, keine Betriebskosten verursacht.

Die Nachteile liegen darin, daß der elektrische Antrieb an die Möglichkeit der Stromzuführung gebunden ist, und in einer vielleicht größeren Unsicherheit des elektrischen Betriebes an und für sich. Die Gefahr eines Durchschlagens des Motors erfordert hier unbedingt eine Reserve, und die Gefahr einer Leitungsstörung das Vorhandensein doppelter Zuleitungen, wenn irgend möglich, von getrennten Versorgungsstellen. Ein Nachteil besteht ferner in der Sorge für eine besondere Auffüll- oder Ansaugevorrichtung.

Dem direkten Antrieb der Pumpe durch den Motor ist ohne weiteres der Vorzug vor dem Riemenantrieb zu geben, weil beide Maschinen räumlich nebeneinander auf kleinem Platz untergebracht werden können, Riemenverluste und die Kosten der Riemen gespart werden, außerdem Betriebspausen durch Riemenreißen vermieden werden.

Zusammenfassend kann wohl ausgesprochen werden, daß im allemeinen bei kleinen Anlagen dem elektrischen Antrieb der Vorzug zu geben ist und auch gegeben wird, und nur bei Unmöglichkeit des Strombezuges oder bei zu hohen Stromkosten und dadurch eintretender Unwirtschaftlichkeit der Lokomobilantrieb einzutreten hätte. Ein im letzteren Falle häufig gewählter Weg besteht darin, zwar die Lokomobile als Betriebsmaschine zu verwenden, aber als Reserve einen Motor aufzustellen und so die Brennstoffkosten einer Reservelokomobile zu sparen.

Die Ableitung des geförderten Wassers ist von den örtlichen Verhältnissen abhängig. Bemerkenswertes darüber ist nicht zu sagen. Sie kann oft mit Schwierigkeiten verbunden sein; günstig ist das Vorhandensein in der Nähe befindlicher offener Gewässer oder in Städten die Benutzung der Kanalisation. Über die Vorausberechnung und Projektierung ist in einem früheren Teil das Nötige gesagt.

2. Verhältnismäßig schmale Anlagen, aber mit großer Längenerstreckung.

Zu ihnen sind zu rechnen Grundwasserabsenkungsanlagen bei Kanalisationsarbeiten und solche für die Ausführung von Untergrundbahnen. Das Charakteristische dieser Anlagen ist der fortschreitende Ausbau derselben, dem allmählichen Fortschreiten des Baues selbst folgend, oder vielmehr vorangehend.

Auf der schon fertiggestellten Baustrecke kann die Anlage wieder entfernt werden, und die Brunnen können gezogen werden, um in vorwärts schreitender Verlängerung der Wasserabsenkungsanlage von neuem wieder gebohrt und angeschlossen zu werden, so daß auch dort, wenn der eigentliche Bau soweit vorrückt, die Absenkung des Grundwassers bereits erfolgt ist. Die Konstruktion aller Brunnen ist die gleiche; ebenso hat die Rohrleitung auf der ganzen Strecke dieselbe lichte Weite. Die Filterstellung wird, abgesehen von der Rücksicht auf die Tiefe des Bauwerkes, dem jeweiligen Untergrunde angepaßt; ebenso richtet sich der Brunnenabstand bzw. die Brunnenanzahl nach der Bodenbeschaffenheit. Häufiger Wechsel infolge des auf kurzen Strecken außerordentlich schnell wechselnden Untergrundes tritt ein.

Die Anordnung der Brunnen geschieht bei sehr schmalen Gruben meist nur auf einer Seite der Baugrube; bei etwas breiteren empfiehlt sich die Anordnung auf beiden Seiten, da die Absenkung sich günstiger gestaltet, und bei gleicher Absenkungstiefe auf der ganzen Fläche der Baugrube, wie im theoretischen Teil nachgewiesen wurde, die Absenkung in den Brunnen selbst nicht ganz so tief getrieben zu werden braucht. Häufig jedoch läßt der vorhandene Raum dies nicht zu. Allerdings können auch diese beiden Reihen der Brunnen an eine einzige, an der Seite liegende Saugleitung angeschlossen werden, oder, um die Abzweigungen zu den einzelnen Brunnen gleich lang und die Brunnenwiderstände daher für beide Seiten gleich groß zu machen, an eine in der Mitte liegende; eine doppelte Saugleitung, d. h. für jede Brunnenreihe eine, ist jedoch vorzuziehen, weil dann bei Schadhaftwerden der einen Leitung, die andere noch betriebsfähig bleibt, hierdurch also eine gegenseitige Reserve dargestellt wird.

Bei vorhandenem starken Gefälle von einer Seite der Baugrube her würde die Brunnenreihe natürlich auf dieser Seite anzuordnen sein und die Anordnung einer zweiten Reihe auf der anderen Seite sich erübrigen. Es ist ferner für die Absenkung von Vorteil, wenn die abzusenkende Strecke nicht zu kurz gewählt wird, weil bei einer längeren Strecke die einzelnen Abteilungen sich gegenseitig unterstützen (vgl. Fig. 26).

Die Ausführung erfolgt teils so, daß die einzelnen Etappen, aus denen die Saugleitung besteht, nicht miteinander verbunden werden, sondern die an einen Kreisel angeschlossenen Brunnen eine kleine Anlage für sich darstellen; teils aber wird die Saugleitung auch in einem fortlaufenden Strange ausgebildet und durch Schieber in einzelne Etappen geteilt, die den einzelnen Kreiseln zugewiesen werden. Bei dieser Anordnung bilden die einzelnen Etappen eine gegenseitige Reserve, da beim Ausfallen eines Kreisels die an diesen angeschlossenen Brunnen von den beiden nebenliegenden Kreiseln mit betrieben werden können. Bei jeder Etappe ist der Kreisel zweckmäßig in der Mitte anzuordnen; auch erfolgt die Aufstellung an den Enden, um je zwei Kreisel zweier nebeneinander liegenden Leitungsstrecken in einem Häuschen oder Schuppen unterbringen zu können. Über die Art der Pumpen und der Antriebsmaschinen ist hier gegenüber den vorher besprochenen kleinen Anlagen nichts Unterschiedliches zu bemerken, ebenso über die Ableitung der geförderten Wassermengen.

Wegen der außerordentlich großen Mannigfaltigkeit und Vielgestaltigkeit der unter 1. und 2. besprochenen Anlagen werden besondere Beispiele hier nicht gegeben.

3. Große Anlagen.

Mannigfaltige Verknüpfung der maßgebenden Gesichtspunkte; Schema.

Die unter dem Begriff mittlere Anlagen etwa zu verstehenden, d. h. solche mit einer größeren Anzahl von Brunnen und vielleicht unter Verwendung nicht eines, sondern mehrerer Kreisel ausgeführten Anlagen fallen, je nach den besonderen Verhältnissen, unter die Beurteilung der kleinen Anlagen, oder es sind für sie die vielfachen, den einzelnen Faktoren und Beziehungen Rechnung tragenden Gesichtspunkte für die großen Anlagen maßgebend. Diese sollen daher in ihrer Vielgestaltigkeit sogleich an den großen Anlagen besprochen werden.

Hierbei werden als Beispiele wiederum besonders herangezogen werden die teilweis bereits erwähnten großen und zum Teil außerordentlich umfangreichen Grundwasserabsenkungsanlagen für die in den letzten Jahren gebauten und zum Teil jetzt noch in Ausführung begriffenen Schleusenneubauten der Königl. Bauverwaltungen, die dem Verfasser durch persönliches Studium bekannt geworden sind.

Unter den für die Ausführung großer Anlagen wichtigen Gesichtspunkten tritt zunächst die Frage nach der Art der Antriebsmaschinen in den Vordergrund. Es wird demgemäß zu besprechen sein einerseits der direkte Antrieb der Pumpe durch eine Kraftmaschine, meistens Lokomobile, also ein gewissermaßen primärer Antrieb, im Verhältnis zu dem andererseits zu betrachtenden Antrieb durch Elektromotoren, der wegen der Erzeugung der elektrischen Kraft an einer anderen Stelle und wegen der Nutzbarmachung auf dem Umwege über die elektrische Kraftübertragung als ein sekundärer bezeichnet werden kann. Hierbei ist fernerhin eigene Stromerzeugung in einer besonderen Zentrale oder im Gegensatz dazu der Strombezug von einer fremden Versorgungsquelle her zu erörtern.

Eine zweite wichtige Frage ist die, ob zur Bewältigung der zu fördernden Wassermengen nur eine einzige große Pumpe oder, mit Unterteilung der Gesamtleistung, mehrere kleinere Pumpen aufzustellen sind. Diese Frage hängt mit der zuerst aufgeworfenen eng zusammen, weil auf der einen Seite zum Antrieb einer einzigen großen Pumpe der direkte Antrieb gegeben erscheint, auf der anderen Seite aber bei einer Unterteilung für den Antrieb mehrerer Pumpen gerade dem elektrischen Antrieb seinem Wesen nach der Vorzug zu geben ist, der bei der Leichtigkeit der elektrischen Kraftübertragung gleichzeitig auf eine Verteilung der einzelnen Aggregate an verschiedene Punkte der Anlage hinzuweisen scheint.

Diese beiden Fragen sind zunächst von dem für jede Anlage wichtigsten Standpunkt der Wirtschaftlichkeit zu betrachten; nächstdem aber ist eine Beurteilung vorzunehmen in Hinsicht auf die bei Grundwasserabsenkungsanlagen wichtige und unbedingt zu stellende Forderung der nötigen Reserve.

Ferner spielt die Ausgestaltung der Rohrleitung eine große Rolle; sie soll an und für sich zweckmäßig und wirtschaftlich ausgeführt werden und entweder in sich selbst eine gewisse Reserve einschließen, oder diese durch die entsprechende Vereinigung mit den Pumpen darstellen. Schließlich haben noch die Vorteile und Nachteile Berücksichtigung zu finden, die sich durch die Ausgestaltung der Rohrleitung oder durch die verschiedenartige Anordnung der Pumpen für die Absenkung selbst, d. h. für eine möglichst gleichmäßige Einstellung des gesenkten Wasserspiegels ergeben, wodurch natürlich auch wieder die Frage der Wirtschaftlichkeit berührt wird.

Alle diese Fragen sind auf das mannigfachste miteinander verknüpft; Entschließungen über die Ausführung in Rücksicht auf einen der genannten Punkte beeinflussen auch die anderen, ja sind maßgebend für sie. Die Vielgestaltigkeit der Beziehungen läßt sich durch nachfolgendes Schema ausdrücken:

Wirtschaftlichkeit.

Ausbildung der Rohrleitung. (links) / Gleichmäßige Absenkung. (rechts)

Direkter Antrieb der Kreisel durch Lokomobilen.	Ein großer Kreisel, oder Unterteilung in mehrere Aggregate.
Sekundärer Antrieb durch Elektromotoren. Strom beziehen. | Strom selbst erzeugen, eigene Zentrale.	Verteilung der einzelnen Aggregate an der Rohrleitung.

Reserve.

Fig. 76.

Direkter Antrieb durch Lokomobile oder sekundärer Antrieb durch Elektromotor.

Was zunächst die Frage des Antriebes der Pumpe direkt durch eine Kraftmaschine — wobei allerdings wohl nur die Lokomobile in Betracht kommt — oder durch Elektromotoren anbetrifft, so liegt ein wirtschaftlicher Vorteil des direkten Antriebes in den geringeren Anschaffungskosten. Gespart werden die Kosten für die elektrischen

Maschinen und die Leitungsanlage. Ob die Betriebskosten beim direkten Antrieb günstiger sind, in Hinsicht auf die Umwandlung der Energie beim elektrischen Antrieb, muß im einzelnen Falle nach jeweilig vorliegenden Verhältnissen eine Rentabilitätsberechnung erweisen; ein unwirtschaftlicheres Arbeiten des elektrischen Antriebes braucht nicht ohne weiteres angenommen zu werden, zumal wenn man bedenkt, daß der Antrieb der elektrischen Stromerzeuger in einer Zentrale durch Maschinen erfolgt, die mit einem besseren Wirkungsgrad arbeiten, als die Lokomobile an der Baustelle, und daß hierdurch die Verluste der Umwandlung wieder ausgeglichen werden können, da ja der Wirkungsgrad der elektrischen Maschinen ebenfalls ein sehr günstiger ist und ebenso der der Kraftübertragung bei angemessener Wahl der Spannung.

Ein weiterer Vorteil des direkten Antriebes liegt in der Konzentrierung der gesamten Anlage an einer einzigen Stelle, also der Unterbringung in einem einzigen Gebäude oder Schuppen; jedoch wird durch den direkten Antrieb die Aufstellung der ganzen Anlage dicht an der Baugrube bedingt. Beim elektrischen Antrieb ist der Raumbedarf an der Baugrube selbst ein bedeutend geringerer; es findet ferner eine vorteilhafte Trennung der Erzeugungsstelle von der Verbrauchsstelle statt. Die Erzeugungsstelle, d. h. die Zentrale, kann an der für sie günstigsten Stelle angelegt werden, besonders in Hinsicht auf die Kohlenanfuhr, z. B. an in der Nähe befindlichen Wasserstraßen.

Die Erzeugungsstelle ist beim elektrischen Antrieb verhältnismäßig unabhängig von den Zufälligkeiten an der Verbrauchsstelle, während beim direkten Antrieb in dem gegenseitigen Abhängigkeitsverhältnis von Lokomobile und Kreisel ein großer Nachteil besteht. Es ist sowohl die Antriebsmaschine von der Pumpe abhängig, Störungen des Pumpbetriebes oder auch Außerbetriebsetzungen der Pumpe haben auch eine Störung in der Krafterzeugung zur Folge und daher bei häufigem Eintreten einen wirtschaftlich ungünstigen Gang der Lokomobile. Andererseits aber wird auch der Gang der Pumpe durchaus beeinflußt von dem Gang der Antriebsmaschine. Unregelmäßigkeiten derselben übertragen sich unvermittelt auf die Pumpe und können verderbliche Störungen in dem durchaus nötigen, gleichmäßigen Gang der Absenkung zur Folge haben. Die stetige, gleichmäßige Wasserentnahme aus dem Untergrunde ist, wie erwähnt, Vorbedingung für die Vermeidung von Bodenbewegungen. Für den guten Gang der Lokomobile ist daher eine sorgfältigere Wartung nötig, als beim Antrieb durch Elektromotoren. Ein Vorzug der Lokomobile in bezug auf die Bedienung wird jedoch häufig darin gesehen, daß ein passendes Wartungspersonal für den Lokomobilbetrieb leichter zu bekommen sei, als ein geeignetes Personal für den elektrischen Betrieb.

Auch liegt ein Vorteil des Lokomobilbetriebes in der leichten Steigerung der Leistungsfähigkeit. Bei der Ausführung einer Grundwasserabsenkungsanlage wird die Gesamtförderhöhe im allgemeinen ziemlich genau vorher bekannt sein, nicht so die Wassermenge, die vielleicht zu klein angenommen war. Lokomobile und Kreisel waren einander angemessen. Gelangt nun entsprechend der größeren zu fördernden Wassermenge ein größerer Kreisel zur Aufstellung, so kann die Lokomobile unter Umständen durch weitgehende Überlastung die nötige Mehrleistung noch hergeben. Beim Motor ist dies nicht der Fall. Die Überlastung ist nur eng begrenzt, dauernd überhaupt nicht möglich; er müßte daher ausgewechselt werden, oder, wenn eine Umwechselung vermieden werden soll, die Reserve zum dauernden Betrieb mit herangezogen werden; diese ist dann vielleicht nicht wirtschaftlich ausgenutzt.

Beim Antrieb durch Lokomobilen steht ferner Dampf für Ansaugezwecke ohne weiteres zur Verfügung. Beim elektrischen Antriebe würde dies nur der Fall sein, wenn die Zentrale nicht zu weit von der Anlage selbst entfernt wäre.

Was die Frage der Reserve anbelangt, so sind zweifellos beim elektrischen Antrieb die Kosten für die Reserveanlage ebenso wie die der Betriebsanlage höhere, als beim direkten Antrieb. Ob die Kosten für die Betriebsbereitschaft im einen oder anderen Falle höher sind, läßt sich nicht ohne weiteres entscheiden. Beim Lokomobilantrieb muß die Reserve stets unter Dampf, zum mindesten angeheizt gehalten werden, was bei Eigenerzeugung des elektrischen Stromes in der Zentrale ebenfalls der Fall ist.

Zweckdienlich ist eine Verbindung der Dampfleitungen zweier vorhandener Lokomobilen, um von jedem Kessel jede Maschine betreiben zu können, und so auch jede Pumpe oder Dynamomaschine. Beim direkten Antrieb der Pumpen wird häufig eine derartige Umschaltbarkeit auch durch Zwischenschalten eines Vorgeleges zwischen Lokomobilen und Pumpen erreicht, eine jedoch wirtschaftlich unvorteilhafte Maßnahme infolge der dauernden mechanischen Verluste.

Ein Hauptnachteil des elektrischen Antriebes besteht in der Einführung eines neuen Gefahrengliedes in Hinsicht der Betriebssicherheit der Anlage. Bei Lokomobilen eintretende Beschädigungen kündigen sich gewöhnlich vorher an; Beschädigungen der elektrischen Maschinen oder der Leitungsanlage treten sofort ein. Demgegenüber ist beim elektrischen Antrieb wiederum ein schnelleres Eintreten der Reserve geltend zu machen. Darin und außerdem in der zweckmäßigen Ausgestaltung der gesamten elektrischen Anlage liegt wiederum eine erhöhte Sicherheit und ausgiebige Reserve, worüber noch in einem besonderen Abschnitt zu sprechen sein wird.

Eine einzige große Maschine oder Unterteilung.

Die Frage des Antriebes, ob direkter oder elektrischer Antrieb vorteilhafter ist, kann nicht ohne weiteres entschieden werden, besonders nicht, ohne auch die zweite Frage gleichzeitig einer Betrachtung zu unterwerfen, bei der gerade die Haupteigenschaften des elektrischen Antriebes erst voll zur Geltung kommen. Es sind die Vorteile und Nachteile zu untersuchen, wenn einerseits nur eine einzige große Maschine, sowohl Pumpe als auch Antriebsmaschine, zur Aufstellung gelangt, andererseits aber eine Unterteilung in einzelne Aggregate vorgenommen wird; beide Ausführungsarten sind in Hinsicht auf Wirtschaftlichkeit und Reserve zu betrachten. Ferner sind die Vorzüge der durch den elektrischen Antrieb erleichterten und seiner Eigenart entsprechenden Verteilung der einzelnen Aggregate an räumlich getrennte Stellen der Gesamtanlage zu zeigen, sowohl für die Ausbildung der Rohrleitung als auch für die Erreichung einer möglichst günstigen Absenkung an allen Stellen des zu entwässernden Gebietes.

Schon beim direkten Antrieb, also noch räumlich ungetrennter Aufstellung der Maschinenanlage, zeigt sich bei der Unterteilung in einzelne Aggregate ein wirtschaftlicher Vorteil. Die Anschaffungskosten werden zwar höhere sein, doch im Betrieb durch Anpassung an den Bedarf Ersparnisse eintreten.

Bei zu gering berechneter Gesamtwassermenge muß zwar in beiden Fällen eine Vergrößerung der Anlage vorgenommen oder die Reserve mit zum Betrieb herangezogen werden; aber bei zu groß angenommener Wassermenge und entsprechender Ausbildung des maschinellen Teiles muß beim Antrieb durch eine einzige Maschine diese unausgenutzt und daher unwirtschaftlich weiter laufen, während bei der Unterteilung ein oder mehrere Aggregate stillgesetzt werden können. Was die Bedienungskosten anbelangt, so werden diese bei der Unterteilung kaum höhere sein, weil zwei kleinere Maschinen durch dasselbe Personal wie eine größere bedient werden können.

Ferner ist noch Folgendes zu beachten. Wenn auch die Anschaffungskosten bei der Unterteilung höhere sind, können diese doch zu einem Teil durch eine Einschränkung in der Größe der vorhandenen Reserve, die hier möglich ist, wieder ausgeglichen werden. Auch der Nachteil des größeren Raumbedarfes der eigentlichen Betriebsanlage wird durch den geringeren der Reserveanlage wieder wett gemacht. Bei Aufstellung einer einzelnen großen Maschine wird unbedingt die Aufstellung einer gleich großen zur Reserve zu fordern sein und meistens auch stattfinden. Für Pumpe und Lokomobile würde dann eine Reserve von 100 % vorhanden sein (Fig. 77, Fall 1). Die Aufstellung einer Reserve von nur etwa 50 % durch ein kleineres Aggregat findet auch statt (Fall 2), ist jedoch unbedingt als unzureichend zu verwerfen.

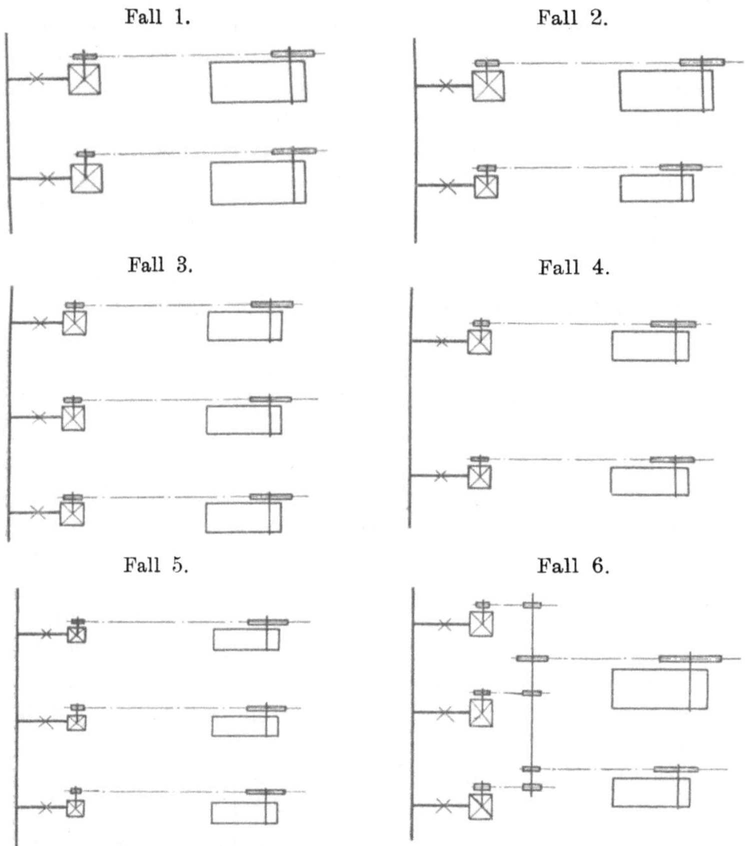

Fig. 77. Maschinenanlage. Unterteilung in einzelne Aggregate.

Ein besseres Mittel, um mit einer geringeren Reserve auszukommen, bildet eben die Unterteilung. Sehr häufig findet eine Dreiteilung statt, eine Aufstellung drei gleich großer Aggregate, von denen zwei normalerweise in Betrieb sind, die dritte als Reserve verbleibt, was ebenfalls einer Reserve für Pumpen und Lokomobilen von 50 % entspricht (Fall 3). Der volle Betrieb mit 100 % erscheint dann jedoch mit Sicherheit dauernd gewährleistet. Auch begnügt man sich andererseits damit, zwei gleichgroße Aggregate aufzustellen (Fall 4), die beide dauernd in Betrieb sind und so also nur eine gegenseitige Reserve darstellen, was beim Außerbetriebkommen einer Maschine wieder einen Ausfall von 50% bedeuten würde, ähnlich wie bei dem geschilderten Fall 2.

Um einen gewissen Ausgleich zu ermöglichen, wird mitunter, wie bereits erwähnt, ein Vorgelege zwischen Lokomobilen und Pumpen eingeschaltet, um sowohl eine Auswechselungsmöglichkeit herbeizuführen, so daß jede Pumpe von jeder Lokomobile angetrieben werden kann, als auch beim Ausfall einer Antriebsmaschine in Fall 2 und 4 durch Überlastung der anderen doch noch beide Pumpen, allerdings eingeschränkt, im Betriebe erhalten zu können.

Als Beispiel für den Fall 3 möge die Grundwasserabsenkungsanlage beim Bau der neuen Schleuse am Lehnitzsee bei Oranienburg dienen (s. Fig. 71), als Beispiele für den Fall 4 die Absenkungsanlagen beim Bau der Schleusen in Grütz und Garz bei Rathenow, die bei der Havelregulierung zur Ausführung gelangt sind (s. Fig. 78); ferner ebenfalls als Beispiel für Fall 4 die Grundwasserabsenkungsanlagen bei der Wiederherstellung der alten Schleuse in Kersdorf (Oder-Spree-Kanal) und die Anlage für die Wiederherstellungsarbeiten der Oberschleuse in Fürstenberg (ebenfalls am Oder-Spree-Kanal), die an der unten angegebenen Stelle[1]) veröffentlicht sind (s. Fig. 78). Hier ist die Zwischenschaltung des Vorgeleges zur Anwendung gekommen, allerdings noch eine weitere Modifikation in der Ausführung der Anlage eingetreten, über die noch im folgenden zu sprechen sein wird.

Ein Vorteil gegenüber der Ausführung Fall 4 zeigt die Ausführung Fall 5, wo ebenfalls die Dreiteilung vorgenommen ist; ebenso wie in Fall 4 gehören sämtliche drei Maschinen zum normalen Betrieb. Der Ausfall beträgt jedoch hier nicht wie bei Fall 4 50%, sondern nur $33^1/_3$% oder bei Vorhandensein eines Vorgeleges und unter Überlastung der beiden anderen Lokomobilen noch weniger.

Die Ausbildung der Anlagen nach Fall 4 und 5 geschah allerdings aus der Überlegung heraus, daß für eine beträchtliche Zeit beim Bauvorgang ebenso wie beim Rückgang der Absenkung der gesenkte Grundwasserspiegel nicht in seiner tiefsten zu erreichenden Lage dauernd gehalten werden muß, sondern eine geringere Absenkung bei einer geringeren Arbeitsleistung genügt. In dieser Zeit würde also nur ein Teil der Maschinenanlagen in Betrieb zu

[1]) Zimmermann: „Die Anwendung von Grundwasserabsenkungen zu Neubauten und Wiederherstellungsarbeiten im Bezirk der Wasserbauinspektion Fürstenwalde". Zeitschr. f. Bauwesen 1907, S. 411.

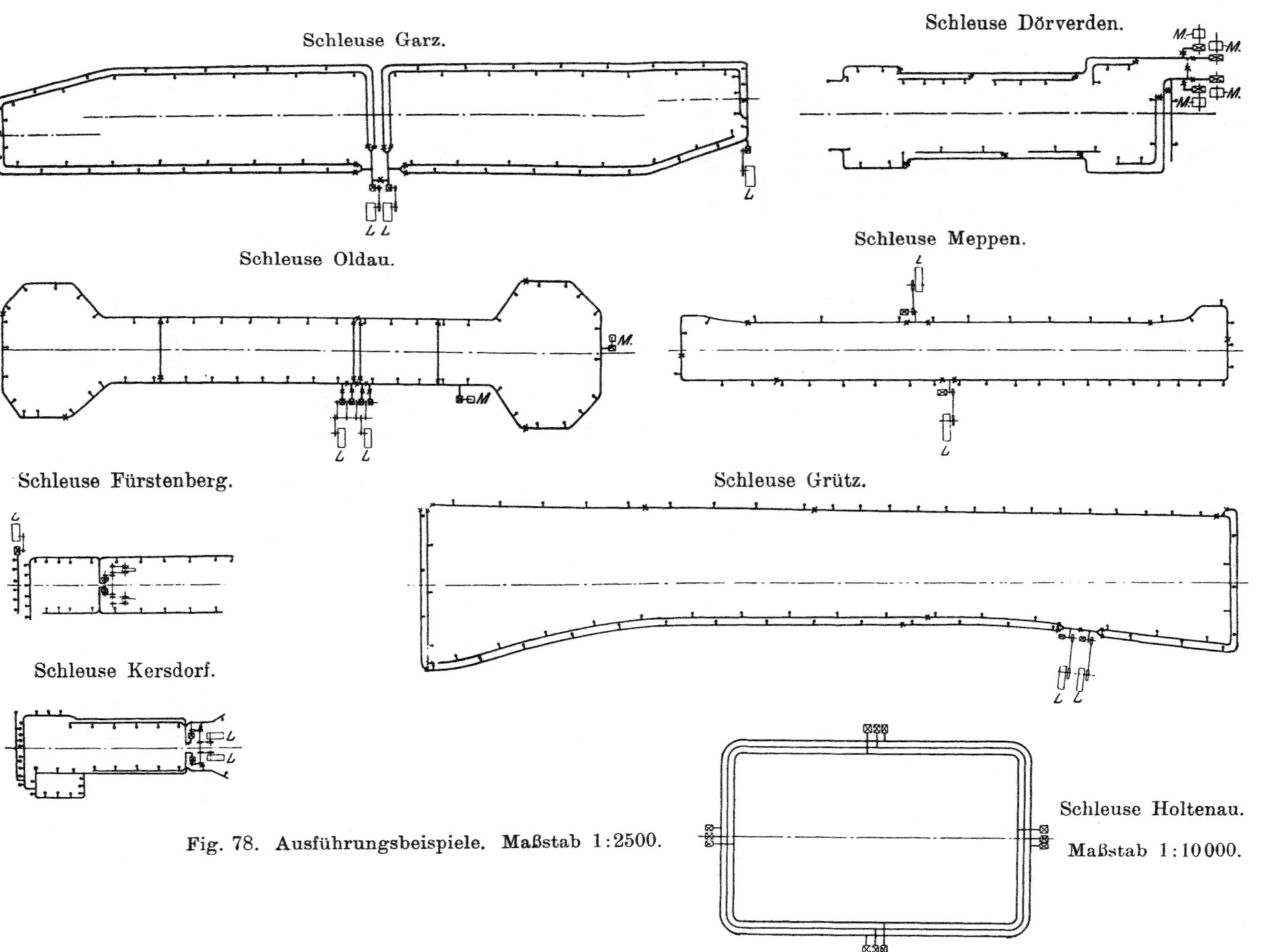

Fig. 78. Ausführungsbeispiele. Maßstab 1:2500.

sein brauchen, und der andere Teil zur Reserve verbleiben, während zur Erreichung der tiefsten Absenkung für die Dauer der entsprechenden Bauarbeiten die gesamte Maschinenanlage zum Betrieb heranzuziehen wäre, eine Reserve dann aber fehlen würde. Immerhin würde auf diese Weise eine Verbilligung der Anlagekosten erreicht.

Eine andere Lösung der Maschinenanlage ist in Fall 6 dargestellt; es sind drei Kreisel aufgestellt, jedoch nur zwei Lokomobilen, die entweder gleich groß sind oder noch besser eine für den Antrieb zweier Kreisel ausreichend, die dritte, etwa halb so starke zum Antrieb eines einzelnen Kreisels; ein Vorgelege wird zwischengeschaltet, und es ist auf diese Weise möglich, unter günstiger Betriebsausnutzung der Lokomobilen nur einen, zwei oder alle drei Kreisel zusammen in Betrieb zu haben. Allerdings liegt bei Aufstellung einer großen und einer kleinen Lokomobile die Gefahr nahe, daß beim Außerbetriebkommen der größeren Maschine nur etwa $33^1/_3{}^0/_0$ der Gesamtanlage betriebsfähig bleiben. Diese Anordnung kam, allerdings mit Anwendung von zwei gleich großen Lokomobilen, beim Neubau der Schleuse in Oldau für die Aller-Kanalisierung zur Ausführung (s. Fig. 78).

Die bei einer Unterteilung des direkten Antriebes — des Lokomobilbetriebes — etwa in Betracht kommenden Ausführungsarten lassen an und für sich, was die Bedienung und die gegenseitige Auswechselbarkeit anbetrifft, eine Konzentrierung der gesamten Anlage an ein und derselben Stelle als vorteilhaft erscheinen. Es wird dann auch nur die Anlage eines einzigen Gebäudes oder Schuppens nötig, ferner ist nur ein Kohlenlager in unmittelbarer Nähe der Baugrube anzulegen. Beim elektrischen Antrieb dagegen würde bei einer Unterteilung in einzelne Aggregate ihre Konzentrierung an ein und derselben Stelle durchaus dem Wesen des elektrischen Antriebes widersprechen, das gerade auf eine Verteilung an räumlich getrennte Plätze verweist. Auch betreffs der Bedienung sind hier keine Bedenken, da ja infolge der viel geringeren Wartung die Bedienung mehrerer getrennter Aggregate durch einen Mann möglich ist.

Bevor jedoch die bei der Verteilung der Aggregate in den Vordergrund tretenden Punkte zur Besprechung gelangen, sollen zunächst die für die Ausgestaltung der Saugleitung maßgebenden Gesichtspunkte, besonders in Hinsicht auf eine Unterteilung und Verteilung der Maschinenanlage, mit der auch eine Einteilung der Rohrleitung eng verbunden ist, einer Betrachtung unterzogen werden.

Besondere Gesichtspunkte für die Ausbildung der Rohrleitung.

Die Anlage und Ausgestaltung der Saugleitung hat in Rücksicht auf folgende vier Punkte zu erfolgen:

a) Brunnenanordnung,
b) Wassermenge,
c) Anschluß der Pumpen,
d) Reserve der Rohrleitung in sich.

a) Brunnenanordnung.

Für die Anordnung der Brunnen gilt das bereits früher Gesagte, daß die für die Absenkung theoretisch günstigste Brunnenstellung ein Einschließen der Baugrube auf allen Seiten ist. Dies wird im allgemeinen, wenn möglich, auch durchgeführt, nur bei sehr breiten Baugruben wird manchmal zur Anbringung einer Mittelreihe von Brunnen geschritten; eine Ausführung, die wohl nur bei Vorhandensein sehr feinen Untergrundes eine Berechtigung hat, besonders da hierdurch Unbequemlichkeiten infolge Behinderung des Baues eintreten, und besondere Maßnahmen erfolgen müssen, um ein Verschließen der in der Fundamentsohle vorhandenen Löcher nach Ziehen der Brunnen, wenn diese in der Sohle selbst gestanden haben, zu ermöglichen.

Abweichungen von einer regelmäßigen Verteilung der Brunnen um die Baugrube in gleichen Abständen werden bei besonderen örtlichen Verhältnissen zu treffen sein; es wird z. B. eine engere Brunnenstellung an Stellen vorgenommen werden, an denen das Vorhandensein besonders grober Einlagerungen nachgewiesen ist, oder an denen eine besonders tiefe Absenkung erreicht werden soll, ferner bei Vorhandensein offener Gewässer an den diesen benachbarten Seiten der Anlage, oder schließlich bei Vorhandensein stärkeren Gefälles des Grundwasserstromes auf der stromaufwärts gelegenen Seite.

Die Ausbildung der Saugleitung erfolgt am vollkommensten als geschlossene Ringleitung, jedoch wird auch hier oft die Unterteilung in einzelne Stränge ausgeführt. Auch findet, wie häufig bei Wassergewinnungsanlagen, die Zusammenfassung einer Reihe von Brunnen durch einen besonderen Nebenstrang vor Anschluß an die Hauptsaugleitung statt, was einer stufenweisen Wasserzuführung bei stufenweis zunehmender Weite der Rohrleitung entspricht und gleichzeitig den Vorteil bietet, die einzelnen Zweige nach Bedarf einzeln an die Saugleitung an- oder abschließen zu können.

Diese Ausführung würde auch schon auf den unter b) genannten Punkt Rücksicht nehmen, d. h. auf die Anpassung der Weite der Rohrleitung an die zu fördernde Wassermenge.

b) Wassermenge.

Ein allmähliches vom Ende aus mit der Anzahl der angeschlossenen Brunnen und der dadurch zugeführten Wassermenge bis zur Pumpe hin stattfindendes Zunehmen der Weite der Rohrleitung bei Ausführung in einzelnen Strängen ist wirtschaftlich vorteilhaft, weil die Anlagekosten dadurch verringert werden. Dieses allmähliche Wachsen des Rohrdurchmessers kann auch bei Ausführung der Rohrleitung als geschlossene Ringleitung zur Anwendung kommen, wenn nur an einer einzigen Stelle Pumpen angeschlossen sind. Sonst richtet sich die Weite der Rohrleitung nach der Verteilung der angeschlossenen Pumpen. Ferner wird, wie erwähnt, die Rohrleitung mit einer gewissen geringen Steigung vom Ende aus bis zur Pumpe hin verlegt, um die Entfernung geförderter Gase, oder durch Undichtigkeiten eintretender Luft mit Hilfe der Pumpe zu ermöglichen und die Bildung von Luftsäcken zu verhindern. Auch hierbei ist auf die Art des Anschlusses der Pumpen Rücksicht zu nehmen.

Wenn die Rohrleitung aus einzelnen Strängen besteht, muß bei Anschließen einer einzigen Pumpe ein Zusammenlaufen der Stränge vor der Pumpe stattfinden, mit entsprechender Zunahme der Lichtweite der Rohrleitung. Bei Anschluß mehrerer Pumpen werden diese meist auf die einzelnen Stränge verteilt. Sie können dann wiederum an einer Stelle konzentriert werden, was Vorzüge in der Bedienung mit sich bringt und eine leichte Umschaltung der Pumpen auf die einzelnen Stränge ermöglicht, wenn beim Versagen der einen Pumpe die Lieferung aus diesem Strange von den anderen mit übernommen werden soll, eine Einrichtung, die häufig getroffen wird und zu empfehlen ist.

Ebenso oft wird aber auch eine räumlich getrennte Aufstellung der Pumpen an den einzelnen Strängen vorgenommen. Dies hat den Vorteil, daß jede Pumpe in der Mitte ihres Leitungsstranges aufgestellt werden kann, und die lichte Weite desselben an der weitesten Stelle nur für die halbe aus diesem Strange zu entnehmende Wassermenge bemessen zu werden braucht. Meist wird aber auch eine Verbindung der einzelnen Stränge untereinander zur gegenseitigen Reserve herbeigeführt, womöglich so, daß nicht nur eine, sondern zwei der anderen Pumpen gleichzeitig die Mitlieferung aus je einem Teil des Stranges der außer Betrieb gekommenen Pumpe übernehmen können. Hierbei ist eine richtige Ausführung der Steigung der Rohrleitung zu beachten. Die tatsächlich zur Ausführung gelangten Anordnungen sind so mannigfaltige, daß Beispiele hier nicht gegeben werden sollen.

c) Anschluß der Pumpen.

Eine einzige Pumpe.

Bei einer Umstellung der Baugrube mit den Brunnen ist die Ausführung der Saugleitung zunächst bei Anschluß einer einzigen Pumpe zu behandeln. Die Ausführung kann entweder als geschlossener Ring erfolgen (s. Fig. 79, Skizze 1), oder auch aus zwei gleich langen Zweigen bestehen (Skizze 2), so daß auf der der Pumpe gegenüberliegenden Seite eine Unterbrechung vorhanden ist. Beide Ausführungen kommen in der Tat zur Anwendung. Auch bei der Anordnung als geschlossene Ringleitung befindet sich an der der Pumpe gegenüberliegenden Seite der Saugleitung meist ein Schieber, so daß das Wasser von beiden Seiten her je zur Hälfte der Pumpe zuströmt (Skizze 3). Die lichte Weite der Leitung wird dann nur für die von jeder Seite zuströmende Hälfte der Gesamtwassermenge bemessen und es wird häufig dem allmählichen Zunehmen der Wassermenge gemäß ein allmähliches Ansteigen der lichten Weite nach der Pumpe hin ausgeführt.

Bei Schadhaft- oder Undichtwerden einer Stelle der Saugleitung muß zur Aufrechterhaltung des Pumpbetriebes ein Absperren dieser Stelle erfolgen, und es werden zu diesem Zweck in der Regel eine Reihe von Schiebern in der Leitung verteilt eingebaut, etwa nach Skizze 4. Bei Ausführung der Leitung in zwei getrennten Zweigen muß der ganze von der schadhaften Stelle aus nach dem Ende zu gelegene Teil außer Betrieb gesetzt werden, während bei Ausbildung eines geschlossenen Ringes nur der zwischen je zwei Schiebern befindliche Teil abgesperrt zu werden braucht, und die Lieferung des von der Pumpe dadurch abgesperrten Teiles der einen Hälfte von der anderen Hälfte mit übernommen werden kann. Bei der oben beschriebenen Ausführung der Saugleitung mit zunehmender lichter Weite zur Pumpe hin ergeben sich dann jedoch größere Durchflußgeschwindigkeiten des Wassers in einzelnen Teilen und damit größere Reibungsverluste. Um den hierdurch vermehrten Arbeitsaufwand und die damit zusammenhängende Unwirtschaftlichkeit oder den auf die Absenkung selbst ausgeübten ungünstigen Einfluß zu verhindern, wird häufig trotz der höheren Anlagekosten die ganze Ringleitung mit der gleichen Rohrstärke ausgeführt.

Bei Anschluß einer einzigen Pumpe ist die Saugwirkung auf die entfernter liegenden Brunnen natürlich eine geringere in Anbetracht der wachsenden Leitungswiderstände, so daß die Tiefe der erreichten Absenkung in den entfernter liegenden Brunnen eine kleinere ist. Ferner kann die zu bewältigende Wassermenge eine derartig große sein, daß die Rohrleitung schließlich sehr große lichte

Weiten besitzen müßte, was verhältnismäßig größere Anlagekosten im Gefolge hätte. Man könnte aus beiden Gründen zu einer Einteilung der Rohrleitung in drei oder vier einzelne, an der Pumpe zusammenlaufende Teile greifen (Skizze 5 und 6), so daß für jeden eine geringere Länge bzw. nur der dritte oder vierte Teil der Gesamtwassermenge in Betracht käme; eine derartige Ausführung bei Anschluß einer einzigen Pumpe ist dem Verfasser nicht bekannt geworden, jedoch ähnliche Ausführungen bei Anschluß mehrerer Pumpen, also bei Unterteilung, die wegen der größeren Wassermengen vorgenommen wurde; die Erwähnung erfolgte hier der Vollständigkeit halber, die Vorteile und Nachteile sollen später besprochen werden.

In Skizze 7 ist die Aufstellung eines Aggregates und eines Reserveaggregates mit Angabe der entsprechenden Schieber dargestellt, ebenso in den Skizzen 8 und 9 die Anbringung weiterer Schieber zur Einteilung der Saugleitung in einzelne Abschnitte. Die Angabe dieser Schieber ist in den folgenden Skizzen unterlassen, es sind nur noch die in Rücksicht auf eine Unterteilung der Rohrleitung und die Zuweisung zu den einzelnen Pumpen nötigen angegeben. In keiner der Skizzen erfolgte die Einzeichnung der in dem kurzen Anschlußstück zwischen Pumpe und Saugleitung stets anzubringenden Schieber, deren Einbau, wie oben erwähnt, erfolgt, um jede Pumpe von der Leitung abschließen und an dieselbe anschließen zu können.

Unterteilung in mehrere Aggregate.

Eine Verkleinerung der Rohrweiten bei großen zu fördernden Wassermengen wird besser als durch die in den Skizzen 5 und 6 angegebenen Maßnahmen durch Unterteilung der Maschinenanlage und die damit verbundene Unterteilung der Rohrleitung in getrennte, den einzelnen Pumpen zugewiesene Abschnitte erreicht.

Bei Aufstellung von zwei Aggregaten würden allerdings noch dieselben Rohrweiten und dieselben Leitungswiderstände bestehen, wie bei nur einer Pumpe. Durch jede Hälfte der Rohrleitung müßte auch wiederum die Hälfte der zu fördernden Wassermenge hindurchgeleitet werden; nur bei Anordnung von zwei Querleitungen über die Baugrube, ähnlich den in Skizze 6 angegebenen bei einer Pumpe, würde auch hier eine Reduzierung der Rohrweiten möglich sein. Die Aufstellung der beiden Aggregate mit Angabe der nötigen Schieber zeigt Skizze 10; ebenso Skizze 11 den Einbau von zwei Aggregaten mit einem dritten Reserve-Aggregat, und die Skizzen 12 und 13 die Anordnung bei Verwendung von zwei Querleitungen.

Skizze 1
2
3
4
5
6
7
8
9
Skizze 10
11
12
13
14
15
16
17
18
19
Skizze 20
21
22
23
24
25
26
27
28

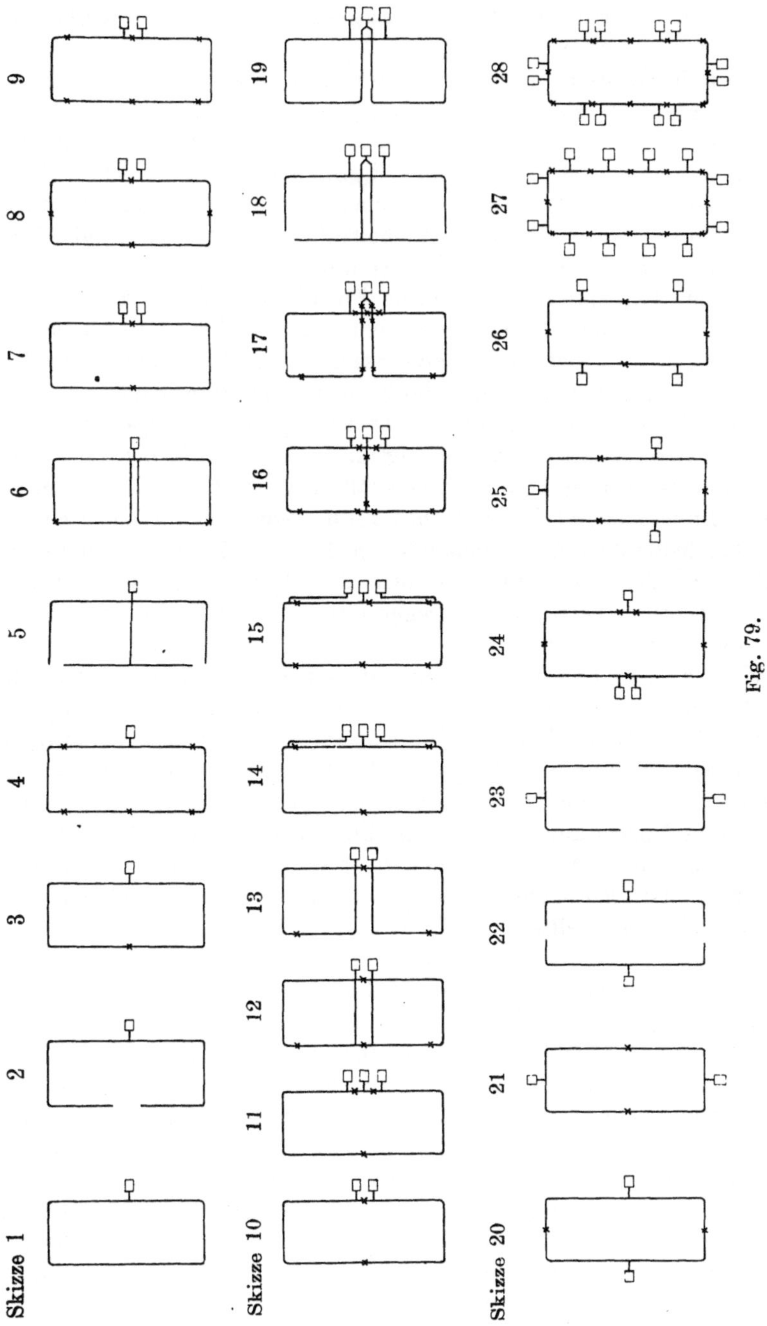

Fig. 79.

Bei der Anordnung von drei Aggregaten, wenn normalerweise alle drei in Betrieb sind, kann die Rohrleitung nach Skizze 14 oder 15 unterteilt werden. Bei der ersten der beiden Skizzen ist die Schiebereinteilung so getroffen, daß beim Versagen einer Pumpe stets eine der danebenliegenden die Lieferung aus dem anderen Leitungsabschnitt mit übernehmen kann. In Skizze 15 ist es durch den Einbau von drei weiteren Schiebern ermöglicht, daß bei Außerbetriebkommen einer Pumpe der betreffende Rohrleitungsabschnitt zur Hälfte von jeder der nebenliegenden Pumpen erfolgen kann. Im ersteren Fall müßte der tiefste Punkt der Saugleitung sich in der Mitte der den Pumpen gegenüberliegenden Seite befinden; ebenso bei der Anordnung nach Skizze 15, doch müßte der Leitungsteil der mittleren Pumpe horizontal verlegt werden.

Die beiden Ausführungsarten bedeuten jedoch ebenfalls eine Verlängerung der gesamten Rohrleitungslänge ebenso wie bei der Anordnung von Querleitungen; eine gleichmäßige Verteilung auf die Pumpen ist allerdings möglich. Die Rohrdurchmesser können entsprechend der durch jeden Abschnitt fließenden geringeren Wassermenge kleiner gehalten werden; jedoch tritt hier die Forderung eines überall gleichen Durchmessers, wenn gegenseitige Reserve ins Auge gefaßt wird, um so mehr hervor.

Noch größere Bedeutung erlangt dieser Punkt in den in den beiden nächsten Skizzen 16 und 17 zur Darstellung gelangten Anordnungen, für die eine nähere Erklärung nicht gegeben zu werden braucht; hier müssen wieder die Unannehmlichkeiten der Querleitungen in Kauf genommen werden, die beim Schlagen einer etwaigen Spundwand beim Vorrücken der Ramme an diese Stelle entfernt werden müssen und deswegen mit Absperrschiebern auf beiden Seiten zu versehen und als Flanschenrohre auszubilden sind. Tatsächlich ist die in Skizze 17 dargestellte Anordnung bei der Grundwasserabsenkungsanlage des schon erwähnten S c h l e u s e n n e u b a u e s in O l d a u, allerdings mit einem geringen Unterschied im Anschluß der Pumpen, zur Ausführung gekommen (s. Fig. 78).

Was nun die Steigung der Leitung nach den Pumpen hin anbelangt, so müßten hier die tiefsten Punkte an beiden Ecken der den Pumpen gegenüberliegenden Seite sich befinden. Die Skizzen 16 und 17 können auch als Beispiele für die Anordnung von zwei Pumpen und einer dritten als Reserve angesehen werden. Natürlich kann auch hier wieder die Auflösung der Ringleitung in einzelne Stränge erfolgen nach Skizze 18, ähnlich wie bei Anschluß einer Pumpe in Skizze 5, oder durch Auflösung in zwei getrennte Ringleitungen nach Skizze 19, ähnlich Skizze 6 oder 13. Hierbei könnten wieder die einzelnen Stränge mit allmählich zunehmender lichter Weite ausgeführt werden, jedoch müßten vor den Anschlüssen der Pumpen derartig große Durchmesser vorhanden sein, daß eine leichte Austauschbarkeit und dadurch gegenseitige Reserve möglich ist.

Eine Unterteilung in mehr als drei Aggregate ohne gleichzeitige Verteilung an getrennte Stellen der Saugleitung ist dem Verfasser nicht bekannt geworden und dürfte auch wohl kaum ausgeführt sein, mit Ausnahme des ersten Ausbaues der Wasserabsenkungsanlage für den Schleusenneubau in Dörverden an der Weser, wo vier Aggregate an einer Stelle vereinigt waren (s. Fig. 78). Hiervon sollten jedoch nur zwei ständig in Betrieb sein, und zwar je eins für den Rohrstrang auf der westlichen und östlichen Seite, und die anderen beiden als Reserve dienen. Tatsächlich reichten auch im allgemeinen zwei Aggregate aus und nur zur Erreichung der tiefsten Absenkung, die gleichzeitig mit einem Steigen der in nicht zu großer Entfernung fließenden Weser zusammenfiel, waren alle vier Aggregate gleichzeitig in Betrieb. Die vier Pumpen waren elektrisch angetrieben, so daß wohl eine Verteilung an der Leitung, zumal bei der geringen nötigen Wartung, vorteilhaft gewesen wäre. Hier waren auch, während sonst die Aufstellung immer ungefähr an der Mitte der einen Längsseite erfolgte, die Pumpen an der einen Schmalseite aufgestellt, weil die andere Schmalseite wegen späterer Verlängerung der Baugrube nicht zur Ausführung gekommen war.

Die Unterteilung in einzelne Aggregate, aber Konzentrierung an einer einzigen Stelle bietet, wie bereits früher gesagt, hauptsächlich Vorteile beim Lokomobilantrieb und ist auch wohl mit Ausnahme des soeben erwähnten Falles nur bei Lokomobilantrieb ausgeführt worden. Dem elektrischen Antrieb entspricht die Verteilung der Pumpen. Die dadurch sich ergebenden Vorzüge für die Ausgestaltung der Rohrleitung sollen im Nachfolgenden erläutert werden.

Verteilung der einzelnen Aggregate.

Die Unterteilung der Pumpen und Antriebsmaschinen geschah, um nochmals zusammenzufassen, was die Rohrleitung anbetrifft, aus folgenden Gründen. Es sollten erstens Ersparnisse in bezug auf die Anschaffungskosten durch Verwendung von Rohrleitungen kleineren Durchmessers gemacht werden. Erreicht wurde dies erst bei der Verwendung von drei Pumpen, außerdem durch Auflösung in einzelne Stränge, wobei jedoch das etwaige Außerbetriebkommen selbst längerer Strecken mit in Kauf genommen werden mußte, ohne daß die Möglichkeit vorlag, Teile des beschädigten Stranges durch Anschließen an die anderen noch in Betrieb zu halten. Zweitens erfolgte die Unterteilung, um, wenn auch nicht kürzere

Leitungsstrecken zu erhalten, so doch eine gleichmäßigere Verteilung auf die Pumpen zu ermöglichen, was jedoch nur in geringen Grenzen erreicht wurde. Mit der gleichmäßigeren Zuweisung der Rohrstrecken auf die einzelnen Pumpen hängt der dritte Grund zusammen, eine bessere und gleichmäßigere Absenkung zu erreichen. Der vierte Grund endlich war der, im Zusammenhang mit der Unterteilung der Maschinenanlage, bei gleichzeitiger Unterteilung der Rohranlage, eine möglichst weitgehende Reserve zu besitzen.

Die Ausgestaltung der Rohrleitung in Hinsicht auf die angegebenen Punkte und die daraus entspringenden Vorteile werden indes viel besser erreicht durch die Verteilung der einzelnen Aggregate an verschiedenen Punkten der Anlage. Gelangen nur zwei Aggregate zur Aufstellung, so werden bei rechteckigen Baugruben meistens die Mitten der beiden Längs- oder auch die Mitten der beiden Schmalseiten gewählt (Skizze 20 und 21). Es erfolgt dabei wiederum durch Anordnung von Schiebern in der Mitte der Strecken zwischen den beiden Pumpen die Einteilung in zwei gleich lange Leitungsstrecken.

Hinsichtlich Verringerung der Weite der Rohrleitung ist gegenüber der Unterteilung hier kein Vorteil; es müssen die gleichen Wassermengen durch die einzelnen Rohrabschnitte fließen, daher die gleichen Rohrdurchmesser vorhanden sein. Auch die Gesamtlänge der Rohrleitung für jede Pumpe ist dieselbe. Ein Vorteil gegenüber der Unterteilung liegt darin, daß die Pumpen in der Mitte der zu ihnen gehörigen Leitungsstrecken aufgestellt werden können.

Die Aufstellung der Pumpen an den Schmalseiten empfiehlt sich gegenüber der Aufstellung an den Längsseiten, weil bei rechteckigen Baugruben an den Enden der Baugrube die Absenkung, wie im theoretischen Teil nachgewiesen wurde (vgl. Fig. 34), nicht so tief ist, wie in der Mitte. Dieses für die Gesamtabsenkung ungünstige Verhältnis wird bei Aufstellung der Pumpen in den Mitten der langen Seiten noch unterstützt dadurch, daß infolge der Rohrleitungswiderstände die Wirkung der Pumpen auf die am weitesten entfernt stehenden Brunnen geringer wird, als auf die näher gelegenen, wie bereits erwähnt wurde, und daher in den entfernter gelegenen ein geringeres Vakuum und auch eine geringere Absenkung erzeugt wird. Die beiden für die Gesamtabsenkung ungünstigen Faktoren summieren sich dann.

Auch hier wird häufig die Ringleitung nicht geschlossen, sondern aus zwei einzelnen Zweigen hergestellt (Skizze 22 und 23), wobei dann aber auch jegliche gegenseitige Reserve aufhört, die Rohrleitung allerdings mit nach den Enden hin abnehmendem Durchmesser ausgeführt und hierdurch Ersparnisse erreicht werden können.

Die Vorteile der Verteilung werden schon größere bei Aufstellung von drei Aggregaten, in gleichmäßigen Abständen an der Rohrleitung. Auch hier sind zwar die Durchmesser noch dieselben, wie bei Aufstellung von drei Aggregaten bei Unterteilung, aber die für jede Pumpe in Betracht kommende Leitungsstrecke ist kürzer, außerdem werden die Querleitungen ohne weiteres vermieden. Gegenüber der Anordnung von zwei Aggregaten ist hier der Vorteil einer größeren Reserve; allerdings auch nur wieder, wenn der Ring geschlossen ausgebildet wird, und es empfiehlt sich dann hier um so mehr die Ausführung mit überall gleichem Durchmesser. Für die Aufstellung der Aggregate und die Anordnung der Schieber möge Skizze 25 angeführt werden.

Einen Übergang zwischen den soeben beschriebenen Anordnungen von zwei und drei Aggregaten bildet die in Skizze 24 dargestellte Anordnung von zwei verteilten Aggregaten mit einem dritten als Reserve dienenden, das unmittelbar neben dem einen von ihnen aufgestellt ist. Auch hier können im Notfall alle drei Aggregate zum normalen Betrieb herangezogen werden. Die Aufstellung unterscheidet sich dann von der in Skizze 25 gegebenen nur darin, daß sich zwei von den Pumpen am Ende der zu ihnen gehörigen Leitungsstrecke befinden.

Je weiter die Unterteilung in kleinere Aggregate vorgenommen wird, um so mehr zeigt sich bei einer Verteilung derselben an der Saugleitung die Überlegenheit dieser Anordnung in Hinsicht auf Ersparnisse bei der Rohrleitung. Die an eine Pumpe angeschlossene Brunnenanzahl wird eine kleinere, daher auch die durch einen Leitungsabschnitt durchfließende Wassermenge, und es können infolgedessen die Durchmesser der Leitungen kleiner gehalten werden. Vermieden werden auf diese Weise die teuren, großen und im Handel nicht gangbaren, häufig erst mit langen Lieferterminen zu beschaffenden Rohre.

Infolge der kürzeren Leitungsstrecken ist die Summe der Leitungswiderstände bis zu den Leitungsenden kleiner; es findet daher eine gleichmäßigere Entnahme aus allen an einen Leitungszweig angeschlossenen Brunnen statt, und, damit zusammenhängend, eine gleichmäßigere Absenkung.

Die gegenseitige Reserve ist eine außerordentlich große geworden. Bei Ausfall eines Abschnittes der Rohrleitung durch Versagen der angeschlossenen Pumpe können sogleich die Pumpen der beiden nebenan liegenden Strecken die Förderung aus der ersteren übernehmen. Ein entsprechender, zweckmäßiger Einbau von Schiebern muß vorgenommen werden. Bei Vorhandensein von vier Aggregaten würde der Ausfall beim Versagen eines derselben nur

25 % betragen, bei weiterer Unterteilung entsprechend weniger. Jede Pumpe kann ebenfalls in der Mitte ihrer Strecke aufgestellt werden, oder aber auch, da hier die Gesamtstrecke kürzer ist, am Ende; es besteht dann die Möglichkeit, zwei Pumpen benachbarter Strecken wieder an einer Stelle zusammenzufassen und sie in einem Schuppen unterzubringen. In Skizze 26 ist die Aufstellung von vier Aggregaten angedeutet; in den Skizzen 27 und 28 die Aufstellung einer ganzen Reihe von Aggregaten in den beiden zuletzt angeführten Möglichkeiten. Diese Zusammenfassung von zwei Aggregaten geschah z. B. bei der mehrfach erwähnten Absenkungsanlage der neuen Emder Seeschleuse.

Reserve der Rohrleitung in sich.

Was den oben erwähnten vierten Punkt, betreffs Ausführung der Rohrleitung anbetrifft, nämlich das Herbeiführen einer Reserve der Rohrleitung in sich, also bei Schadhaftwerden eines Teiles der Rohrleitung die Möglichkeit zu haben, trotzdem einen möglichst großen Teil in Betrieb zu halten, so hängt diese Frage ja eng mit der Unterteilung und der Verteilung der Pumpen selbst zum Zwecke gegenseitiger Reserve zusammen. Es entsteht daraus die Teilung der Leitung in einzelne Abschnitte, wie sie im Vorhergehenden zur Besprechung kam.

Eine besondere Ausführung der Rohrleitung zum Zwecke einer eigenen Reserve, die nicht mit der Unterteilung und Verteilung der Pumpen zusammenhängt, ist die Verlegung nicht nur eines einzelnen Leitungsstranges auf einer bestimmten Strecke, sondern von zwei parallel nebeneinander liegenden Leitungen, an die die Brunnen wechselseitig angeschlossen sind. Wenn eine dieser beiden Leitungen schadhaft wird, bleibt die andere noch betriebsfähig und es kommen nicht sämtliche auf einer bestimmten Leitungsstrecke befindliche Brunnen außer Betrieb, sondern nur die Hälfte, immer einer um den anderen. Die Absenkungswirkung wird an dieser Stelle dann nicht unterbrochen, sondern nur beschränkt. Durch jedes der Rohre ist nur die halbe Wassermenge zu leiten, infolgedessen kann die Verwendung engerer Rohre stattfinden.

Ein derartiges Verlegen einer doppelten Rohrleitung hat häufig stattgefunden, allerdings wohl hauptsächlich wegen des zuletzt angeführten Gesichtspunktes; bei größeren Wassermengen sollte die Verlegung von Rohren mit sehr großem Durchmesser wegen der verhältnismäßig höheren Anschaffungskosten und der umständlicheren und teureren Verlegung vermieden werden und es wurden dafür zwei Rohrleitungen von dem halben Leitungsquerschnitt verlegt. Inwieweit dadurch eine Verbilligung der Rohrleitungskosten herbeigeführt werden kann, hängt im besonderen Falle von den zur Verwendung kommenden Rohrweiten ab. Eine Erhöhung der Rohrleitungswiderstände tritt jedoch ein.

Besonders gern und häufig ist dies Mittel gewählt worden, wenn die Rohrleitung aus einzelnen Strängen oder aus einer nicht geschlossenen Ringleitung bestand, um die sonst fehlende Reserve in der Rohrleitung herbeizuführen; es gelangte jedoch auch bei geschlossener Ringleitung häufig zur Verwendung. Je weiter aber die Verteilung der Aggregate durchgeführt wird, um so geringer wird der Vorteil dieser doppelten Rohrleitung. Bei weitgehender Verteilung werden an und für sich die Rohrweiten kleiner; es kann daher die Verlegung von zwei parallelen Leitungen teurer werden und infolgedessen einen wirtschaftlichen Nachteil bedeuten. Auch wird der Vorteil der Verlegung zweier Rohrleitungen, was die Reserve anbelangt, mit zunehmender Verteilung immer geringer, da ja auch bei einfacher Leitung nur ein um so kleinerer Teil bei Störungen ausfällt.

Einige Fälle, in denen die Verlegung doppelter Leitungen tatsächlich in der Praxis ausgeführt wurde, sind ebenfalls in Fig. 78 zusammengestellt. Sie ergeben gleichzeitig neue Kombinationen mit den für Unterteilung und Verteilung besprochenen Ausführungsarten. Bemerkenswert ist die in einer der Figuren dargestellte Verlegung von drei nebeneinander liegenden Ringleitungen, die in den unteren Staffeln wegen der zu erwartenden großen Wassermengen für die Absenkungsanlagen der beiden neuen großen Schleusen des Kaiser-Wilhelm-Kanals in Brunsbüttelkoog und Holtenau in Aussicht genommen waren. An jeder Ringleitung sind vier Aggregate verteilt, jedoch immer je drei an den drei verschiedenen Leitungen wiederum an einer Stelle konzentriert, wozu auch Gründe in einer Vereinfachung der elektrischen Stromzuführung maßgebend gewesen sind. Die Absenkung wurde allerdings weder in Brunsbüttelkoog noch in Holtenau nach dem ursprünglichen Plan ausgeführt.

Als ein weiteres Beispiel für die Vereinigung einer ganzen Reihe der aufgeführten Gesichtspunkte durch die dort zur Ausführung gelangte Anordnung möge noch die Absenkungsanlage für die Wiederherstellung der alten Schleuse in Kersdorf (s. Fig. 78), angeführt werden, die bereits oben erwähnt wurde. Die Maschinenanlage ist hier an einer Stelle, an einem Haupt der Schleuse, konzentriert, aber beide Aggregate sind doch räumlich verhältnismäßig weit voneinander getrennt. Zusammengefaßt sind sie jedoch wieder durch das zwischen Pumpen und Lokomobilen eingeschaltete Vorgelege, wodurch gegenseitige Auswechselbarkeit ermöglicht wird. Die Maschinenanlage ist also unterteilt, aber gleichzeitig sind auch die beiden Aggregate an zwei verschiedenen Leitungsstrecken verteilt. Die Rohrleitung bildet keine geschlossene Ringleitung, jedoch auch nicht zwei getrennte Zweige. Sie besteht gewissermaßen aus zwei verschiedenen, miteinander verbundenen Zweigen, von denen aber jeder wieder in drei verschiedene Stränge unterteilt ist, die an der Pumpe zusammenlaufen. Die Bildung einer besonderen kleinen Ringleitung in dem einen Strange und Konzentrierung einer größeren Anzahl von Brunnen an dieser Stelle für die tiefere Absenkung des Sparbeckens ist natürlich eine durch die besonderen Verhältnisse gegebene Variation, ebenso der zu späterer Verstärkung am Oberhaupt noch abgezweigte Strang.

Ganz ähnlich war auch die Anordnung bei der erwähnten Absenkungsanlage zur Wiederherstellung der Oberschleuse in Fürstenberg am Oder-Spree-Kanal (s. Fig. 78). Die Anordnung der Maschinenanlage war dieselbe, jedoch erfolgte die Aufstellung mehr in der Mitte der Gesamtanlage, und die Rohrleitung bestand hier aus zwei getrennten Zweigen, von denen jeder wieder in zwei an der Pumpe zusammenlaufende Stränge geteilt war.

Vorteile der Verteilung der einzelnen Aggregate in Hinsicht auf die vier Hauptgesichtspunkte des Schemas. Beispiel der Anlagen beim Neubau der Schleusen des Dortmund-Ems-Kanals.

Nachdem zunächst die bei der Unterteilung der Maschinenanlage sich ergebenden Gesichtspunkte und danach auch die bei Unterteilung der Rohrleitung sich ergebenden Vorteile und Nachteile einer Betrachtung unterzogen sind und gleichzeitig im Anschluß auch die für die Ausgestaltung der Rohrleitung sich ergebenden Vorzüge bei Verteilung der einzelnen Aggregate besprochen wurden, bleibt hier nur noch übrig, die Verteilung der Pumpen in Hinsicht auf die vier im Schema gegebenen Hauptgesichtspunkte zu betrachten und die Vorzüge und etwaigen Nachteile zu schildern. Vor allem sind hier die durch die Anwendung des elektrischen Antriebes sich ergebenden Vorteile näher darzustellen, da sich ja gerade erst bei der Verteilung die Überlegenheit des elektrischen Antriebes geltend macht.

Die Verteilung der Aggregate beim elektrischen Antrieb entspricht dem Wesen der elektrischen Kraftverteilung; und wie die Konzentrierung mehrerer elektrisch angetriebener Pumpen an einer einzigen Stelle der Rohrleitung nicht zweckentsprechend sein würde, so hat andererseits auch eine Aufstellung mehrerer durch Lokomobilen angetriebener Pumpen an verschiedenen Stellen der Leitung sehr selten stattgefunden. Die zwar für die Rohrleitung dabei sich ergebenden Vorteile werden durch Nachteile der teureren Bedienung infolge der räumlichen Trennung, auch vielleicht des größeren Platzbedarfes besonders in Hinsicht auf die notwendige Anlage mehrerer Kohlenlager wieder aufgehoben. Eine Aufstellung von mehr als zwei durch Lokomobilen angetriebenen Pumpen an getrennten Stellen der Saugleitung, einer Ringleitung oder auch einer anderen Anordnung der Rohrleitung, ist, wenn es nicht etwa aus Gründen der späteren Verstärkung der Maschinenanlage geschah, wohl kaum ausgeführt worden, wenigstens sind dem Verfasser Beispiele nicht bekannt geworden.

Bei der schon genannten Anlage in Meppen z. B. wurden zwei Lokomobilen mit Pumpen in den Mitten der beiden Längsseiten der Ringleitung aufgestellt (s. Fig. 78). Eine gewisse Verteilung der Pumpen zeigen ja auch die kurz vorher erwähnten Beispiele der Anlagen in Kersdorf und Fürstenberg. Bei einer Verteilung von mehr als zwei Aggregaten ist wohl immer der elektrische Antrieb zur Ausführung gekommen.

Der elektrische Antrieb ist dann zunächst, was die Frage der Wirtschaftlichkeit anbelangt, dem Lokomobilantrieb überlegen. Die Anlagekosten sind zwar wohl immer, wie auch bei der Unterteilung, größere, besonders bei Anlegung einer eigenen Zentrale, aber infolge des hohen Wirkungsgrades sämtlicher Teile der elektrischen Maschinenanlage, besonders wegen der wirtschaftlichen Stromerzeugung sind die Betriebskosten günstigere; vor allem ist aber auch wegen der geringeren erforderlichen Bedienung weniger Personal zur Wartung der Pumpenaggregate nötig; ein Mann kann leicht mehrere Aggregate bedienen.

Was den zweiten Hauptgesichtspunkt anbelangt, das Vorhandensein einer möglichst großen Reserve, so ist weitgehendste Verteilung hierin allen anderen Ausführungsarten bei weitem überlegen, was im Vorhergehenden bei der Betrachtung der Vorzüge der Verteilung für die Rohrleitung bereits ausführlich auseinandergesetzt wurde. Dort wurde jedoch nur die gegenseitige Reserve der einzelnen Leitungsabschnitte hervorgehoben und der prozentual geringe Ausfall bei Versagen eines Aggregates. Hier ist noch zu bemerken, daß die Aufstellung weiterer Aggregate zur Schaffung einer wirklichen Reserve im besonderen Sinne mit Leichtigkeit erfolgen kann, und zwar entweder in der Mitte zwischen zwei Betriebsaggregaten oder unmittelbar neben einem dieser in demselben Schuppen; also entweder an einem besonderen Zweig der elektrischen Verteilungsanlage oder an dem eines Betriebsaggregates.

Die Vorzüge der Verteilung in Hinsicht auf die Ausgestaltung der Rohrleitung sind bereits des weiteren auseinandergesetzt worden. Sie beziehen sich nicht nur auf die Wirtschaftlichkeit infolge geringerer Anschaffungskosten durch Verwendung kleinerer, gangbarer Rohrstärken und auf die Frage der Reserve auch der Rohrleitung in sich; sondern es ist im besonderen noch die hieraus folgende, leichtere Handlichkeit der gesamten Anlage hervorzuheben. Dies gilt nicht sowohl in Hinsicht auf die Rohrleitung allein, nämlich schnellere und daher auch wieder billigere Verlegung der Rohrleitung, sondern auch in Hinsicht auf die Aufstellung der Maschinen und die Auswechselung etwa schadhaft gewordener. Diese Vorzüge kommen auch besonders zur Geltung bei nötig werdender schneller Aufstellung von Verstärkungen oder bei Veränderungen der Anlage, also in Rücksicht auf den zweiten Hauptgesichtspunkt, die Frage der Reserve, oder in Hinsicht auf eine möglichst gleichmäßige Absenkung auf dem ganzen Gebiet der Baugrube, den vierten Hauptgesichtspunkt.

Dieser vierte Punkt wurde schon verschiedentlich in den vorhergehenden Auslassungen gestreift. Die Gleichmäßigkeit der Absenkung wird natürlich eine um so bessere sein, eine je weitgehendere Verteilung vorgenommen wird. Ganz besonders wächst die Anpassungsfähigkeit der Absenkungsanlage an die wechselnden Verhältnisse bei Verwendung kleinerer Aggregate mit einer kleinen Anzahl von angeschlossenen Brunnen, die für sich eine unabhängige kleine Anlage darstellen. Besonderen Verhältnissen, wie Vorhandensein eines offenen Gewässers an einer Seite der Baugrube, stärkeres Gefälle im Grundwasserstrom oder Erreichung einer möglichst tiefen Absenkung an einer besonderen Stelle, kann hier leicht Rechnung getragen werden. Auch bei Ergänzung der Anlage sind außerordentlich günstige Bedingungen gegeben. Es ist nur an das Beispiel der Emder Anlage zu erinnern.

Die zur Verwendung gelangenden Motoren sind entweder offene Motoren, wenn sie genügend geschützt aufgestellt sind, oder ventiliert gekapselte bei wenig geschützter Aufstellung; selten, und nur bei Aufstellung im Freien werden geschlossene Motoren benutzt wegen des Nachteils geringerer Leistung. Motor und Pumpe werden meist direkt gekuppelt; der Vorteil besteht in der Vermeidung der Riemenverluste und der Kosten für die Riemen, also einer Verringerung der Betriebskosten, und der Vermeidung der bei Verwendung des Riemens gegebenen Unsicherheit. Ferner ist der Raumbedarf ein geringerer.

Ein Nachteil des direkten Antriebes liegt bei Aufstellung des Aggregates unterhalb des natürlichen Wasserspiegels, also bei tiefen, mehrstufigen Absenkungen in der Gefahr des Ersaufens beim Versagen der Anlage. Hier wird häufig der Riemenantrieb gewählt, und der Motor höher als die Pumpe, über dem natürlichen Grundwasserspiegel, aufgestellt. Eine Regulierung der Umdrehungszahl ist in beiden Fällen möglich.

Bei der Anlage in Brunsbüttelkoog gelangten Aggregate zur Verwendung, die auf einer gemeinsamen, aber geteilten Grundplatte aufgebaut sind. Durch Schablonenarbeit bei der Herstellung wird gegenseitige Austauschbarkeit ermöglicht, so daß jeder Motor zusammen mit dem zu ihm gehörenden Grundplattenteil mit jeder anderen Pumpe gekuppelt werden kann. Außerdem können an jede Pumpengrundplatte andere Grundplattenteile angebaut werden, die zwei Lager tragen und eine auf einer kurzen Welle zwischen ihnen angebrachte Riemenscheibe; diese Welle kann ebenfalls mit der Pumpenwelle gekuppelt werden und durch diese ganze Anordnung eine leichte Verwendung der Pumpe mit direktem Antrieb oder mit Riemenantrieb erreicht werden.

Bei Verwendung des elektrischen Antriebes ist noch zu bemerken, daß besondere Ansaugevorrichtungen vorhanden sein müssen, worüber bereits früher das Nötige gesagt wurde.

Für die an verschiedenen Stellen der Saugleitung angeordneten Pumpen empfiehlt sich als Abflußleitung eine gemeinsame rund um die Baugrube verlegte Rinne, die womöglich, um den Zugang zu der Baugrube nicht zu behindern, im Boden versenkt und überdeckt werden kann. Über die verschiedenen Arten der Abflußleitungen wurde bereits oben gesprochen.

Würde man entsprechend den durch Unterteilung in einzelne Aggregate und beliebige Verteilung an der Baugrube gegebenen Vorteilen eine Unterteilung in immer kleiner werdende Aggregate mit einer immer geringeren angeschlossenen Anzahl von Brunnen vornehmen, so würde man in Verfolgung dieses Prinzips schließlich dazu kommen, nur mehr ganz wenige Brunnen, schließlich nur zwei oder sogar nur einen einzigen Brunnen an je eine kleine Pumpe anzuschließen. Ein in dieser Hinsicht außerordentlich interessantes Beispiel, besonders in Rücksicht auf die Frage der Wirtschaftlichkeit und die Ausgestaltung der Rohrleitung und der Maschinenanlage, bieten die im folgenden erwähnten Absenkungsanlagen.

Beispiel.

Grundwasserabsenkungsanlagen zum Bau bzw. beim Neubau der Schleppzugschleusen im Emsabstieg des Dortmund-Ems-Kanals im Bezirk des Kgl. Bauamtes Lingen.

Die Länge der Baugruben beträgt ungefähr 200 m, die Breite 21 m; sie liegen zum Teil unmittelbar neben dem Dortmund-Ems-Kanal. Der Grundwasserstand wird durch den Wasserstand in dem völlig abgedichteten Kanal nicht beeinflußt. Es wurde nach dem Projekt die Aufstellung von 45 Brunnen um die Baugrube herum in Aussicht genommen und zwar in Abständen von je 9 m auf der dem Kanal benachbarten Seite und in Abständen von 12 m auf der landeinwärts gelegenen Seite.

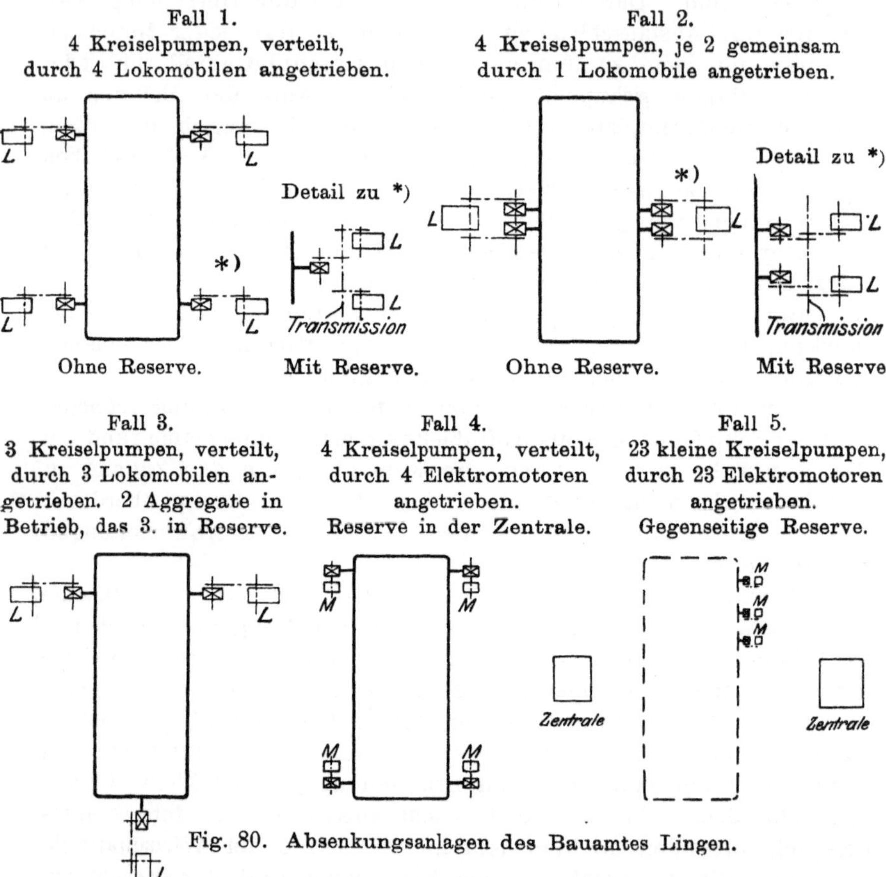

Fig. 80. Absenkungsanlagen des Bauamtes Lingen.

Der Ausbau der Anlage sollte für eine zu erwartende Wassermenge von ungefähr 350 l/sk erfolgen, und zwar wurden die in Fig. 80 dargestellten 5 Fälle verschiedenartiger Ausgestaltung der Rohrleitungs- und Maschinenanlage einer Rentabilitätsberechnung unterzogen; eine nähere Erklärung der einzelnen Fälle erübrigt sich. Es möge nur erwähnt werden, daß die in Fall 4 und 5 angedeutete Zentrale eigens für den Zweck der Grundwasserabsenkung angelegt werden sollte.

Es ergab sich nun, daß sich die in Fall 3 und 5 dargestellten Anordnungen als die günstigsten herausstellten. Für beide wurde daher ein genauer Kostenvergleich auf Grund der für die einzelnen Teile der Anlage tatsächlich gemachten Angebote aufgestellt, der dem Verfasser von dem Kgl. Bauamt in Lingen zur Verfügung gestellt wurde und in Tabelle 81 wiedergegeben ist.

Tabelle 81.
Kostenvergleich, Absenkungsanlagen des Bauamtes Lingen.

Fall 3		Fall 5 (Ausführung)	
3 Kreisel, 180 l/sk, direkt angetrieben durch Lokomobilen (1 Aggregat als Reserve)		23 Kreisel, 16,6 l/sk, einzeln angetrieben durch 3,5—4 PS_e-Motoren	
I. Fassungsanlage.		I. Fassungsanlage.	
A. Beschaffung.		A. Beschaffung.	
45 Stck. Rohrbrunnen	M. 18000	46 desgl., 12 m lang	M. 19090
460 m Saugleitung, 300 Φ	„ 16560	240 m desgl., 150 Φ	„ 2400
370 m Abflußleitung	„ 3700	500 m desgl.	„ 5000
Absperrschieber usw.	„ 2040	desgl.	„ 710
	M. 40300		M. 27200
B. Einbau.		B. Einbau.	
45 Brunnen abteufen	M. 1800	46 desgl., 12 m tief	M. 2208
460 m Saugleitung verlegen à M. 4	„ 1840	240 m desgl. à M. 2	„ 480
370 m Abflußleitung verlegen à M. 2	„ 740	500 m desgl. à M. 2	„ 1000
Transportkosten	„ 1850	desgl.	„ 1812
	M. 6230		M. 5500
II. Förderungsanlage.		II. Förderungsanlage.	
C. Beschaffung.		C. Beschaffung.	
4 Kreisel (davon 1 als Reserve), 300 mm l. W.	M. 5600	23 desgl., 100 mm l. W.	M. 6750
Druckleitung von Kreisel bis Rinne	„ 300	desgl.	„ 460
3 Verbund-Lokomobilen von je 45—55 PS	„ 52200	3 desgl. mit Kondensation von je 65—100 PS	„ 54600
		3 Gleichstrom-Nebenschluß-Dynamos von je 40 bis 52 KW	„ 6900
		25 Gleichstrom-Nebenschluß-Motoren von je 3,5—4 PS_e	„ 11250
		1 elektr. angetriebene Luftpumpe	„ 500
		Schaltanlage	„ 1000
		Freileitungsnetz, etwa 600 m	„ 1500
	M. 58100		M. 82960

Tabelle 81 (Fortsetzung).

Fall 3	Fall 5 (Ausführung)
3 Kreisel, 180 l/sk, direkt angetrieben durch Lokomobilen (1 Aggregat als Reserve)	23 Kreisel, 16,6 l/sk, einzeln angetrieben durch 3,5—4 PS_e-Motoren
D. Betrieb für 6 Monate (ohne Abschreibungen). (Darin enthalten für Transporte, Schuppen, Reparaturen, Riemen usw. M. 8960) . . . . insges. M. 32000	D. Betrieb für 6 Monate (ohne Abschreibungen). (desgl. darin enthalten und Bretterverschläge M. 9080) . . . . insges. M. 26000

Gesamtkosten für 2 Anlagen und dreimal je 6 Monate Betrieb.

Fall 3		Fall 5	
A. 2-malige Beschaffung der Fassungsanlage .	M. 80600	A. desgl.	M. 54400
B. 6-mal. Einbau und Beseitigung d. Fassungsanlage	„ 37380	B. desgl.	„ 33000
C. 2-mal. Beschaffung der Förderungsanlage . .	„ 116200	C. desgl.	„ 165920
D. 6-mal. Betrieb	„ 192000	D. desgl.	„ 156000
in Sa.:	M. 426180	in Sa.:	M. 409320

Beim Fall 3 sollten zur Verwendung gelangen 3 Kreisel von 300 mm l. W. für etwa 180 l/sk und 3 Verbundlokomobilen von je 45—55 PS_e. Zwei Aggregate sind für den normalen Betrieb, das dritte als Reserve gedacht.

Beim Fall 5 kommen 23 kleine Kreisel von 100 mm l. W. für je etwa 1000 l/min = 16,6 l/sk zur Aufstellung. Sie werden von 3,5—4 PS_e ventiliert gekapselten Gleichstromnebenschlußmotoren für 220 Volt mittels Riemen angetrieben. Dies geschieht aus dem Grunde, weil die Absenkung für eine Stufe zu groß ist, und die Kreisel nach Abschrauben der oberen 1,50 m langen Rohrschüsse der Brunnen und Verlegen der Saugleitung tiefer gesetzt werden sollen, während die Motoren oberhalb des ungesenkten Grundwasserspiegels stehen bleiben. Je zwei der Brunnen von 150 mm l. W. mit 5 m Filterlänge sind an einen Kreisel angeschlossen. Zwei der kleinen Aggregate sind außerdem als Reserve vorhanden. Die Einrichtung der Zentrale ist aus den im Kostenvergleich gemachten Angaben ersichtlich.

Beim Vergleich der einzelnen Posten ergibt sich, daß im Fall 5 die Fassungsanlage, und zwar sowohl die Beschaffung als auch der Einbau derselben billiger ist als im Fall 3 infolge der zur Verwendung kommenden Rohre von geringerer lichter Weite. Auch die Gesamtlänge der Rohrleitung ist eine kürzere; sie beträgt nur etwa die Hälfte. Die Beschaffungskosten für die Förderungsanlage sind natürlich für den Fall 5 bedeutend höhere als für den Fall 3. Jedoch sind die Betriebskosten bei Fall 5 geringere, nicht zum mindesten wegen der geringeren Bedienungskosten.

Die Gegenüberstellung der gesamten Kosten ergibt einen, allerdings nur geringen, Nachteil der Anlage nach Fall 5 gegenüber der nach Fall 3. Die Verhältnisse gestalten sich jedoch insofern günstiger, als nicht nur für den Bau einer Schleuse eine derartige Anlage gebraucht wird, sondern für 6 gleich große am Dortmund-Ems-Kanal neu zu bauende Schleusen. Der Angriff je zweier von ihnen gleichzeitig war in Aussicht genommen, so daß die in dem Kostenanschlag aufgeführten Anlagen zweimal zu beschaffen waren; jede der Anlagen sollte dreimal je 6 Monate in Betrieb sein.

Bei der vergleichenden Zusammenstellung der Gesamtkosten für zwei Anlagen und je dreimalige Verwendung ergeben sich die in Tabelle 81 zum Schluß angegebenen beiden Summen, und es zeigt sich dabei eine Überlegenheit der Ausführung nach Fall 5; diese gelangte daher zur Ausführung und auch wegen aller der Vorteile, die mit der Unterteilung der Maschinenanlage und der Verteilung der kleinen Aggregate an der Rohrleitung verknüpft sind und in den vorhergehenden Erörterungen ausführlich zur Behandlung gelangten.

4. Anlagen in unmittelbarer Nähe oder in offenen Gewässern.

Die Unterlagen für die Berechnung von Anlagen in der Nähe von offenen Wasserläufen wurden im ersten Teil gegeben. Die Anwendung dieser besonderen Formeln kommt nur in Betracht bei völliger Durchlässigkeit der Flußwandungen. Die Ausführung der Anlage unterscheidet sich von den beschriebenen Ausführungen nur in der besonderen Brunnenstellung, die mehrfach erwähnt wurde, und in einem reichlicheren Ausbau der Saugleitung und der Maschinenanlage entsprechend der größeren zu fördernden Wassermenge, besonders bei gröberem Untergrunde, während bei dem in der Nähe von Flußläufen häufigen Vorkommen sehr feinen Sandes der Ausbau der Anlage in dieser Hinsicht begünstigt wird.

Zur Verringerung des Wasserdurchtrittes durch den die Baugrube vom offenen Wasser trennenden Damm wird manchmal künstliche Abdichtung ausgeführt. Bei einer Verschlickung der Flußsohle, die, wie im ersten Teile bereits angegeben wurde, zwar ein Eintreten des Grundwassers in den Fluß zuläßt, jedoch ein Austreten von Flußwasser in den Untergrund durch Zusetzen der Zwischenräume zwischen den Sandkörnern durchaus verhindert, kann der

Fluß für die Berechnungen und für die Ausgestaltung der Anlage als nicht vorhanden betrachtet werden.

Die Undurchlässigkeit der Flußsohle begünstigt besonders Grundwasserabsenkungsanlagen für Bauwerke, die in unmittelbarer Nähe oder im offenen Wasser selbst zur Ausführung kommen, z. B. Brückenpfeiler. Bei den dann zur Abdichtung gegen das offene Wasser zur Verwendung kommenden Spundwänden empfiehlt es sich, die Brunnen innerhalb der Spundwände anzuordnen.

Häufig wird zur Abdichtung Segeltuch benutzt, wie dies z. B. bei der Durchführung der Untergrundbahn in Berlin durch die Spree, der sogenannten Spreekreuzung, an der unten angegebenen Stelle[1]) erwähnt ist. Über diese eigenartige und wohl bisher größte Absenkungsanlage im offenen Wasser ist bislang in der Literatur nur ein kurzer Artikel erschienen, der sich vorwiegend mit der Ausführung der Brunnen- und Maschinenanlage befaßt[2]).

Möglich ist auch eine Anordnung der Brunnen außerhalb der Spundwände; die Filter müssen dann nur tief genug gesetzt werden, d. h. die Filteroberkante sich soweit unter der Flußsohle befinden, daß ein Pumpen direkten Flußwassers auf alle Fälle verhindert ist. Es wird jedoch durch die Spundwand dem Zufließen des Wassers zu den Filtern bei Niederbringung derselben innerhalb der Spundwand ein Widerstand entgegengesetzt, der sich in einem Absatz der Absenkungskurve an den Spundwänden, d. h. in einem tieferen Stand des Wassers innerhalb als außerhalb an der Spundwand, günstig bemerkbar macht.

Die vorteilhafte und bequeme Verlegung der Saugleitung auf der Spundwand selbst wurde bereits früher erwähnt.

II. Tiefe, mehrstufige Absenkungen.

Die mit Hilfe von Kreiselpumpen zu erreichende Absenkung ist beschränkt durch die Saughöhe derselben, wie bereits früher ausgeführt wurde. Die allgemeine auf dem ganzen von der Anlage umstellten Gebiet zu erreichende Absenkung schwankt etwa zwischen 4 und 6 m; unter sehr günstigen Umständen, bei kleinen Gruben und bei verhältnismäßig starker Wasserentnahme können auch noch etwas tiefere Absenkungen erreicht werden. Natürlich ist die Größe der Absenkung auch von der Beschaffenheit des Untergrundes abhängig.

---

[1]) Baurat Paul Wittig: „Die Zukunft der Untergrundbahn". Berliner Tageblatt 1912, Nr. 656, 1. Beiblatt.

[2]) Vgl. S. 7 und 187.

Die Erreichung größerer Absenkungstiefen geschieht daher durch staffelweise Anordnung von einzelnen Kreiselanlagen, oder sie kann durch Anwendung von Tiefbrunnenpumpen erfolgen.

1. Staffelung von Kreiselanlagen.

Die oberste Staffel wird von der über dem natürlichen Grundwasserspiegel verlegten Saugleitung mit den angeschlossenen Brunnen gebildet. Im Schutze der durch den Betrieb dieser Anlage erreichten Absenkung findet dann die weitere Ausschachtung der Baugrube statt, und von der neu gewonnenen Sohle aus, dicht über dem gesenkten Grundwasserspiegel, wird die zweite Staffel der Brunnen gebohrt, die Rohrleitung verlegt, und die Leitung mit den angeschlossenen Pumpen in Betrieb genommen. Durch die weitere Absenkung des Grundwasserspiegels werden die oberen Brunnen trocken gelegt, bzw. die Saughöhe für die Pumpen wird zu groß, und diese müssen daher außer Betrieb gesetzt werden. Entsprechend der mit der Tiefe der Absenkung zunehmenden Wassermenge — die in Betracht kommenden Gesetze wurden im ersten Teil entwickelt — muß sowohl die Wasserfassungs- als auch die Wasserförderungsanlage ausgebildet werden. Die besonderen, hierfür maßgebenden Gesichtspunkte sollen im folgenden angeführt werden.

Ausführung der Brunnen und Rohrleitungen.

Die Brunnen der unteren Staffel befinden sich meist neben denen der oberen Staffel nach dem Innern der Baugrube zu in einer gewissen Entfernung, je nach dem Neigungswinkel der Böschung. Beide Staffeln werden meist als vollständige Ringe ausgebildet, doch kommen auch bei kleinen und unregelmäßigen Anlagen Ausbildungen in Reihen, bzw. in einzelnen Strängen vor; beide Brunnenreihen stehen dann häufig dicht nebeneinander, besonders bei abgesteiften Baugruben ohne Böschung.

In der unteren Staffel ist entsprechend der größeren Wassermenge eine genügende und entsprechend größere Anzahl von Brunnen zu bohren. Um einen Teil der für die untere Staffel neu zu bohrenden Brunnen zu ersparen und die der oberen Staffel auch in der unteren nutzbar zu machen, wird auch folgendes Mittel angewendet. Nachdem die Saugleitung der unteren Staffel verlegt und in Betrieb genommen ist, kann die obere Staffel außer Betrieb gesetzt werden, da die untere die Leistung der oberen übernommen hat. Die Brunnen der oberen Staffel werden durch weiteren Erdaushub an der Böschung an ihrem oberen Ende freigelegt, und nach

Abschrauben der oberen, entsprechend bemessenen Rohrschüsse wird die Saugleitung nach unten in die Höhe der zweiten Staffel verlegt und wieder an die Brunnen angeschlossen.

Bedingung ist hierbei der soeben erwähnte Mehraushub der Baugrube und ferner, daß auch die Brunnen der oberen Staffel schon so tief gebohrt werden, wie die der unteren Staffel, so daß die Filter in gleicher Höhe stehen. Man spart hierdurch allerdings etwa die Hälfte der Brunnen der unteren Staffel; ob dadurch jedoch Kostenersparnisse entstehen, muß im einzelnen Fall entschieden werden, da für die Meterzahl, um die die oberen Brunnen tiefer gebohrt werden müssen, entsprechend höhere Einheitssätze gerechnet werden. Man spart jedoch an Anlagekosten der Rohrleitung und hat in der unteren Staffel den Vorteil der doppelten Leitung, zu deren Verlegung man vielleicht so wie so wegen der größeren Wassermenge hätte schreiten müssen; bei der Absenkungsanlage für die Schleuse in Holtenau war sogar die Verlegung von drei nebeneinander liegenden Ringleitungen in der untersten Staffel in Aussicht genommen. Dieser Vorgang der Rohrverlegung von der oberen Staffel in die Höhe der unteren war für die Absenkungsanlage in Plötzensee geplant, wie bereits früher im dritten Teil erwähnt wurde. Beim Rückgang der Absenkung erfolgt die Verlegung der Leitung in die obere Staffel in entsprechender umgekehrter Weise; nur muß unter Umständen zum Verlegen der oberen Leitung ein Gerüst gebaut werden.

Um den vollen Ausbau der Ringleitung in der oberen Staffel zu vermeiden, ist auch folgende Ausführung zur Anwendung gekommen. Die obere Staffel wurde an der einen Längsseite der Baugrube ausgebaut, und dann im Schutze der erreichten Absenkung nach erfolgtem Bodenaushub an dieser Seite der Baugrube die parallele Seite der unteren Staffel verlegt; während des Betriebes dieser beiden Leitungen wurde dann der weitere Ausbau der unteren Staffel an den Schmalseiten vorgenommen. Die jedesmal neu gebohrten Brunnen wurden sogleich an die Saugleitung angeschlossen und mit in Betrieb genommen, und so erfolgte unter allmählich fortschreitender Absenkung auch der Ausbau der gegenüberliegenden Längsseite. Beim allmählichen Sinken des Wasserspiegels kommt natürlich die obere Staffel außer Betrieb. Dieser Bauvorgang ist, wie im dritten Teil erwähnt wurde, bei der Schleuse am Lehnitzsee bei Oranienburg mit gutem Erfolge angewendet worden. Der Rückgang beim Abbrechen der Absenkungsanlage hat in umgekehrter Weise zu geschehen.

Was die Frage der Reserve anbelangt, so ist das Verlegen der oberen Leitung nach unten insofern von Nachteil, als bei völligem

Versagen der Pumpen ein Ersaufen der gesamten Anlage auch der Maschinen eintritt. Bleibt die obere Staffel jedoch liegen und bleiben auch die Maschinen der oberen Staffel angeschlossen, so bildet die obere Staffel eine gute Reserve für die untere. Beim Versagen der unteren Staffel kann die obere wenigstens wieder in Betrieb genommen werden, und so erstens die untere Staffel vor dem Ersaufen geschützt werden, und zweitens, wenn auch nicht vielleicht das inzwischen ausgeführte Bauwerk vor Störungen bewahrt bleiben, so jedoch verhindert werden, daß die ganze Grube unter Wasser gesetzt wird.

Aufstellung der Pumpen und Antriebsmaschinen.

Als Antriebsmaschinen finden wiederum sowohl Lokomobilen als auch Elektromotoren Verwendung. Beim Lokomobilantrieb bleibt die Maschine häufig in der Höhe der oberen Staffel stehen, nur die Pumpe wird an die untere Staffel verlegt und angeschlossen und von der oben stehenden Lokomobile durch einen verlängerten Riemen angetrieben. Bei größeren Anlagen, also bei einer größeren Anzahl von angeschlossenen Pumpen findet fast ausschließlich elektrischer Antrieb Verwendung, besonders wegen der leichten Beweglichkeit und Handlichkeit, die ein leichtes Versetzen der Maschinen von einer in die andere Staffel ermöglicht. Hier wird dann auch häufig der Riemenantrieb vorgezogen, so daß der Motor oberhalb des ungesenkten Grundwasserspiegels der jedesmaligen Staffel, also, bei Vorhandensein von zwei Staffeln, für die obere Staffel oberhalb des natürlichen Grundwasserspiegels, stehen bleiben kann, damit bei einem Versagen der betreffenden Staffel der Motor nicht mit unter Wasser gesetzt wird. Häufig jedoch bleiben die Pumpen an der Rohrleitung der oberen Staffel nicht angeschlossen, sondern werden unter Verzicht der völligen Betriebsbereitschaft der oberen Staffel an die untere angeschlossen und dort zum Betrieb mit verwendet.

Eine je tiefere Absenkung erreicht werden soll, d. h. je mehr Staffeln angelegt werden müssen, um so größer wird wegen der Böschungen, die absatzweise mit besonderen Stufen für die Verlegung der Rohrleitungen der einzelnen Staffeln angelegt werden müssen, in den höheren Staffeln die Fläche der Baugrube sein, die entwässert werden muß. Die von den Brunnen umstellte Baugrubenfläche nimmt in den unteren Staffeln ab, so daß sich also die Absenkung nach unten hin verhältnismäßig günstiger gestaltet, da sie auf einen kleineren Raum zusammengefaßt wird; infolgedessen wird auch die Wassermenge verhältnismäßig geringer zunehmen.

Was den Schutz der Böschungen anbelangt, so werden im allgemeinen bei dem verhältnismäßig flachen Verlauf der äußeren Absenkungskurve bei größeren Anlagen keine besonderen Vorkehrungen nötig sein. Wenn jedoch in den höheren Schichten gröbere Einlagerungen vorhanden sind, so wird an den betreffenden Stellen ein leichteres Durchsickern des Wassers möglich sein, und die Böschung zum Abschwimmen kommen können. Es ist dann nötig, daß an der betreffenden Stelle auch die obere Staffel in Betrieb bleibt, was ja auch möglich ist, da die Brunnen noch genügend Wasser zur Verfügung haben. Auch wenn sich offene Gewässer zur Seite der Baugrube befinden mit durchlässigen Seitenwandungen und durchlässiger Sohle, so muß entsprechend dem steilen Ansteigen der Absenkungskurve an dieser Seite, außer der dichteren Stellung der Brunnen zur Aufnahme der größeren Wassermenge, wie bereits erwähnt, ebenfalls die obere Staffel in Betrieb gehalten werden. Dies war auch bei der im dritten Teil als Beispiel erwähnten Absenkungsanlage der Emder Seeschleuse an der der Ems zu gelegenen Seite der Fall.

Auch bei Anwendung von mehreren Staffeln würde die besprochene Verlegung der Rohrleitungen der oberen Staffel in die untere durch Abschrauben der oberen Rohrschüsse von den Brunnen ausführbar sein; jedoch sind die Kosten für das Bohren der dann sehr tiefen Brunnen der oberen Staffeln zu groß, um durch diese Methode wirtschaftliche Vorteile zu erzielen, außerdem sind die erwähnten Nachteile in bezug auf die Reserve mit in den Kauf zu nehmen. Doch werden bei Anlegung mehrerer Staffeln häufig die Rohrleitungen umschichtig in die unteren Staffeln verlegt, z. B. die der ersten Staffel in die dritte, um an Anlagekosten für die Rohrleitung zu sparen, wobei dann immer noch eine höher liegende Staffel als Reserve für die untere vorhanden ist. Fast immer werden die Maschinen aus den oberen Staffeln in die unteren verlegt werden, so zwar, daß immer eine Staffel in Betrieb ist, die nächst höher liegende jedoch für sie die Reserve bildet.

Es braucht wohl kaum die Frage noch Erwähnung finden, ob es wirtschaftlich vorteilhaft ist, wegen der in den unteren Staffeln auftretenden größeren Wassermengen auch größere Maschinen an Stelle einer größeren Anzahl der in den oberen Staffeln angeschlossenen zu verwenden. In Hinsicht auf die Vorteile der Verteilung muß dies als unzweckmäßig bezeichnet werden, außerdem hat die Verwendung von Maschinen nur gleicher Größe ganz entschieden Vorteile. Die Verwendung einer größeren Zahl gleich großer Aggregate bedeutet Verbilligung der Anschaffungskosten, erleichtert gegenseitige Auswechselbarkeit. In Hinsicht auf das ausführlich besprochene Prinzip der Verteilung empfiehlt sich die Verwendung nicht zu großer, handlicher Aggregate.

Die Vorteile der Verteilung durch die Anwendung des elektrischen Antriebes kommen bei tieferen Absenkungen ganz besonders zur Geltung und es ergiebt sich hier die weitestgehende Möglichkeit der Anpassung und Verstärkung. Mit Leichtigkeit kann durch Bohren einiger Brunnen und Anschließen eines kleinen Aggregates eine gefährdete Stelle ohne weiteres geschützt werden, wie das Beispiel der Emder Anlage mit besonderer Deutlichkeit zeigt.

Die Kreisel arbeiten in den verschiedenen Staffeln mit verschieden großer Förderhöhe; um überall einen gleich guten Wirkungsgrad zu erzielen, haben besondere Konstruktionen mit auswechselbaren Schaufelrädern erfolgreiche Verwendung gefunden.

Wenn die nötige Absenkungstiefe zu groß war, um mit einer Staffel erreicht zu werden, hat man mehrfach zu dem Mittel gegriffen, zunächst im Nassen ohne Anwendung der Grundwasserabsenkung auszuschachten und durch Oberflächendrainage den Grundwasserspiegel so weit zu senken, daß es möglich war, die Grundwasserabsenkungsanlage unter dem natürlichen Grundwasserspiegel zu verlegen. Ob sich dadurch Vorteile wirtschaftlicher Natur ergeben haben, kann hier nicht ohne weiteres entschieden werden. Doch kommt durch den ersten Aushub im Nassen der Vorteil des Grundwasserabsenkungsverfahrens nicht voll zur Geltung. Jedenfalls bedeutet dies eine Verquickung eines alten mit einem neuen, vollkommeneren Verfahren. Es ist auch der Nachteil mit in den Kauf zu nehmen, daß bei einer Betriebsstörung Ersaufen der gesamten Anlage eintreten kann.

2. Anwendung von Tiefbrunnenpumpen.

Zur Erreichung größerer Absenkungstiefen können auch, um die Anlegung mehrerer Staffeln von Kreiselanlagen zu vermeiden, Tiefbrunnenpumpen zur Verwendung kommen. Sie sind unabhängig von einer bestimmten Saughöhe und können beliebig tief gebohrt werden.

Mammutpumpen.

Es wäre zunächst die Verwendung der unter dem Namen Mammutpumpen bekannten Druckluftheber zu nennen, die auch bei Wassergewinnungsanlagen vielfach mit Erfolg angewendet sind. Ihr Vorteil gegenüber anderen Tiefbrunnenpumpen besteht darin, daß alle beweglichen Teile sich außerhalb der Brunnen befinden. In die Brunnen eingeführt werden nur zwei Rohre verschieden großen

Durchmessers, die Förderleitung mit größerem und die Druckluftleitung mit kleinerem Durchmesser zur Zuführung der zum Heben des Wassers nötigen Druckluft. Die Druckluftleitung endigt in einem besonderen Fußstück heberartig unter dem unteren Ende des Förderrohres.

Es gilt für die Anlage der Mammutpumpen die Regel, daß die Eintauchtiefe des Fußstückes gleich der Förderhöhe ist, da ja die treibende Kraft zum Heben des aus Wasser und Luft bestehenden Gemisches im Steigerohr die außerhalb des Rohres stehende Wassersäule ist. Hierin besteht ein Nachteil in der Verwendung der Mammutpumpen; die Brunnen müssen sehr tief gebohrt werden; bei großen Förderhöhen befindet sich die Filtersohle bedeutend tiefer, als sie sich bei Verwendung von Kreiselanlagen in der untersten Staffel befinden müßte. Es ergeben sich daher tiefe, teuere Bohrungen. Die Regel kann allerdings etwas eingeschränkt werden, jedoch darf die Eintauchtiefe nicht zu sehr verringert werden, da sonst der Wirkungsgrad zu ungünstig werden würde.

Ein weiterer Nachteil der Mammutpumpen ist der überhaupt an und für sich geringe Wirkungsgrad von nur etwa 20 bis 25% zwischen nutzbarer Hubarbeit und indizierter Kompressorarbeit. Ferner sind wegen der zum Betrieb nötigen verhältnismäßig großen Luftmengen auch Luftrohrleitungen mit großer lichter Weite nötig, deren Verlegung und Dichtung sehr sorgfältig zu erfolgen hat. Was die Kosten anbelangt, so sind nach angestellten Rentabilitätsberechnungen die Anlagekosten für eine Mammutpumpenanlage ungefähr dieselben wie die einer Kreiselanlage für denselben Fall. Infolge des schlechteren Wirkungsgrades der Mammutpumpenanlage ergeben sich jedoch höhere Betriebskosten. Ihre Verwendung ist daher wirtschaftlich ungünstig.

Ihr Vorteil gegenüber den nacheinander zu verlegenden Staffeln der Kreiselanlagen besteht darin, daß gleich von Terrainoberfläche oder von der schon ausgehobenen Sohle dicht über dem Grundwasserspiegel aus die Brunnen gebohrt werden können und hier die Anlage fertig ausgebaut hergestellt werden kann. Das Fortschreiten der Absenkung ist ein stetiges und ununterbrochenes. Der Bodenaushub kann in gleicher Weise nachfolgen. Die lichte Weite der Brunnen ist eine etwas größere als im allgemeinen bei Kreiselanlagen; z. B. ist für eine Fördermenge von 8—10 l/sk pro Brunnen bei einer Förderhöhe von 24 m eine lichte Weite von 250 mm nötig.

Für Grundwasserabsenkungszwecke haben Mammutpumpen Verwendung gefunden bei Braunkohlenwerken zur Niederbringung von Schächten und zur Trockenhaltung ausgedehnter Gebietsteile; ferner neuerdings bei der Spreekreuzung der Untergrundbahn in Berlin, was bereits in der Einleitung unter Literatur erwähnt wurde, und wofür auf die unten angegebene kurze Abhandlung[1]) verwiesen sei.

Tiefbrunnenpumpen der Siemens-Schuckertwerke.

Ferner sind die Tiefbrunnenpumpen der Siemens-Schuckert-Werke zu nennen, die bereits erfolgreich Verwendung gefunden haben. Sie sind im Prinzip Hubpumpen mit an langen Gestängen befestigten und in der Brunnentiefe in einem als Arbeitszylinder ausgebildeten Rohrstück arbeitenden Kolben. Der Vorteil dieser neuen Konstruktion besteht in der Anwendung von drei übereinander arbeitenden Kolben, die mit Hilfe von drei verschiedenen Gestängen durch einen einfachen Kurbeltrieb mit Versetzung der einzelnen Kurbeln gegeneinander um 120^0 angetrieben werden. Der in gedrängter Weise unmittelbar über dem Brunnenrohr zur Aufstellung gelangende Kurbeltrieb wird durch einen angebauten Elektromotor angetrieben.

Diese Anordnung von drei mit Ringventilen versehenen Kolben übereinander ergibt infolge des abwechselnden Arbeitens der drei Kolben eine außerordentlich gleichmäßige Wasserförderung, die für Absenkungszwecke gefordert werden muß. Das Gestänge besteht aus zwei zum Brunnenrohr und untereinander konzentrisch angeordneten Stahlrohren für die beiden oberen und einer vollen Stange für das innerste, den untersten Kolben tragende Gestänge. Ein weiterer Vorteil besteht darin, daß die Tiefe in praktischen Grenzen unbeschränkt ist. Die Weite der zur Anwendung kommenden Brunnenrohre beträgt 150 und 200 mm, die selbst für große Wasserentnahmen ausreichen.

Die Verwendung dieser elektrisch und einzeln angetriebenen Pumpen bildet die äußerste Durchführung des Prinzips der Unterteilung in einzelne Aggregate und der Verteilung an beliebigen Stellen der Baugrube. Die Aufstellung der Pumpen erfolgt vor Beginn des Bodenaushubes, und die Absenkung schreitet allmählich unbeeinflußt durch das Fortschreiten des Bodenaushubes vor; ebenso erfolgt auch der Bodenaushub ohne Unterbrechung.

Eine mit großer Sorgfalt zu verlegende Saugleitung wie bei Kreiselpumpen, oder Druckluftleitung wie bei Mammutpumpen wird entbehrlich. Nur eine allgemeine, um die Baugrube laufende Abflußrinne für sämtliche Brunnen ist nötig; wird sie im Boden versenkt verlegt, so ist der Zugang zur Baugrube von allen Seiten frei.

Infolge der Selbständigkeit jedes einzelnen Brunnens ist die Anpassung an besondere Untergrundverhältnisse die vollkommenste.

---

1) Theodor Steen: „Mammutpumpen-Anlage zur Untertunnelung der Spree". Zentralbl. der Bauverwaltung 1911, Nr. 85, S. 524.

Ebenso ist die Frage der Reserve in der vollkommensten Weise gelöst. Das Ausfallen einer einzelnen Pumpe ist belanglos für die Absenkung. Eine den Untergrundverhältnissen angepaßte Regelung der Fördermenge ist durch Regelung des Motors leicht möglich.

Beim völligen Aufhören des Wasserzuflusses zu einem Brunnen muß bei Kreiselanlagen der betreffende Brunnen von der Rohrleitung abgeschlossen, „totgemacht", werden. Bei Verwendung der Tiefbrunnenpumpen wird der Antrieb abmontiert, der Brunnen gezogen und an einer anderen Stelle wieder verwendet.

Besondere Ansaugevorrichtungen sind nicht nötig.

Ein Nachteil der Tiefbrunnenpumpen ist der verhältnismäßig hohe Preis des für jeden Brunnen nötigen maschinellen Teiles, bestehend aus Kolben mit Gestänge, Antrieb und Motor. Daher ist eine wirtschaftliche Verwendung nur bei größeren Absenkungstiefen möglich, mehreren Staffeln von Kreiselanlagen entsprechend. Der Wirkungsgrad ist ein bedeutend günstigerer als der der Mammutpumpen; er nimmt ferner mit größer werdender Brunnentiefe nicht unbedeutend zu, wie Versuche ergeben haben.

Die Brunnen brauchen im Gegensatz zur Verwendung von Mammutpumpen nicht tiefer gebohrt zu werden als die der untersten Staffel einer entsprechenden Kreiselanlage. Der Arbeitszylinder der Kolben ist zwischen Filter und Aufsatzrohr eingeschaltet und bildet daher ein Stück des Brunnenrohres.

Die Verwendung dieser Tiefbrunnenpumpen geschah mit Erfolg bereits bei kleinen, sehr tiefen Anlagen.

III. Elektrischer Teil; Zentrale.

Für die Anlegung einer eigenen Zentrale beim elektrischen Antrieb der Pumpen spricht neben der im Vordergrund stehenden Frage der Wirtschaftlichkeit auch der Vorteil einer freien Wahl der Stromart und Spannung, den besonderen vorliegenden Verhältnissen angemessen. Ferner steht gleichzeitig Strom zur Verfügung zum Antrieb der anderen Baumaschinen und zur Beleuchtung der Baustelle. Für die Wahl des Platzes der Zentrale ist einerseits maßgebend, daß sie möglichst nahe an der Baustelle liegt, um die elektrische Kraftübertragung nicht zu erschweren, andererseits aber doch der für sie günstigste Platz gewählt werden kann in Hinsicht auf die Heranschaffung der Maschinen und die Kohlenanfuhr.

Als Antriebsmaschinen kommen hier meist Lokomobilen in Frage und zwar sowohl stationäre als auch fahrbare vollkommenster Ausführung, Heißdampf-Verbund-Lokomobilen mit Kondensation. Sie haben die bekannten Vorteile des hohen Wirkungsgrades und des geringeren Raumbedarfes durch die gedrängte Vereinigung von Kessel und Maschine. Ferner kann ein großer massiver Schornstein entbehrt werden. Der Antrieb der Dynamomaschinen geschieht durch Riemen.

Die Unterbringung erfolgt gewöhnlich in Holzschuppen. Maßgebend für die Ausgestaltung der Zentrale ist die Länge der Verwendungszeit und die Größe. Nur bei sehr großen Anlagen und solchen, die lange Zeit im Betrieb sein sollen, werden, im Gegensatz zu den im allgemeinen einen mehr oder weniger provisorischen Charakter tragenden Anlagen, solche gebaut, die in massiven Gebäuden untergebracht sind und als dauernde stationäre Zentralen eingerichtet sind, wie dies z. B. bei den beiden großen Absenkungsanlagen am Kaiser-Wilhelm-Kanal in Brunsbüttelkoog und Holtenau der Fall ist. Dort sind besondere, in jeder Beziehung moderne Kesselanlagen zur Ausführung gekommen, und im Maschinenraum Dampfturbinen mit direkt gekuppelten Drehstromturbodynamos aufgestellt. Die zur Verwendung kommende Stromart und Spannung richtet sich nach den jeweiligen besonderen Verhältnissen.

Selbstverständlich und hier vor allem spielt in der Ausgestaltung der Zentrale die Schaffung einer durchaus sicheren Reserve die größte Rolle, also sowohl in der Kesselanlage mit den zugehörigen Hilfsmaschinen, als auch in der Maschinenanlage. Meist wird ein Aggregat in Betrieb sein und ein zweites zur Reserve vorhanden sein, oder auch bei einer Dreiteilung eine Reserve von 50%.

Ferner ist auch im gesamten elektrischen Teil die nötige Reserve zu fordern, zunächst bei der Schaltanlage im Maschinenhaus selbst, womöglich durch Aufstellung einer doppelten, räumlich getrennten Schaltanlage. So wurden z. B. in Brunsbüttelkoog doppelte Sammelschienensysteme verwendet, eine Maßnahme, deren Wert jedoch dadurch beeinträchtigt wurde, daß beide Systeme an ein und derselben Schalttafel, das eine oben, das andere unten, angebracht waren. Die nötige Umschaltbarkeit ist selbstverständlich zu forden, ebenso empfehlen sich und werden meist ausgeführt doppelte, getrennt verlegte Zuführungsleitungen zur Baustelle und zu den einzelnen Motoren- oder Pumpenhäuschen, deren Verbindung untereinander durch eine Ringleitung wieder die vollkommenste Ausbildung der Reserve bedeutet.

Die Erläuterung der hier in Frage kommenden Einzelheiten, die rein elektrotechnischer Natur sind, würde zu weit führen. Ausgezeichnete Beispiele stellen die zahlreichen und gerade größeren in letzter Zeit zur Ausführung gekommenen Anlagen, unter Mitwirkung namhafter Elektrizitätsfirmen, dar, so die Anlagen in Emden,

Holtenau, Brunsbüttelkoog und beim Dortmund-Ems-Kanal, über die spätere Mitteilungen in der Literatur wohl noch zu erwarten sind.

Es ist noch zu erwähnen, daß bei eigener Stromerzeugung, besonders bei kleineren Anlagen, häufig noch ein Sicherheitsanschluß an ein in der Nähe befindliches öffentliches Netz zur Ausführung kommt.

IV. Sammelbrunnen.

Für die Ausgestaltung der Rohrleitung ist noch ein Punkt zu erwähnen. Bei fast allen Wassergewinnungsanlagen wird zwischen die eigentliche Saugleitung und die Pumpenanlage ein Sammelbrunnen eingeschaltet. Es ist dies ein Schachtbrunnen von größerem Durchmesser, in den die Saugleitungen heberartig eingeführt werden, und aus denen die Pumpen mit Hilfe von besonderen Rohren ansaugen.

Die Einschaltung eines derartigen Sammelbrunnens würde auch bei Wasserabsenkungsanlagen wegen der damit verbundenen Vorteile von Nutzen sein. Der Vorteil dieses Brunnens besteht zunächst darin, daß der Fluß des Wassers in der Saugleitung unabhängig gemacht wird von den dauernden kleinen Unregelmäßigkeiten im Gange der Pumpen. Die Bewegung des Wassers in der Saugleitung wird daher eine durchaus stetige. Der Sammelbrunnen wirkt gewissermaßen als Windkessel und zwar mit unendlich großem Luftinhalt. Andererseits kann auch das Arbeiten der Pumpen hierdurch gleichmäßiger gestaltet werden, wenn Unregelmäßigkeiten im Wasserzufluß in der Saugleitung durch Undichtigkeiten oder schlechtes Arbeiten einzelner Brunnen vorhanden sind. Jedenfalls ist die Gefahr des Abreißens der Pumpen durch Summierung der Unregelmäßigkeiten von Saugleitung und Pumpen verringert.

Eine Entlüftung der Heberleitung wird allerdings erforderlich; diese ist mit einer Steigung nach dem Sammelbrunnen hin zu verlegen, und am höchsten Punkt der Leitung ist die eingedrungene Luft oder mitgefördertes Gas etwa durch Anschluß eines Dampfstrahl- oder Wasserstrahlejektors zu entfernen. Ein fernerer Vorteil besteht darin, daß der Sammelbrunnen gleichzeitig als Sandfang dient für die in der ersten Zeit geförderten Sandmengen und sie daher von den Pumpen, für die sie schädlich sind, abhält.

Die Anlage eines derartigen Sammelbrunnens kommt allerdings wohl nur bei konzentriert angeordneter Aufstellung der Maschinenanlage in Betracht. Die Kosten werden nicht so hoch sein, da die Herstellung verhältnismäßig einfach ist; es könnten eiserne Rohre von großer lichter Weite benutzt werden; die Sohle wird betoniert. Der Durchmesser des Sammelbrunnens richtet sich nach der Zahl und der Größe der in ihn einzuführenden Heberleitungen und Saugrohre der Pumpen.

V. Verwendung der Heberwirkung.

Die Verwendung der Heberwirkung kann auch mit großem Vorteil stattfinden zur Verringerung der Gesamtförderhöhe, und zwar dann, wenn die Pumpen in einen offenen Wasserlauf fördern. Es ist nur nötig, die Druckleitung bis unter den Wasserspiegel des betreffenden Wasserlaufes zu führen, um entsprechend der Differenz zwischen Wasserspiegel und höchstem Punkt der Druckleitung an Förderhöhe zu sparen.

Ganz besonders vorteilhaft kann dies angewendet werden, wenn Grundwasserabsenkungsanlagen in Städten ihr Wasser in die tiefer liegende Kanalisation ausgießen, vorausgesetzt, daß die betreffenden Kanäle stets wasserführend sind. Ausführungen dieser Art sind verhältnismäßig selten vorgenommen worden, trotzdem häufig die Möglichkeit dazu vorlag. Der hierdurch zu erreichende Vorteil in Hinsicht auf die Verringerung der Betriebskosten ist nicht zu unterschätzen.

Die Anwendung der Heberwirkung ist auch zur Anwendung gekommen, um zwei räumlich voneinander getrennte Teile einer Absenkungsanlage miteinander zu verbinden, wenn höherliegende Geländestrecken dazwischen lagen. Es wurde dadurch ermöglicht, mit den an einem Teil der Anlage aufgestellten Pumpen gleichzeitig auch das Wasser aus den am anderen Teil angeschlossenen Brunnen zu entnehmen.

Es geschah dies bei einer Anzahl der vom Kanalbauamt Duisburg-Meiderich bei den Fundierungen der Brückenwiderlager zur Ausführung gekommenen Absenkungsanlagen, und zwar an den Stellen, wo der Wasserandrang infolge feineren Untergrundes so gering war, daß eine in der Baugrube des einen Widerlagers aufgestellte Pumpe zur Erreichung der nötigen, meist nicht sehr tiefen Absenkung genügte. In beiden, entsprechend der Kanalbreite, etwa 60 m voneinander entfernt liegenden Baugruben waren die Saugleitungen tiefliegend dicht über dem Grundwasserspiegel angeordnet. Beide wurden durch eine Heberleitung verbunden und nur an einem Widerlager eine Pumpe aufgestellt.

Additional information of this book

(Grundwasserabsenkung bei Fundierungsarbeiten; 978-3-662-23592-8; 978-3-662-23592-8 _OSFO1) is provided:

http://Extras.Springer.com

Additional information of this book

*(Grundwasserabsenkung bei Fundierungsarbeiten;
978-3-662-23592-8; 978-3-662-23592-8 _OSFO2)* is provided:

http://Extras.Springer.com

Additional information of this book

(Grundwasserabsenkung bei Fundierungsarbeiten;
978-3-662-23592-8; 978-3-662-23592-8 _OSFO3) is provided:

http://Extras.Springer.com